La sed

La sed

Una historia antropológica (y personal)
de la vida en tierras de lluvia escasa

VIRGINIA MENDOZA

DEBATE

Papel certificado por el Forest Stewardship Council®

MIXTO
Papel | Apoyando la
silvicultura responsable
FSC® C117695

Penguin
Random House
Grupo Editorial

Primera edición: febrero de 2024

© 2024, Virginia Mendoza Benavente
Autora representada por The Ella Sher Literary Agency
© 2024, Penguin Random House Grupo Editorial, S. A. U.
Travessera de Gràcia, 47-49. 08021 Barcelona
© 2024, Paloma García Martínez, por el mapa de la p. 119

Printed in Spain – Impreso en España

ISBN: 978-84-19642-46-2
Depósito legal: B-20.202-2023

Impreso en Black Print CPI Ibérica
Sant Andreu de la Barca (Barcelona)

C 6 4 2 4 6 2

A Dani,
que me hizo volver a escribir

A mi abuela Francisca,
que aparece aquí en presente y en pasado y dejó sin respuesta la
última pregunta

A mis padres y mi hermano,
con quienes compartí la sed

A la memoria de Fati y Marie, madre e hija,
que murieron de sed en mitad del desierto libio cuando estaba
terminando este libro

Índice

I
El viaje de la sed

II
Controlar la lluvia

¿De qué desierto antiguo eres memoria
que tienes sed y en agua te consumes
y alzas el cuerpo muerto hacia el espacio
como si tu agua fuera del cielo?

Alfonsina Storni

Los hombres se humedecieron los labios, conscientes de su sed. Y todos sintieron un poco de terror.

John Steinbeck

No es posible, señor mío, sino que estas yerbas den testimonio de que por aquí cerca debe de estar alguna fuente o arroyo que humedece y así será bien que vayamos un poco más adelante, que ya toparemos donde podamos mitigar esta terrible sed que nos fatiga, que sin duda causa mayor pena que la hambre.

Sancho Panza

Claro que Dios existe.
Es mujer
y se llama Lluvia.

Gustavo Duch

Prólogo

Y todavía no había pasado suficiente tiempo cuando me di
cuenta de que tenía sed y que no llevaba agua. Quise espe-
rarme un rato antes de ir a buscarla, pero después recordé
que existen cosas como la sed, como la muerte, como el
amor, de las cuales no se puede huir, y que antes o después
tendría que ir.

NÚRIA BENDICHO GIRÓ, *Tierras muertas*

Ni quiero ni puedo olvidarme del lugar de La Mancha en el que
conocí la sed. Una bañera vieja, rodeada de ollas y cazos, esperaba la
lluvia en el corral de mis abuelos maternos. Muy cerca de allí, el agua
del río Villanueva empezó a escasear y dejó de llegar a las huertas de
Villanueva de la Fuente (Ciudad Real). Algunos agricultores perdieron sus cosechas y una mujer tuvo que vender sus vacas. El abastecimiento también se resintió. El acuífero 24 (o del Campo de Montiel),
del que manaba su río, había quedado prácticamente seco. Aunque les
dijeron que era culpa de la lluvia, que no caía, llevaban ya tiempo sospechando que allí pasaba algo más. En plena sequía, mientras sus cultivos morían, unas mazorcas crecían esplendorosas a lo largo de casi mil
hectáreas con la ayuda de un moderno sistema de riego en la finca de
un duque. En agosto de 1987, los vecinos de Villanueva de la Fuente
y de otros pueblos cercanos como Albaladejo, Villahermosa y Montiel
organizaron una manifestación. Fueron hasta la finca con botijos bo-
cabajo y pancartas que decían «¡Tenemos sed!» y «Queremos nuestra
agua». Pero nada cambió.

El 15 de agosto era sábado, y los de Villanueva, convencidos ya de que su sed poco tenía que ver con la ausencia de lluvia, volcaron cuatro de los postes que llevaban electricidad a la finca de las mazorcas. En la mañana del domingo, cuando vieron que los obreros de Unión Eléctrica intentaban repararlos, volvieron a echar abajo los cuatro postes y diecinueve más. ¿Quién lo hizo? «Todos hemos sido, señor», dijeron. En el pueblo eran unos tres mil quinientos durante todo el año, y muchos más, el doble, en pleno agosto. Protagonizaron su propio Fuenteovejuna sin sangre: «Aquí no hay ningún cabecilla, si eso es lo que usted quiere saber, pues somos todo el pueblo, y si, un suponer, se corriese la voz de que están poniendo las columnas de la luz, allá que nos vamos todos en avalancha a impedirlo, pero vamos con los brazos tan sólo, y sin armas, porque no buscamos violencia, sólo reclamamos lo que es nuestro, o sea, el agua», dijo uno de los entrevistados en la plaza del pueblo a Luis Otero. El periodista había llegado preguntando por la mujer que había vendido las vacas. De nombre le pusieron Julia, pero esos días sus vecinos empezaron a llamarla Agustina de Aragón. Era una anciana que resistía y arengaba a base de coplillas que ella misma componía, erigiéndose como lideresa y a la vez cronista de la revuelta de su pueblo.

La frase que un vecino de Villanueva de la Fuente dio a *El País* resume lo que pasó en su pueblo: «El agua ha sío nuestra de toa la vida de Dios, hasta que ese hombre ha puesto el reguerío pa su panizo». Acusaban de su sed al hijo del duque por haber abierto unos pozos de casi ciento cincuenta metros que conectaban con un sofisticado sistema de riego y que acabaron con el agua de todos. Pero también llevaban años sospechando del ganadero de la finca colindante. «Dijimos: sequía, sí, pero son las fincas las que están causando el daño a los manantiales y a las lagunas de Ruidera», me contó Juan Ángel Amador, el alcalde que tuvo que lidiar con la guerra del agua recién estrenado su mandato. Llegaron los antidisturbios, dicen, alrededor de doscientos. Tan bien les salió la jugada a los vecinos amotinados que acabaron aplaudiendo a los guardias después de que el alcalde paralizase la reparación de los postes. Y el río volvió a llevar agua. La justicia les dio la razón y, dos años después, el acuífero se declaró sobreexplotado.

Aquel verano, los antidisturbios se habían prodigado en otro pueblo. Si en Villanueva los vecinos se negaban a dejar que repararan los postes que llevaban electricidad a la finca de las mazorcas, los de Riaño (León) se subieron a los tejados de sus casas y se negaron a bajar. Esa era su forma desesperada de resistir a un desalojo que finalmente no pudieron frenar y que culminó con la inundación de su pueblo y de ocho más —dos de ellos parcialmente— bajo las aguas de un embalse destinado al riego y a generar hidroelectricidad.

Las fotos de la prensa de aquel verano reflejan que a menudo los sedientos y los ahogados compartimos historia y somos dos caras de una misma moneda. Mientras algunos niños bajaban a protestar al fondo de un río seco en Villanueva, otro niño subía al tejado de su casa para frenar la inundación de su pueblo. Ambos quedaron retratados.

La sed siguió aquí porque nunca hace visitas breves y, poco tiempo después, regresó con una nueva sequía. En España y otros países mediterráneos se suceden sequías cíclicas que suelen durar tres o cuatro años cada década. En el verano de 1992, cuando España se dividía entre los que dormían la siesta y los que esperaban que Miguel Induráin ganase el tour de Francia por segunda vez, en mi pueblo, Terrinches, seguíamos pensando en el agua y en casi nada más. El agua que no llegaba; el agua que nos expulsaría si seguía escaseando. Los mayores vivieron al borde de la desesperación, y fue entonces cuando aprendí a valorar el agua como sólo se valoran las cosas que se han perdido. Se convirtió en un misterio que durante un tiempo apenas aparecía con la ayuda de camiones cisterna y de las manos de mi abuelo Norberto. Quedan, en el pueblo, depósitos en las terrazas por si vuelve a repetirse.

Como normalicé su ausencia, de aquel tiempo guardo flashes, de esos que preceden a los recuerdos propiamente dichos, en los que aparece el agua. Son escenas que dejaron huella porque lo normal era que faltara. Mi abuelo metido en una cueva en busca de unas gotas que redirigía hacia una alberca para regar la huerta. Mi abuelo yendo de la huerta al corral para asearse con cazos. Los baños compartidos en familia porque había que aprovechar y reutilizar hasta la última gota. Nos faltó exprimir el aire. Todo servía para retener un agua que apenas caía y que luego, a veces, se guardaba como un tesoro incluso cuando ya no servía para casi nada. Quizá por eso tengo una imagen muy nítida de los renacuajos que nacían y proliferaban en un bidón de gasolina. Aquella sequía, que se prolongó hasta 1995, dejó los embalses españoles al 15 por ciento y secó el pozo artesanal del que el pueblo había bebido durante siglos. Mientras mis vecinos se iban a otro pueblo para pedir la lluvia a los santos, hubo quienes se plantearon traer un iceberg con remolcadores al Guadalquivir, a cuya cuenca hidrográfica pertenece Terrinches, para aumentar el caudal del río. Era eso o trasladar a la población sevillana. La idea de remolcar un iceberg no era nueva: ya se planteó en Benidorm en plena sequía casi dos décadas antes.

En *El viento de la luna*, de Antonio Muñoz Molina, hay un niño fascinado con la llegada del hombre a la Luna en un pueblo de Jaén tan árido como el mío y muy cerca de él. Pedro, el tío del protagonista, tiene la disparatada idea de instalar una ducha en el corral. «Pero aquí sólo nos podemos lavar sacando un cazo de agua helada del pozo y volcándolo en una palangana desconchada. El agua corriente es un sueño tan lejano como el de la lluvia puntual y abundante en nuestra tierra áspera», escribió. También hubo en Terrinches un visionario que aseguraba tener la ducha en su corral cuando nadie disponía de agua corriente en casa. Casi todo lo que cuenta Muñoz Molina sobre esa palangana desconchada en el corral y otros cachivaches de la sed lo recuerdo como si hubiera crecido en esa misma casa. Aunque la historia transcurre treinta años antes y en otra parte, es la de la bañera y los cazos que esperaban la lluvia y sustituyeron a las gallinas en el corral de mis abuelos. Tengo incluso fotos de mis primeros baños en solitario, y no porque sea un hito en el desarrollo infantil, sino porque era un lujo que había que inmortalizar como las cosas que nadie sabe cuándo podrán repetirse.

Mi abuelo era el encargado de las aguas del pueblo. Además de barrer las calles, plantar árboles, dar aviso de los muertos y romper el rosario que les sujetaba los pies hasta la sepultura, se encargaba de la sed de los vivos moviendo una llave desde un depósito de captación. Yo solía ir con él. Por las tardes, lo veía descender por una escalera metálica hacia el inframundo y cortaba el agua del pueblo girando una llave. En cierto modo, era una novedad. El agua corriente tardó en llegar a las casas de Terrinches. Allí sólo las figuras de don Quijote y la Virgen de Luciana eran comparables en veneración al botijo con el que todavía conformaban una trinidad. Colocado en un lugar que parecía un altar, el botijo lucía imponente. Para no perder ni una gota del agua traída de la fuente, para que no se la robaran las moscas, mi abuela lo colocaba sobre un plato y le ajustaba con un lazo una tapa de ganchillo que le hizo a medida. Nuestra historia está condicionada por nuestra relación con el agua. Pero en nuestro vínculo con ella siempre acecha el miedo a que vuelva a abandonarnos.

Me han contado que en el verano de 1992, seco como la mojama, algunos días mi abuelo sólo abría el agua para el pueblo durante media hora. Entonces había que correr a ducharse, fregar platos, beber. A veces no había tiempo ni para el programa rápido de la lavadora, y eran mi madre y mis tías quienes daban y cortaban el agua mientras su padre recorría el pueblo avisando a los vecinos. No sé si fue por la prisa de aquellos días, pero medio meñique de mi abuelo se lo quedó para siempre la puerta del depósito, y cada vez que cortaba el pan con su navaja, empinaba la bota o el botijo, yo veía su medio meñique apuntando hacia alguna parte en la que normalmente estábamos el techo o yo. Nos burlábamos de mi abuela porque no se atrevía a usar la lavadora y la cubría con pañitos para seguir lavando a mano la ropa con su propio jabón de aceite y sosa. Ahora entiendo que el culto a la lavadora no sólo se debía al temor a que explotase o se rompiese por el uso.

Ese año estaban de moda los vídeos caseros, y en la España húmeda, de clima eminentemente continental, una presa inundó Aceredo (Ourense) ante la mirada atónita de Paco Villalonga, el vecino que lo grabó todo con su cámara porque ya no podía hacer otra cosa. Los vecinos se habían atrincherado en el ayuntamiento y habían escrito pancartas que decían «Estamos en folga de fame porque temos la dignidade da que carece o goberno español» y «Salto de Lindoso. Morte e destrucción de 200 familias labregas. Violacion. Dereitos humanos, ¡escoitanos!». Pero no escuchó. De todo eso no supe nada a los cinco años, pero tiempo después Paco me contó que cada vez que bajaba el agua del embalse iba a las ruinas de su casa y se comía un bocadillo mientras veía cómo brotaba agua de una pequeña fuente, porque ni la losa de agua quieta que es el embalse había podido detenerla.

Ahora que pregunto qué nos pasó, me han contado que finalmente un ganadero (el mismo al que acusaban los de Villanueva) nos dio acceso a uno de sus pozos, y que de esa agua, en gran parte, sigue bebiendo el pueblo desde 1995 gracias a una ayuda de la consejería de Obras Públicas, que permitió sufragar las obras de canalización y suministro para que llegara el agua después de recorrer veinte kilómetros. La historia se cuenta con gratitud. Pero el acuerdo de cesión, firmado a finales de agosto de ese año, termina diciendo que se podrá cancelar la autorización «en el mismo momento en que así lo estime conveniente por cualquier causa que en ningún caso tendrá que justificar, bastando para ello el mero preaviso al municipio beneficiario con dos meses de anticipación, sin que este pueda oponerse a la misma ni reclamar indemnización alguna por ningún concepto». Así que la sed de un pueblo depende casi exclusivamente de la voluntad de un hombre o, más bien, de algo que no existe: la voluntad de una sociedad anónima.

La nuestra es la sed histórica de los pueblos de la España seca —que compone tres cuartas partes de la península en la que vivo—, en la que predomina el clima mediterráneo y, en algunos puntos, es incluso estepario y desértico, y la de nuestros antepasados más remotos. En esa zona de Castilla-La Mancha ni siquiera alcanzamos una media anual de cuatrocientos litros cúbicos, que es la media de la comunidad autónoma. Marchar porque no hay agua; marchar porque llega el agua. Es un país de sedientos y de ahogados por la sed. Esa es la historia que se nos olvida cuando abrimos el grifo, y la llevamos grabada en los genes. Pero viene de antes, de lejos, y tiene que ver con todos los habitantes humanos de la Tierra. Nuestra familia, nuestro género y nuestra especie surgieron cuando el mundo y África oriental atravesaban picos de aridez. Si los fósiles más antiguos que se han encontrado de nuestros antepasados aparecieron en el curso medio y bajo de un río africano, el Awash, también las primeras civilizaciones surgieron junto a ríos en plena sequía. La sed ha estado detrás de grandes adaptaciones anatómicas y metabólicas, de innovaciones, revoluciones y colapsos a lo largo de nuestra historia. En las próximas páginas veremos cómo casi todo lo que define nuestra especie surgió y se desarrolló durante cambios climáticos en los que se alternaban la humedad y la aridez. La enésima crisis climática no tendría por qué sorprendernos: somos hijos suyos. Pero tal vez haya en la sorpresa algo de culpa.

Esta historia transcurre en la era Cenozoica, en la que aparecieron en el mundo tanto nuestros antepasados como casi todo lo que todavía nos alimenta. Aunque empieza con Lucy en el periodo Neógeno, principalmente transcurre en el Cuaternario, en el que aún nos encontramos. Este periodo abarca dos épocas, Pleistoceno y Holoceno —todavía vigente—, divididas precisamente por un cambio climático. En todo este tiempo, decenas de millones de años, han sido varios los ciclos fríos-secos y cálidos-húmedos que se han sucedido. Los periodos climáticos son como matrioskas. Por eso, aunque estamos en una etapa de calentamiento, el mundo lleva alrededor de cincuenta millones de años enfriándose y secándose, una paradoja que espolea sin pretensiones el negacionismo climático. Luego llegó una inestabilidad que acarreó sucesivas alteraciones dentro de esa tendencia global. Hace 2,6 millones de años, el mundo entró en un ciclo constante de épocas glaciales e interglaciares y, en ese momento, surgió el ser humano. Estamos en una época interglaciar desde hace once mil setecientos años, que a su vez ha tenido también fases gélidas. En resumen, por extraño que resulte, la Tierra se calienta y se enfría a la vez. Y esto es así, en gran medida, porque hemos alterado la tendencia natural que llevaba nuestro planeta desde el Neolítico y, especialmente, durante los últimos trescientos años.

Aunque algunos de los cambios climáticos más relevantes que aparecerán a lo largo del libro se han asociado a causas extraterrestres como la explosión de cometas o la reducción de manchas solares, veremos que, sobre todo, se produjeron por causas astronómicas que tienen que ver con el lugar que ocupa la Tierra y su posición con respecto al Sol, con la forma de su órbita y con la inclinación de su eje de rotación. Además, se han dado en este tiempo cambios climáticos por razones geológicas, como los movimientos de placas tectónicas, terremotos, erupciones volcánicas y alteraciones en las corrientes oceánicas. Algunas de estas causas a menudo confluyen, ya que nuestro sistema climático depende de varios factores, como son la atmósfera —que además de permitirnos respirar se encarga de mantener una temperatura media de quince grados mediante sus gases de efecto invernadero—, el efecto invernadero —que en su estado natural equilibra la energía que recibe y emite la Tierra pero que hemos aumentado artificialmente contribuyendo a un calentamiento global—, las corrientes oceánicas —que contribuyen a este equilibrio en su interacción con la atmósfera— y, finalmente, la radiación solar. A todo esto hay que añadir un nuevo detonante: nosotros y nuestras acciones.

El clima nos llevó al borde de la extinción: somos los descendientes de los pocos (unos 1300) humanos que sobrevivieron al frío y la aridez hace menos de doscientos mil años. Pero tampoco de la última glaciación salimos bien parados, a pesar de que los sapiens nos quedamos solos. Aun así, el cambio climático apenas trascendió el ámbito científico hasta 1988. Ese verano fue abrasador y seco en Estados Unidos, donde proliferaron los incendios. Desesperados por el calor insoportable que hacía en el Senado estadounidense, al fin el calentamiento global pasó a ser una cuestión de interés público. No obstante, en lugares como España siguió estando mal visto hablar del tiempo, y todavía se considera una conversación banal para sobrevivir a la incomodidad que provoca compartir ascensor con desconocidos. Pero el clima, que tan insignificante parecía, ha sido una de las razones por la que algunos de nuestros antepasados llegaron hasta el lugar en el que nacimos y, mucho antes, de que los suyos tuvieran que marchar de África.

No podemos pasar de ningunear el clima a negar sus variaciones, porque es como renegar de LUCA (Último Antepasado Común Universal, por sus siglas en inglés) sólo porque no nos apetece descender de una bacteria, o no aceptar que somos parte de la naturaleza, que es mudable. Los cambios climáticos nos han acompañado siempre y nos han empujado a evolucionar, a migrar, a innovar y a mezclar nuestros genes. Son parte de nosotros y nosotros de ellos. La revolución cognitiva puso la primera piedra en la libertad que hoy tenemos. Pero la libertad implica responsabilidad. La cultura nos prometió, con el beneplácito de la naturaleza, una independencia que parecía absoluta. Pero no fue así. El tiempo no *está loco* y evadir nuestra responsabilidad sólo puede alejarnos de la libertad y hacernos todavía más vulnerables. También puede conducirnos a un genocidio del que en el futuro habrá que rendir cuentas, como advierte David Lizoain en su libro *Crimen climático*. Tampoco sirve de nada caer en el pesimismo, porque pesimista es quien ha decidido no hacer nada por cambiar las cosas dado que, según su lógica, no van a cambiar. Sólo el optimismo, racional y no de taza cuqui, puede impulsarnos, no por un designio divino, sino por la voluntad de arreglar lo que hemos roto sabiendo que aún hay algunas piezas que se pueden reparar. No hay acción sin esperanza. Pero tenemos que hacerlo como se han hecho siempre las únicas cosas que han salido bien a lo largo de nuestra historia: juntos. Para ello necesitamos recuperar la conciencia de especie, sin perder de vista que conformamos un todo con la naturaleza y que no todas las personas tenemos la capacidad de dejar la misma huella y, por tanto, de reducirla.

Todo indica, según un informe del Centro de Estudios Hidrográficos del CEDEX, que la España húmeda —que cuenta con algunos de los puntos más lluviosos de Europa— seguirá siendo húmeda aunque desciendan las lluvias y que la España seca —donde están las zonas más áridas del continente— será cada vez más seca. La previsión de la Agencia Europea de Medioambiente es que la península ibérica será el lugar de Europa que más se secará en los próximos años. El descontrol del regadío, la sobreexplotación de acuíferos, la degradación del suelo y el abandono de la tierra, unidos a un cambio climático que provocará sequías cada vez más intensas y prolongadas, están aumentando el riesgo de desertificación de la península. Pertenezco a una generación que ha empezado a asumir que tendrá que marcharse pronto, porque todo apunta a que la España seca podría convertirse en un desierto a lo largo de este siglo. En realidad, no es nuevo para quienes hemos crecido en ella; durante toda mi infancia, incluso antes de conocerlo, soñé con un futuro rodeada del verde del norte. Sólo cuando lo intenté, supe que había idealizado algo que no era para mí, y que también la aridez influye en nuestro vínculo con la tierra. Un amigo gallego escucha grabaciones de lluvia cuando está lejos de casa para afrontar la morriña. Pero yo rellené una botella de agua vacía con arena del Sáhara que todavía guardo para no olvidar nunca lo que sentí en el desierto, y creo haber encontrado mi sitio en un pueblo cuya historia está marcada por una rogativa para pedir lluvia. ¿Será que también la sed condiciona aquello que sentimos como hogar? «Somos esta tierra, esta tierra roja; y somos los años de inundación y los de polvo y los de sequía. No podemos empezar otra vez», decían los Joad en *Las uvas de la ira*.

Supongo que algo parecido ocurre con el lenguaje. Dicen que los gallegos tienen cuarenta palabras para nombrar la lluvia. No tenemos tantas en la España seca, porque no hacen falta, pero he calculado cuántas hay para el paloduz y, si incluyo el «ombligo de muerto» que acuñó mi abuelo y el nombre científico (*Glyryrrhiza glabra*), me salen treinta y nueve. Como crecí rodeada de golosinas suculentas y coloridas en un puesto del mercadillo, nunca entendí por qué mi abuelo llevaba siempre en la boca una cosa tan fea y tétrica. Pero chupar esa raíz era su forma de calmar la sed y de no fumar. La *Glyryrrhiza glabra* no prolifera necesariamente en los cementerios, pero sí cerca de los ríos. Parece que el paloduz, que en algunos sitios llaman «chocolate del moro», tiene su origen en el norte de África y en el sur de Asia. Antiguamente se masticaba para aliviar problemas respiratorios, para fortalecer músculos y huesos, para suavizar el cutis. Griegos y romanos ya lo utilizaban, además, con otra finalidad de la que dejaron constancia varios autores de la Antigüedad: combatir la sed.

Si Hegel creía que las personas se acaban pareciendo a su paisaje y su clima, habría que ver qué fue primero, porque, para quedarse, los manchegos tuvieron que dar a su paisaje y su gastronomía la forma de sus necesidades hídricas en una región cuyo topónimo significa 'tierra seca'. Vengo de un lugar, de un paisaje, de una cultura que ha perfilado y nombrado la escasez de agua. Allí los cereales dibujan figuras geométricas, un *patchwork* si se mira desde el cielo. Vengo de un lugar en el que hace miles de años mis antepasados se enfrentaron a una de las peores sequías de la historia y la superaron.

Hace mucho menos tiempo, sus descendientes vieron cómo se cubrió con hormigón un arroyo y dejaron de contar una historia antigua. Una vez, cuando el riachuelo aún estaba a la vista, alguien descubrió un bulto sobre el agua en lo alto del pueblo, allí donde se ubicaba el dominio de las mujeres: el lavadero. Las expresiones de sorpresa hicieron pensar que había aparecido una ballena. Bajaba a un ritmo tan lento que el avistador de ballenas manchegas pudo correr la voz de que el cetáceo se acercaba a la plaza. Varios hombres esperaban allí y dispararon cuando al fin la tuvieron al alcance de sus escopetas. Pero no era una ballena. Eran, cual cocodrilo del Pisuerga, las albardas de un burro. Eso contaban en el pueblo, pero la historia se perdió hace tanto tiempo que nadie puede ya saber si es una leyenda, una broma o una alucinación. La ballena del arroyo de Terrinches fue la del Sequillo y la del Manzanares, y es la razón por la que los madrileños pasaran a llamarse «ballenatos». Versiones parecidas de la misma historia se repiten en otros pueblos de la España seca por los que pasa un río o un arroyo. Mientras escribo, ante mí discurre el río Guadalope. Aquí, a más de quinientos kilómetros de Terrinches, también se cuenta como propia la historia de la ballena que era, en realidad, una albarda que iba llena. Incluso un día cruzó un océano, aunque es difícil saber en qué dirección, porque en un cuento yamaná (en Chile) los protagonistas también deciden darle caza.

* * *

Según un informe de la ONU, la sequía ha matado a 650.000 personas en los últimos cincuenta años. Y se calcula que setecientos millones serán desplazadas por la sequía en 2023. ¿La sequía? Digo sed y no sequía porque a veces, cuando hablamos de la sequía en el mundo, omitimos los abusos, la sobreexplotación y la mala gestión de los recursos. Hablamos poco de la hambruna que está asolando el Cuerno de África, que es el lugar del que posiblemente partieron nuestros antepasados empujados por la sed. La escasez de lluvias durante cuatro años y su ausencia durante meses han secado los cultivos, han matado ganado, han puesto en riesgo la vida de millones de personas y les han obligado a desplazarse. Hablamos menos todavía de sus causas, y, cuando lo hacemos, decimos sequía o hambruna. En un texto titulado *Sequía no es sinónimo de hambruna*, desde Médicos Sin Fronteras escriben:

> No hay duda de que existe una relación directa entre una sequía prolongada y una hambruna. Pero también es cierto que deben coexistir otros factores para que la segunda se produzca. […] es decisivo señalar otro tipo de causas como la guerra, el poder tiránico que muchos gobiernos ejercen contra sus habitantes, la mala gestión de los recursos, la desigualdad económica que implica el actual orden económico o la masiva tala de bosques tropicales para poder explicar hechos que *a priori* se podrían atribuir únicamente a la providencia meteorológica o a la mala suerte en la situación geográfica de un país.

La sed no camina sola casi nunca. Pero en esta historia es la protagonista. Cuando digo sed, no hablo sólo de una necesidad fisiológi-

23

ca que mata mucho antes que ninguna otra, sino de la ausencia de agua, de la necesidad de dominarla y retenerla, de una búsqueda que nos ha traído hasta donde estamos y del anhelo de volver a casa, porque agua es lo que somos, y en su ausencia se ausenta el ser humano.

La sed ha sido uno de los motores de la humanidad. Estudios recientes la han encontrado a la sombra de la partida de los romanos de Hispania, de la caída de los visigodos y de la llegada de los árabes. Después de desplazarnos, atarnos a la tierra, empujarnos hacia los ríos y hacernos creer que podíamos alterar la naturaleza sin consecuencias, hizo acto de presencia en la primera guerra de la que hay constancia. Tuvo también su papel en las revoluciones cognitiva, agrícola, científica, francesa e industrial y en el advenimiento de la inteligencia artificial, con la que puede que acabemos compitiendo por un recurso cada vez más exiguo. Ni siquiera salta a la vista que un chatbot necesite agua para funcionar, pero cada vez que nos responde diez preguntas se *bebe* aproximadamente un litro. Se estima que, a medida que se extienda su uso, quintuplicará el consumo. Pero, al mismo tiempo, la inteligencia artificial está mejorando las condiciones del agua en algunos campamentos de refugiados.

Todas las grandes revoluciones que han llevado a detener ríos y secar acuíferos para obtener agua, comida y electricidad ya han causado un impacto en una de las razones por las que recibimos la lluvia y no morimos de frío o de calor. Nuestra sed es capaz de alterar el movimiento de la Tierra, como ya lo han hecho los pozos y la presa de las Tres Gargantas, en China, que alberga la mayor central hidroeléctrica del mundo. Dicen los expertos que no nos afectará, que esa ingente cantidad de agua acumulada sólo está alargando los días 0,06 microsegundos y que la extracción masiva de agua de los acuíferos sólo ha desplazado el eje de rotación ochenta centímetros en una década. Al fin y al cabo, siempre está cambiando. Pero, si de variaciones de ese tipo dependen en gran medida los cambios climáticos a largo plazo, ¿cómo podemos estar seguros de que nuestra sed no influirá en el clima de un futuro que no llegaremos a conocer?

Digo sed y no sequía, también, para dar a la escasez de agua el lugar que merece en la historia sin los excesos del determinismo ambiental, que relega al ser humano al papel de marioneta en manos del clima. Desde la revolución agrícola, nuestros antepasados dependieron del clima más que nunca al convertirse en súbditos de la lluvia, y fue entonces cuando empezamos a imprimir nuestra huella como nunca antes. Pero la sequía sólo ha sido una más de las causas de lo que aquí se cuenta. La sequía no provocó revoluciones por sí misma, pero derivó en hambre y epidemias que colisionaron con el despotismo.

Este libro no es una memoria ni un ensayo, sino un híbrido. A partir de recuerdos de infancia relacionados con la aridez, he querido entender por qué en La Mancha el vino, el pan, el aceite y el tocino son omnipresentes. De dónde venimos y por qué nos fuimos. Por qué nos quedamos quietos y empezamos a pedir la lluvia a divinidades. Por qué tantos motines del hambre estuvieron precedidos por años de sequía. Por qué en mi pueblo está tan presente un labrador que vivió en Madrid hace novecientos años. Cómo hemos intentado controlar la lluvia y retener el agua tanto con métodos tradicionales como científicos.

En la primera parte, algunas historias de mi familia me llevarán a trazar el viaje de la humanidad, concretamente desde África hasta la península ibérica. La sed ha sido una fuerza migratoria más potente que el amor que nos ha llevado a una constante de movimientos, hasta que nos quedamos relativamente quietos y nos pusimos a cultivar la tierra y a mirar al cielo con la esperanza de que lloviera. Pero antes de llegar a La Mancha prehistórica, en la que posiblemente nació la primera sociedad hidráulica de Europa, nos detendremos en el Creciente Fértil. Ese fue uno de los lugares en los que el ser humano descubrió que podía cultivar la tierra y se quedó quieto esperando la lluvia hasta que aprendió a irrigarla. Veremos cómo varios enfriamientos acompañados de aridez durante los primeros años del Holoceno fueron desplazando a diversas tribus, que lentamente se asentaron en torno a los pocos ríos caudalosos del momento. Veremos también cómo la sed llevó a los refugiados climáticos a fundar civilizaciones, que lograron retener un lenguaje hasta entonces eminentemente fugaz. Ciudades, reinos y hasta el primer imperio perecieron, en gran medida, a causa de uno de los episodios de aridez más graves y prolongados en lugares tan distantes como Mesopotamia, el valle del Indo y el actual Perú. Mientras tanto, los manchegos prehistóricos, entre los que ya vivían los yamnanas, salían adelante a base de extraer agua subterránea hasta que llegaron las inundaciones.

La segunda parte arranca con las que quizá fueron las primeras interpretaciones de las constelaciones, que precedieron a divinidades de la lluvia: animales, después dioses antropomorfos y finalmente personas. No sólo la fe y la súplica, también el castigo a quien controla o dice controlar la lluvia, sea un rey-dios, un chamán, una bruja, un santo o un meteorólogo, se convirtió a veces en la respuesta a la sed. Los últimos capítulos se enfocan en las técnicas tradicionales para controlar la lluvia, en las ciencias que las han ido sustituyendo y en aquellos que empezaron a estudiar el cielo para dar nombre a las nubes, predecir tormentas, medir la intensidad de la lluvia y el tamaño de las gotas.

Finalmente, indagué en la memoria familiar y en los registros parroquiales para elaborar un árbol genealógico en el que volví a darme de bruces con la sed y con una «pertinaz sequía» que quizá no fue tan pertinaz ni tan grave como para provocar una hambruna. También fui al nuevo Riaño para saber qué juguete se había llevado el niño tejadista antes de que inundaran su casa porque ahogados y sedientos, exiliados por la sed, comparten sino y dolor. ¿Cómo los llamaremos a partir de ahora si cada vez serán (seremos) más?

En todo momento he intentado que esta historia vaya más allá de hombres blancos europeos que eclipsaron a otras y a otros; que no se limite a personas, porque también el camello, el órice o la ganga han aprendido a combatir la sed; que trascienda la élite científica y las ciudades, porque la sabiduría popular de mujeres y hombres del campo no sólo no es incompatible con la ciencia, sino que puede ser su punto de partida porque hay refranes cuyas enseñanzas se pueden demostrar científicamente.

El viaje me ha llevado a debates pasados y presentes en antropología, paleontología, climatología, genética y sobre todo arqueología. Y me ha llevado también, en sentido figurado, a otros lugares sedientos del mundo que permiten vislumbrar parte de un todo y que conectan con el punto de partida. Como periodista y antropóloga social y cultural de formación, he tenido que esforzarme por entender y transmitir de manera accesible ideas y conceptos que no conocía cuando empecé a escribir y a formarme en antropología prehistórica. Por eso, y porque he querido facilitar la lectura a quienes no están familiarizados con algunas disciplinas, he omitido algunos nombres, datos y fechas. La mayoría de científicos, científicas, divulgadores y divulgadoras sin quienes no habría podido escribir estas páginas aparecen citados al final en la bibliografía y, en algunos casos, también en los agradecimientos porque me ayudaron a resolver dudas. Con esto quiero decir que cualquier error es sólo mío, y que he hecho poco más que compartir mi asombro a medida que buscaba respuestas a mis preguntas y me cruzaba con la sed en lugares remotos y en los momentos más importantes para la humanidad. A menudo he tenido que frenar mi entusiasmo porque, mirase donde mirase, allí acechaba la sed. Pero es que la sed es a los humanos lo que la noche al día.

I

El viaje de la sed

1

Tocino de cielo

Ningún rastro de humedad, ningún recuerdo del agua
venía a salvarnos del juego de reflejos sedientos.

ELENA GARRO, *Los recuerdos del porvenir*

La casa en la que conocí la sed es una cápsula del tiempo. Allí quedaron el depósito, el botijo, las velas que nos alumbraban cuando se iba
la luz y una botija de pastor que hizo mi bisabuelo Pedro con una
calabaza de agua. La agujereó, la vació, le quitó las semillas, la curó y
en el agujero le colocó un tapón de corcho. De esa cantimplora arcaica que llevaba colgada siempre de un cordel bebía agua en sus largas
jornadas en el campo. Es curioso que la palabra «calabaza» tenga su
origen en «cal-», que significa refugio, casa, concha.

   A pesar de que no se llevan especialmente bien con la aridez, las
calabazas de agua siempre se usaron para calmar la sed tanto en La Mancha como en Yucatán cuando asfixiaba la sequía, poco antes de que el
Imperio maya colapsara. Pata de Jaguar, el protagonista de *Apocalypto*, la
película de Mel Gibson, lleva una de esas calabazas de agua que en México llaman «guajes». Allí ya se cultivaba la *Lagenaria siceraria* para convertirla en guajes hace casi diez mil años. Fue una de las primeras
plantas que el ser humano domesticó y aparece como el primer cultivo
en los mitos de los navajos. La textura, el sabor y la dureza de sus frutos
no los hacían apetecibles, pero como guardaban bien el agua las siguieron plantando para convertir sus frutos en recipientes. Dada su capacidad de flotar en el mar durante dos años sin que se echen a perder sus

semillas, se cree que pudieron viajar solas desde América. Alcanzaron tal importancia que hace miles de años acompañaron a algunos muertos en sus tumbas en lugares tan distantes como Perú y Egipto.

En mi pueblo había un hombre que aprendió a darles otro uso y las transformó en arte. A Juan el Molinero lo encontré un día en la calle navaja en mano. Estaba rajando una calabaza seca. Aunque en La Mancha las calabazas de agua crecen sin más ambición que la de convertirse en cantimploras, el vecino de mi abuela estaba haciendo de ella una lámpara. Y no era la primera. Su casa era un insólito museo, abarrotado de calabazas que se habían convertido en otra cosa. Juan me contó ese día que él había sido uno de tantos hombres del pueblo que participaron como extras en el rodaje de *Espartaco*. Eran los esclavos que lucharon para Espartaco (Kirk Douglas), el tracio que se levantó contra la República romana arrastrando multitudes y que una serie reciente ha convertido en «hacedor de lluvia». Entre miles de personas que aparecen en la escena más conocida de la película de Stanley Kubrick estaba gran parte del ejército español y estaba también Juan. El director consiguió rodar la escena porque aceptó la condición que le impuso Franco: los soldados participarían sólo a cambio de que no se les viera muertos en pantalla. Y allá que fueron, a cambio de un bocadillo y un puñado de pesetas.

Juan no sólo me habló de calabazas que iluminan en la oscuridad y de superproducciones cinematográficas. Compartió una historia que para mí era disparatadamente divertida y, para él, una cuestión de vida o muerte. Se jactaba de haber tenido siempre una salud de hierro y sólo recordaba un ingreso en el hospital. Un día las sanitarias le trajeron un yogur, y Juan estalló: «¿Pero qué hueso tiene eso?», les dijo. Aunque no era el hueso lo que echaba de menos. Tras darle muchas vueltas a la idea y rozando ya los límites de la desesperación, decidió emprender una hazaña quijotesca y empezó a correr. Las enfermeras lo persiguieron por el pasillo, pero él logró escapar del hospital sin que le diesen alcance y cumplir su objetivo: volver al pueblo para comer una tajada de tocino en su casa.

Además de la historia de Juan, en esos días descubrí que una de mis vecinas estaba dotada de un manejo excepcional de la alquimia culinaria. La escuché contar cómo le preparaba el «sándwich vegetal» a su hijo cada tarde. Le ponía queso y beicon. Pero nunca olvidaba añadir un poco de lechuga y tomate. Quién no ha conocido esa magia ibérica de las ensaladas «vegetales» con atún, que son vegetales porque llevan un poco de lechuga y tomate. En pocos días entendí que la obsesión de mi familia con el tocino encerraba algo más que una cuestión de gusto personal, y que, si fueron vecinos de Terrinches al rodaje de *Espartaco* a cambio de un bocadillo, deduzco que habría carne y no sería precisamente magra.

Mi abuela Araceli profesaba tal devoción por un rincón de su casa que me lo tenía vetado. Era una despensa que olía a tocino rancio. Como niña que era, puedo contar sin avergonzarme que un día la encerré allí y me fui a la calle, orgullosa de haberla dejado a solas con ese amor que con tanto celo guardaba. Mi recuerdo huele a naranjas, así que quizá me pusiera a merendar en su escalón plácidamente mientras ella suplicaba que le abriese la puerta de la despensa. En cuanto a mi abuela Francisca, cualquier cosa le puede faltar en la vida menos un pedazo de tocino sobre el pan en la cena, la navaja y varias mortajas listas. Ella encarna el suplicio de cualquier nieta vegetariana o celíaca. Como estoy entre las segundas, una vez me ofreció chorizo para mojar en la leche porque no encontró bollería sin gluten en el horno del pueblo. Dije que no, pero no se rindió y me ofreció jamón. A menudo aconseja reducir la ingesta de verdura, porque considera que eso es para mulas y vacos (así llama a los toros). Entre sus comentarios despectivos sobre ciertos alimentos, que espantarían a cualquier nutricionista, figuran frases del estilo de las de su vecino como «eso no se pega al riñón». No sé si hay casa manchega que no guarde en la nevera un táper de embutido para servirlo después de comer como postre a quien se haya quedado con hambre. Aunque eso allí nunca ocurra. Cuenta Marvin Harris en *Bueno para comer* que las aldeas y bandas que han estudiado los antropólogos muestran una repetitiva obsesión por la carne porque les ayuda a reforzar vínculos.

Poco importa si los duelos y quebrantos que comía don Quijote los sábados eran en realidad un plato manchego o un invento de Miguel de Cervantes, porque tenía el ingrediente estrella para ser real. Salvo las lentejas de los viernes y los palominos de los domingos, los platos más recurrentes del *Quijote* llevan tocino. La olla de los demás días era el cocido y su salpicón no era una ensalada con trocitos de pulpo y gambas, sino los restos de la olla rehogados con cebolla y tocino. Es decir, grasa con grasa, en una tierra en la que tampoco se desprecian las migas con pan. Luego aparece un empedrado que lleva torreznos. Y un morteruelo con su buena panceta. El potaje de don Quijote, similar al morteruelo, está rematado también con el ingrediente estrella. No queda claro si en el *Quijote* hay tajadas de panceta desperdigadas sobre las migas o las gachas, pero hoy en La Mancha no pueden faltar. Las gachas, con las que nuestros abuelos engañaban al estómago en los años del hambre, hoy es el plato estrella de sus nietos en los escasos días de lluvia. Cervantes escribió el *Quijote* en plena Pequeña Edad de Hielo. En más o menos seiscientos años, el frío y la sequía dominaron gran parte del mundo. Quizá por eso (y porque transcurre en el epicentro de la España seca) apenas llueve dos veces en la novela, y dos de los mejores capítulos arrancan con la sed de los protagonistas y con una rogativa *pro pluviam*. Aunque retomaremos la época del *Quijote* cuando corresponda, conviene resaltar aquí que en aquel momento al cerdo lo llamaban puerco o cochino, y España estaba dividida entre porcófilos y porcófobos, algo que normalmente dependía de si eran cristianos viejos o nuevos. Eran los concebollistas y los sincebollistas del Siglo de Oro, y solían pedir perdón cuando pronunciaban el nombre del animal tan adorado como odiado.

Resulta revelador el caso reciente de un investigador que se ha atrevido a crear su propia pizza con piña manchega: el fuet de melón. Aunque su objetivo es reducir el consumo de tocino por el bien de las arterias y no provocar a mi abuela, el estudio cuenta ya con duras críticas por su parte: «Eso es pa envenenar a las personas. Qué miedo. No compres de eso hasta que la cosa no esté clara». Hablamos de un lugar eminentemente porcófilo en el que gusta el melón, sobre todo si es de Tomelloso, pero no tanto los trampantojos que sacrifican el tocino. La gente como mi abuela tiene sus razones para comer lo que come, para priorizar lo que «se pega al riñón». La posguerra tuvo efectos innegables, pero esas razones vienen de más lejos.

Cuando La Mancha dejó de ser un desierto demográfico, en el siglo XII, quienes repoblaron la zona convirtieron el aceite en centro y base de su gastronomía. Era un buen sitio para el olivar. Al fin y al cabo, el acebuche, que es el olivo en estado salvaje, apareció en los bosques mediterráneos hace unos ciento cincuenta mil años, en unas condiciones incluso más áridas que las actuales. Pero la población fue en aumento, el aceite escaseó y durante un tiempo hubo que traerlo de Andalucía. Había terreno suficiente para que el olivar, muy resistente a las sequías, pudiera crecer, y a partir del siglo XVIII así lo hizo. Casi todos los platos desde entonces contenían su otra santísima trinidad: pan, aceite y tocino. Con esa base, la cocina manchega se fue sofisticando, especialmente a raíz de la expansión del olivar. La primera jota manchega que aprendí a bailar resume los cimientos de la gastronomía de mi tierra: «A la Mancha manchega, / que hay mucho vino, / mucho pan, mucho aceite, / mucho tocino». La vid, el olivo, el cerdo y los cereales. Todos ellos, en distinta medida, proliferaron porque podían resistir allí juntos y reconfiguraron el paisaje manchego.

Aunque en ese tiempo ya se cultivaban en La Mancha algunas patatas, estuvieron defenestradas en parte de España y de Europa durante siglos porque, al parecer, algún español tuvo la idea de probarlas crudas, con piel y tierra, y extendió el rumor de que aquello no había quien se lo comiese. Mis antepasados descartaron el pescado durante siglos porque el mar estaba lejos y se volcaron en la carne con una fruición que heredaron mis abuelas. Pero llegó el ferrocarril y, con él, los benditos vascos, que favorecieron nuevos platos manchegos con el aporte del bacalao seco que nos trajeron. Nacieron en ese tiempo, para dar alegría al paladar y a la nomenclatura gastronómica, el atascaburras y el tiznao.

* * *

Es curioso el papel que el antropólogo Marvin Harris atribuye indirectamente a la sed cuando habla de tabúes alimentarios y de sus motivaciones. Aunque el cerdo se domesticó en Oriente Próximo cuando las praderas todavía no habían sustituido algunos bosques extensos, un animal que necesita sombra y agua en abundancia y además no da leche ni abrigo se convirtió en una gran competencia para el ser humano, especialmente en tiempos de sequía en una tierra cada vez más deforestada. Al explicar las razones por las que la Biblia y el Corán condenaron el cerdo y al hilar los motivos encadenados por los que las vacas siguen siendo sagradas en la India, Harris está hablando de lo mismo: de cómo incluimos o descartamos en la gastronomía ciertos alimentos en función de lo que nos permite la aridez. Tanto los israelitas como los primeros seguidores de Mahoma vivían en lugares desérticos, y es inevitable preguntarse si un campesino hindú no se comería la vaca que puede darle más bueyes si no dependiera de ellos para arar una tierra arrasada por sequías cíclicas, o si un musulmán comería cerdo si sus antepasados no hubieran tenido que competir con ese animal por los recursos en zonas semidesérticas o en las que la agricultura era inviable, pues apenas llovía y el regadío era impracticable. Pero es también posible una paradoja: que una sociedad sea porcófila en tierra árida y que su religión sólo prohíba la carne en momentos puntuales, así como también lo es que por cuestiones identitarias el cerdo siga siendo un tabú entre judíos y musulmanes que ya no viven en Oriente Próximo.

¿Tiene sentido entonces que el cerdo ocupe un lugar relevante en una gastronomía originada en tierra seca? Puede que sí y puede que no. Aunque a simple vista parece una elección poco o nada adaptativa, cumplió la función social que ya vimos en tiempos del *Quijote* y es una de las fuentes de proteína animal más asequibles. Pero, además, la importancia del cerdo reside en que un solo animal del que «se aprovechan hasta los andares» proporciona comida para toda una familia durante un año. Por otro lado, convive en gran medida con cabras, ovejas y cultivos que toleran cierta aridez. Pero es posible que haya otra explicación que no salta a la vista. Normalmente asocio las dietas ricas en grasa con los climas fríos porque yo también me olvido a veces de la sed, pero puede que la obsesión manchega con el tocino esté relacionada, en cierto modo, con que los camellos acumulen grasa en la joroba. Los antepasados de los camellos migraron de América a Eurasia y África durante las glaciaciones. Mientras que en su lugar de origen se extinguieron, en su nuevo hogar se adaptaron a condiciones extremas. Tanto ellos como los australopitecos, que son nuestros antepasados, desarrollaron en África una deslumbrante capacidad de acumular grasa por pura supervivencia en un entorno hostil y eminentemente seco. A diferencia de otros macronutrientes, la grasa no requiere agua para acumularse en el cuerpo. Por si eso fuera poco, al metabolizarse no sólo se convierte en energía, sino que sobre todo se transforma en agua. Que los camellos tengan su joroba llena de agua es un mito, pero no del todo. Igual que tienen tres párpados y capacidad para cerrar las fosas nasales cuando llega una tormenta de arena, acumulan grasa en sus jorobas, pero dentro de un cuerpo sediento es como decir agua. Es agua metabólica producida por los lípidos al oxidarse. Eso, junto con el enorme depósito de agua interno (pueden beber hasta ciento catorce litros de golpe) y la capacidad para defecar en seco que han desarrollado, les permite sobrevivir durante días, semanas y meses en el desierto sin comida y sin agua.

Del mismo modo, hay también ejemplos en el comportamiento de algunos animales y plantas que no sólo hablan de evolución, sino también de aprendizaje. Mientras que el sapo contenedor y algunas tortugas del desierto almacenan agua por todo su cuerpo y pueden vivir sin ella hasta cinco años, el koala no bebe agua y se conforma con la que le aportan las hojas del eucalipto, y el escarabajo del desierto de Namibia la extrae de la niebla, algo que los humanos tardamos, al parecer, más de dos millones de años en descubrir. El sapo patas de espuelas es un ser fascinante en este sentido: se encoge y se entierra a sí mismo durante meses para retener el agua en tiempos de sequía y sólo vuelve a salir cuando siente la proximidad de la lluvia. El pez pulmón africano, por su parte, puede sobrevivir sin agua a pesar de ser un animal acuático. Vive en pequeños charcos y, cuando estos se secan, cava pasadizos en la arena y se cubre completamente de babas para retener la humedad. Allí se echa a dormir hasta que la proximidad de la lluvia lo despierta.

Algunas plantas también han desplegado adaptaciones para resistir en el desierto y son capaces de almacenar una lluvia que apenas cae. El saxaul, que tradicionalmente se usaba en el desierto para recuperar la memoria, retiene la sal en sus hojas para mejorar la absorción del agua y así sobrevivir en el Gobi. Por si fuera poco, ha logrado también producir energía a través de sus ramas para retener el agua, que almacena en su corteza y raíz. Después de cada verano se repite el *dzud*, un fenómeno climático propio de la zona en la que vive el saxaul, que empeora tras los veranos más secos y expulsa a los humanos hacia Ulán Bator, la capital de Mongolia, mientras mata a millones de cabezas de ganado. Pero allí el saxaul resiste como lo hacen las algas en zonas desérticas de Estados Unidos con una sola gota de agua.

Los humanos, a diferencia de otros seres vivos, nos adaptamos culturalmente porque nos hemos independizado del ambiente con la ayuda de la cultura, que opera a mayor velocidad. Algo así diría el biólogo Ernst Mayr, según lo explica Juan Luis Arsuaga: «No necesitamos modificar nuestros órganos biológicos para adaptarnos a cada ecosistema, para eso disponemos de las herramientas que fabricamos, que a todos los efectos pueden considerarse órganos artificiales, prótesis, sean un palo para cavar o una cantimplora». Es decir, mi bisabuelo no necesitó un depósito de agua dentro del cuerpo porque alguien domesticó las calabazas en Mesoamérica hace miles de años, y él aprendió a convertirlas en recipientes para retener el líquido. Tampoco es algo que hayan necesitado mi abuela y su vecino porque pertenecen a un pueblo cuya gastronomía está regida por la sed. Pero si uno de esos ingredientes, el tocino, les ha hecho la vida más fácil en tierra seca es precisamente porque sus antepasados sí adaptaron su cuerpo a un entorno árido y ellos lo han heredado. Además, que hoy no necesitemos adaptaciones anatómicas y metabólicas tanto como otros miembros del reino animal no significa que no nos adaptemos. Existen pruebas de que los humanos han desarrollado una capacidad pulmonar superior para vivir en alturas con menos oxígeno tanto en Bolivia como en el Tíbet, así como de un aumento del tiempo de apnea y de la visión subacuática en algunas islas del Sudeste Asiático. Hay también evidencias de que las culturas ganaderas han tolerado con más facilidad la lactosa. Por si fuera poco, algunos europeos tienen una nariz más grande como herencia de los neandertales, lo que les facilitaría la vida en lugares fríos y secos, como luego veremos.

En algunos casos, las adaptaciones de animales y plantas son útiles al ser humano, que ha aprendido a utilizarlas, no sin ciertos abusos. Los bosquimanos, por ejemplo, saben que los monos sedientos son capaces de detectar agua en pleno desierto, así que capturan babuinos para provocarles sed, los liberan y corren tras ellos. La capacidad de adaptarnos mediante un ingenio cultural puede que nos haya permitido seguir vivos hasta hoy tanto en el Kalahari y en La Mancha como en la región más fría de Noruega. Los camellos tienen joroba y mi abuela no sabe comer sin tocino por razones parecidas, aunque hayan tomado diferentes caminos para alcanzar el mismo objetivo. O no tan diferentes, como veremos al conocer a otra abuela que es tan mía como tuya y que nos dejó en herencia una adaptación que convierte el tocino en una ventaja en tierras áridas. Pero antes haremos un recorrido rápido y, reconozcámoslo, algo simplista desde la aparición de la sed en el mundo hasta los tiempos de Lucy, la abuela de la humanidad.

* * *

Al principio no podía haber sed en la Tierra porque no había agua ni vida. Una de las hipótesis más aceptadas dice que nuestro planeta era una amalgama con forma de disco, un fragmento de las ruinas de un colapso cósmico en expansión. El disco se convirtió en una bola achatada que giraba como una peonza sobre sí misma y alrededor de una estrella gigante. Contra todo pronóstico y por puro azar, fue a parar al punto exacto, ni muy lejos ni muy cerca del Sol, en el que es posible retener el agua en estado líquido y, por tanto, empezaron a darse las condiciones para que surgiera la vida. Pero eso aún tardaría mucho tiempo en ocurrir, porque una bola abrasadora, rocosa, inerte, seca y constantemente bombardeada por cometas era inhabitable. Comenzaron unas obras sin supervisión que dejaron una casa lista para entrar a vivir, pero que tenía sus cosillas. Entrado el siglo xx, el astrónomo Milutin Milanković quiso entender los cambios climáticos a largo plazo y dedicó treinta años a estudiar esos «desperfectos». Estableció lo que se conoce como «ciclos de Milanković», pero nadie lo tomó en serio en aquel tiempo. Estudios paleoclimáticos posteriores revelaron que la Tierra ha vivido cambios climáticos con una periodicidad que coincide asombrosamente con la establecida por el serbio. No son ciclos aislados y se dan con base a la insolación que recibe la Tierra, que de entrada es mayor en el ecuador e inferior en los polos. Tienen lugar en fases que nadie llegará a vivir al completo y dependen de variaciones orbitales que responden a tres causas.

Dos de ellas tienen que ver con el eje imaginario sobre el que gira la Tierra. Por un lado, que no sea perpendicular al plano de la órbita es lo que da lugar a las estaciones. Sin embargo, la inclinación (u oblicuidad) no es estable y tiene ciclos de cuarenta y un mil años, lo que altera la cantidad de energía solar que recibimos. Por otro lado, la precesión de los equinoccios se debe a las variaciones anuales en la insolación recibida al principio de las estaciones, que se acumula y da lugar a estaciones más suaves o más severas. Como la Tierra da vueltas inclinada, el movimiento del eje forma un cono imaginario que a veces se ensancha, aumentando el bamboleo o cabeceo de la Tierra cada veintiséis mil años. Nos interesa aquí especialmente el momento en que el eje está más inclinado, puesto que provoca una extensión de los desiertos y casquetes de hielo mientras reduce las zonas templadas.

La última depende de la proximidad con respecto a nuestra estrella regente, que aumenta y disminuye en ciclos de cien mil años, que, sorprendentemente, es el tiempo que han durado las glaciaciones que ha experimentado nuestro planeta, y de cuatrocientos mil años. La Tierra no dibuja círculos perfectos alrededor del Sol, sino que forma una elipse. Por efecto del tirón gravitatorio de Júpiter y Saturno, el planeta modifica ligeramente su recorrido, alargando su órbita un poco más. Esos cambios hacen que reciba más o menos radiación solar.

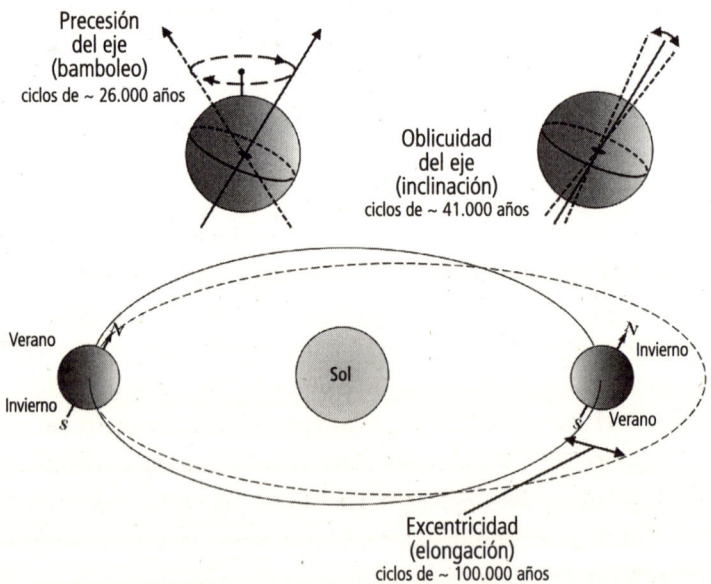

FIGURA 1. Los ciclos de Milanković: variaciones en la órbita y la inclinación axial de la Tierra que afectan a nuestro clima.

Estos cambios climáticos a gran escala ocurren, en definitiva, porque la Tierra es achatada, porque su eje imaginario está inclinado pero no siempre en la misma medida, porque no traza un movimiento perfectamente circular alrededor del Sol, y este tampoco está exactamente en el centro de su órbita. Si bien el punto exacto al que fue a parar la Tierra de manera azarosa (eso que llaman «punto de habitabilidad estelar») permitió que surgiera la vida, no estamos aquí de manera gratuita. Es precisamente esa posición la que nos complica la existencia. Los cambios climáticos son el precio que pagamos.

Desde que se originara nuestro planeta, transcurrió mucho tiempo antes de que naciera el primer ser vivo. Millones de años después de él apareció en el mundo LUCA, una bacteria de la que descendemos todos los seres vivos de la Tierra. A menudo se dice que LUCA fue el primero, pero ni lo fue ni estaba solo: simplemente es el último antepasado común universal, como indica su nombre. Así que estamos emparentados, en mayor o en menor medida, con los gatos, los geranios, los champiñones, las moscas, los chimpancés y los kakapos. Para poner un poco de orden en los cajones en los que la Tierra guarda a los seres vivos, los biólogos idearon una jerarquía que les permite agruparnos en una especie de árbol esquemático y que denominan «categoría taxonómica». Siguiendo esta jerarquía y considerando sólo las ramas más relevantes en la historia que nos ocupa, somos eucariotas (seres vivos), animales (reino), cordados (filo), mamíferos (clase), primates (orden), *Hominidae* (familia), *Homo* (género), *sapiens* (especie), *sapiens sapiens* (subespecie). Entre esas categorías hay pasos intermedios, de los que nos interesa resaltar algunos que van de nuestra familia a nuestra especie, como son los homininis (tribu, que incluye a humanos, sus antepasados extintos, chimpancés y bonobos) y homininos (subtribu de primates homínidos erguidos y bípedos de la que hoy sólo queda *Homo sapiens*). Los científicos recientemente hicieron algunos cambios en los que podríamos perdernos en este libro, pero basta aclarar que aquí llamaré homininos tanto a los seres humanos actuales como a sus antepasados extintos desde que se alejaron de la línea evolutiva de los chimpancés.

Aunque es tentador creer que la sed es tan vieja como la vida y que por tanto tendría aproximadamente cinco mil millones de años, los descendientes de LUCA tardamos tiempo en llegar a ser pluricelulares, mucho más en desarrollar la columna vertebral que nos convirtió en cordados y todavía más en salir del agua. ¿Pudo existir la sed durante los tres mil ochocientos millones de años que pasamos en el agua o surgió cuando nos aventuramos en tierra seca primero como reptiles y después como mamíferos? Posiblemente no. «Cuando caes al agua, la lluvia no te preocupa», dicen los armenios. Los mamíferos existimos desde hace unos doscientos millones de años y los primates aparecimos en Europa y América del Norte (no estaban donde están ahora) hace aproximadamente setenta millones de años. Al principio nos alimentábamos de insectos. Pero un día surgieron las plantas, brotaron flores y frutas y empezamos a comérnoslas con fruición. Y eso seguimos haciendo los hominoideos que aparecimos hace unos cuarenta millones de años en África, cuando ya la Tierra había adoptado una tendencia al enfriamiento y la aridez en la que aún vivimos. Nos quedamos a vivir entre los árboles y cada vez nos enfocamos más en los frutos, pero en algún momento adoptamos una locomoción bípeda. Al principio parecía una estrategia inútil, hasta que escasearon los frutos y los árboles y tuvimos que buscarnos la vida en la sabana. No nos separamos de la rama que dio lugar a los chimpancés hasta hace unos siete millones de años (aunque la divergencia empezó mucho antes), y no fuimos humanos hasta hace dos o tres, cuando el frío y la aridez alcanzaron un nuevo pico y la sed volvió al África oriental. A modo de intento de volver a casa cada vez que la vida se nos complica, es posible que también como humanos surgiésemos junto a un río, el Omo. El paleontólogo Yves Coppens, uno de los descubridores de Lucy, no pudo evitar el juego de palabras, y a este nuevo salto que dio lugar a *Homo habilis* y que pudo ser nuestro origen lo llamó «acontecimiento del (H)Omo», marcado eminentemente por una crisis de aridez. Después vendrían otras especies, pero quedémonos con *erectus*, que triplicó el tamaño del cerebro con respecto al de los australopitecos, perfeccionó la fabricación de herramientas, inventó el bifaz, que fue la navaja suiza de la prehistoria, y fue el primero en expandirse más allá de África, viajando en compañía de otras especies animales que se mudaron a Eurasia más o menos a la vez, hace aproximadamente 1,8 millones de años. Además, fue quizá el primero en producir fuego y no sólo aprovecharlo o mantenerlo, y dedicarse a la caza y a la recolección. Los que se aventuraron más allá de África evolucionaron varias veces y se convirtieron en neandertales en Europa y denisovanos en Asia. Los que se quedaron en África, por su parte, evolucionaron y dieron lugar a *Homo sapiens,* hace doscientos o trescientos mil años. Los sapiens, a su vez, evolucionaron hacia *sapiens sapiens* (humanos anatómicamente modernos, que somos nosotros). Las fechas clave en nuestra evolución sorprendentemente coinciden con cambios climáticos prolongados que en la mayoría de los casos protagonizaron el frío y la aridez, como ocurrió cuando nos quedamos al borde de la extinción, poco antes de salir de África de nuevo. ¿Somos, entonces, hijos del cambio climático, de las crisis, del frío o de la sed?

Que hoy seamos *sapiens sapiens,* doblemente «sabios», no implica una sabiduría superior a la de nuestros antepasados más próximos. Como además nos dieron ese nombre porque eran hombres los que los asignaban y hasta poco antes había imperado en su cultura la idea de que la mujer venía de la costilla de su contraparte, a muchos se les atragantó la idea de que somos simios y la adulteraron con afirmaciones como que venimos del mono; como si de repente una chimpancé hubiera dado luz al primer ser humano. Las mujeres decimonónicas tuvieron que aguantar que venían de una costilla que venía a su vez del barro, pero ellos no podían aceptar que eran primos de chimpancés y gorilas, que no evolucionaron menos que nosotros, sino a su manera y en otra dirección. ¡No sabían aún lo de LUCA! Aunque Darwin ya habló en 1859 de un antepasado común a todos los seres vivos que habría nacido en una «charca caliente», tuvo que pasar un siglo para que se descifrara el código genético, y entonces se supo que era universal.

En conclusión, somos simios y venimos de una bacteria, guste o no. Por si fuera poco, también somos insignificantes, un punto de agua que añora el agua, hecho a base de polvo de estrellas, dentro de un planeta que, aunque parezca enorme, no es a su vez más que una bolita que da vueltas alrededor de una estrella dentro de una galaxia. Y la Vía Láctea, por bonito que suene su nombre, no es más que otro punto en un cúmulo de galaxias, que a su vez es otro punto en el universo. Es bastante atrevido pensar que el universo conspira a nuestro favor, pero también resulta reconfortante creer que nos manda señales cuando nos perdemos. Ni siquiera pudimos decidir cómo evolucionábamos porque la evolución funciona a su aire y no toma decisiones, no nos pide opinión y no lleva un itinerario con destino prefijado. No hay nadie al volante, en realidad. El ser humano es ínfimo y a la vez fascinante, porque no podría hacer este resumen sin una serie de mentes deslumbrantes que se hicieron preguntas, encontraron posibles respuestas y les dedicaron muchas páginas. Quiero incidir en que son respuestas posibles porque en ciencia no hay dogmas ni certezas. La religión y la ciencia no son tan incompatibles desde el punto de vista de su esencia: formulan a menudo la misma pregunta que todos nos planteamos desde que tenemos conciencia de la muerte y capacidad de unir palabras de manera más o menos compleja: ¿de dónde venimos y adónde vamos? Sólo cambian las respuestas: la ciencia intenta explicar cómo puede que sean las cosas y espera críticas, mientras que la religión relata cómo *son*. En este libro tienen cabida ambas porque también la religión, que estuvo antes, se estudia desde las ciencias sociales y muestra la sed como una de nuestras preocupaciones atávicas.

Por ahora, nos quedaremos con la ciencia y, en la jerarquía mencionada, con los homininos, porque viajaremos a un tiempo en el que aún no existían ni el género ni la especie a los que pertenecemos. Ahora sí, conozcamos a la abuela de la humanidad.

* * *

En un pasado remoto hubo un lago en Hadar, en la región de Afar, Etiopía. Hoy es desierto. Apenas llueve, pero cuando lo hace el agua cae tan de golpe que a la tierra, sin árboles, le cuesta absorberla. Por eso, es posible encontrar lo más inesperado con sólo mirar el lecho seco del lago. Por allí andaba Donald Johanson, paleoantropólogo jefe de la expedición multidisciplinar e internacional de Hadar, un hombre supersticioso que tenía un sueño y un objetivo claros. Tiempo atrás había encontrado una articulación de rodilla que se convirtió en la primera prueba de bipedismo en homínidos. Su amigo

Owen Lovejoy, anatomista experto en locomoción, le pidió que volviera a África y le trajera el cuerpo completo, y allá que fue. El 30 de noviembre de 1974, Johanson se había propuesto trabajar por la mañana en el papeleo acumulado y retrasado durante días. Pero una corazonada le empujó a acudir a Tom Gray, un doctorando que estudiaba cómo animales y plantas habían convivido allí en el pasado y su relación con el clima. Le propuso dar una vuelta para encontrar un yacimiento que todavía no habían localizado en el mapa. Tras un rastreo de horas por un barranco y con el termómetro alcanzando ya los 43 °C, el paleoantropólogo quiso echar un último vistazo porque se había levantado ese día con la firme convicción de que la suerte estaba de su parte. Justo antes de regresar al Land Rover vio un pedazo de hueso.

—Esto es el trozo de un brazo de homínido.

—Imposible. Es demasiado pequeño, será de algún tipo de mono —dijo Gray.

Pero Johanson insistió tras observarlo a una distancia más corta:

—Homínido.

—¿Por qué estás tan seguro?

—Por esa pieza al lado de tu mano. También es de homínido.

—¡Dios mío! ¡Dios mío! Mira esto. Costillas.

—No puedo creerlo. Simplemente no puedo creerlo.

Al instante vieron otro fragmento de hueso. Y otro. Y otro más. Juntos conformaban el 40 por ciento de un esqueleto.

Fuera quien fuese, había muerto allí, en el fondo de un lago convertido en desierto. La arena y el barro habían ido ocultando su cuerpo a lo largo de más de tres millones de años y un día la lluvia volvió a dejar al aire sus huesos. Por la noche celebraron el hallazgo en el campamento junto con otros miembros de la expedición, que también lideraban los franceses Yves Coppens y Maurice Taieb. Pasaron la velada escuchando, bailando y cantando la canción de los Beatles que sonaba en bucle desde el magnetófono. Cuando empezó *Lucy in the Sky with Diamonds* por enésima vez, alguno de ellos decidió que la abuela de la humanidad se llamaría Lucy.

* * *

A finales del siglo XIX, el líder africano Makapan y su tribu fueron sitiados por bóeres en una cueva. Pronto descubrieron que aquel lugar podía salvarlos y empezaron a utilizarlo como refugio en el que resistir. Colocaron enormes rocas para bloquear un camino estrecho. Aguantaron allí días y semanas, hasta que se vieron obligados a marcharse. Cuenta Johanson, en su libro sobre Lucy, que «tuvieron que salir expulsados por la sed». Dos mil personas fueron masacradas en el intento y mil más fueron asesinadas aún dentro. Cuando tuvo lugar la matanza que dio nombre a la cueva Makapasgat, apenas era creíble que el origen de la humanidad pudiera estar en África, a pesar de que Charles Darwin lo había insinuado hacía ya casi medio siglo y de que Thomas Henry Huxley lo gritaba a los cuatro vientos. Darwin cambió la forma en la que el ser humano se veía en el espejo al publicar *El origen de las especies* pero no todo el mundo quiso mirarse. La evolución no era una novedad y tampoco fue un término que él usase al principio, pero su mayor logro fue que encontró su motor y que a nadie se le ha ocurrido todavía una opción lo bastante convincente como para desbancar a la selección natural. Fue sutil en cuanto a los humanos, quizá porque se guardaba un as bajo la manga, como él mismo parecía insinuar y como explicó poco tiempo después en *El origen del hombre*. Seguramente era consciente de las repercusiones que tendría lanzar todo de golpe. Sus vecinos y muchos de sus contemporáneos pensaban que Dios lo había creado todo, incluidos a ellos. ¿Cómo explicarles que quizá lo que creían de sí mismos tenía una explicación muy diferente? Mientras Darwin se refugiaba tímidamente en su pueblo después de escribir «Se arrojará luz sobre el origen del hombre y su historia», Huxley se atrevió a emparentarnos con otros simios como gorilas y chimpancés, de lo que dedujo que el origen de la humanidad debía que estar allí donde estos aún vivían. Para Darwin no venimos del mono, como se difundió, sino que somos monos. Si había fósiles de un antepasado común, tenían que estar en África. Las críticas no tardaron en llegar. Pocos querían aceptar que este antepasado no estuviera en Europa o Asia. Mucho menos, reconocer que la cuna pudiera ser África. Precisamente, la cueva de Makapasgat albergaba una de las claves.

No puedo saber qué pensaron mis tatarabuelos cuando trascendieron las ideas adulteradas de Darwin. No sabían leer, pero, dado el revuelo, es probable que llegaran a sus oídos, aunque tergiversadas. Algo así como: «¡Pues no hay un inglés que dice que venimos del mono! ¡Mono será su padre!». A Darwin le llovieron burlas y caricaturas. Incluso inspiró el Anís del Mono, un licor cuya botella servía en España también como instrumento musical. No está claro si lo hicieron para desacreditarlo o para anunciarse como el anís más evolucionado, pero la referencia parece indudable e incluso se cree que la imagen de la etiqueta es una caricatura del científico.

Quienes aceptaron la evolución tuvieron la oportunidad de reivindicar la antigüedad de sus propios antepasados locales cuando empezaron a aparecer sus fósiles, pero los despistaron sus ideas evolucionistas. En esa época sólo se había encontrado algún fósil de neandertal que los científicos no aceptaban completamente como posible antepasado y que tildaban de mono deforme. Bárbaro, cosaco, criatura desagradable, viejo holandés (dicho con desprecio por un alemán), hirsuto, espanto, criatura espantosa y celta de escasa organización mental. No es una letra alternativa de «Rata de dos patas», sino sólo algunas de las lindezas que ciertos científicos dedicaron al neandertal, que había empezado a asomar en Bélgica, España y Alemania. Tiempo después, dieron con el hombre de Cromañón en el sur de Francia. Como al igual que nosotros es *Homo sapiens*, fueron más indulgentes que con el neandertal porque lo sintieron más próximo. Pero igualmente les parecía un cavernícola asalvajado y tonto que babeaba, si bien menos tosco que el neandertal. Quizá no era para estar orgullosos, pero tampoco para avergonzarse tanto. Parecía evidente entonces que el origen de la humanidad estaba en Europa y había tenido lugar unos cien mil años atrás. Pero luego esa sospecha se extendió más allá del continente.

Eugène Dubois se fue a buscar el eslabón perdido a Sumatra, porque allí vivían los orangutanes. Con él empezó una serie de viajes fascinantes. Llegó allí como médico del ejército holandés, pero después de enfermar de malaria lo enviaron a Java y quedó en la reserva. Sólo a partir de entonces pudo dedicar todo su tiempo a su verdadero objetivo. Encontró al hombre de Java, de medio millón de años, y el origen de la humanidad se adelantó y cambió de sitio. Aparecieron después el hombre de Heidelberg en Alemania y el hombre de Pekín en China. A todos ellos finalmente los llamaron *Homo erectus*. Se descubrieron en lugares muy distantes de Europa y Asia, pero casi nadie buscaba en África, donde había vivido su antepasado común, *ergaster*, mucho tiempo atrás. Su lógica decía, en palabras de Johanson: «Los homínidos descienden de los antropoides, los antropoides viven en selvas tropicales y desde hacía millones de años el África meridional había carecido de selvas tropicales». Pero esa lógica obviaba que, si hace millones de años sí las hubo, los restos de sus habitantes podían seguir ahí.

Un día de 1924, una joven sudafricana entusiasmada por los fósiles comentó con el médico y paleontólogo Robert Broom su sospecha de que el cráneo que exponía este sobre su chimenea fuera de un mandril. Él lo negó, y ella se lo envió a Raymond Dart, su profesor de Anatomía, para que les diera su parecer. Dart recibió una caja de fósiles que no pudo analizar tan rápido como hubiese querido, pues esta llegó mientras se preparaba para asistir a una boda. El novio lo apremió justo cuando a Dart le pareció distinguir un cráneo humano asomando del interior. Cuando al fin terminó la boda, encontró entre los fósiles un pedazo de cráneo que, creyó, sí podía tratarse de un mandril. Pero empezó a cambiar de opinión a medida que lograba encajar varias piezas. De repente le pareció que era un antropoide, y también que había caminado erguido. Publicó un artículo en *Nature* que puso patas arriba todas las ideas sobre el origen del ser humano. Acababa de encontrar al niño de Taung, el primer homínido que caminó erguido hallado hasta la fecha. Lo llamó *Australopithecus africanus* y lo anunciaron como el eslabón perdido. Su publicación fue tan apresurada que los antropólogos de la época dudaron de Dart y le dieron la espalda. Sólo Broom lo apoyó.

Cuando hacía años que no tenía nada nuevo que decir sobre su niño de Taung, Dart asistió con su criatura a la presentación esplendorosa del hombre de Pekín en Londres. Sus amigos lo sacaron a cenar para animarlo y él pensó que no sería un plan ideal para el cráneo, así que se lo dio a Dora, su mujer. Pero ella se lo olvidó en un taxi. Cuando la policía recibió la llamada del taxista, que había estado toda la noche paseando ese cráneo, inmediatamente sospechó de un asesinato. Fue quizá el detonante de una frustración que hizo que Dart dejara de buscar fósiles. No obstante, a mitad de siglo, se dirigió a la cueva que había sido el último lugar de resistencia de Makapan y su pueblo. Para entonces, el Gobierno sudafricano ya la había convertido en monumento histórico. Allí, después de veinte años, Dart recuperó los ánimos y se dispuso a volver a la paleontología. En la cueva del famoso exterminio halló una historia similar, pero mucho más antigua. De los cuarenta y dos cráneos de mandril que encontró, más de la mitad estaban aplastados. Basándose en fósiles rotos y en restos de pelvis asociados al bipedismo, llegó a una conclusión que le traería nuevos problemas. Dart, que había descubierto a los australopitecos, los acabó pintando como asesinos sanguinarios que mataban a los mandriles de forma violenta y luego se los comían, lo que contribuyó a extender la idea de que somos seres violentos porque venimos de seres violentos. A pesar de que, en gran parte, los fósiles que encontró se habían quebrado por acción de las hienas y de procesos geológicos, las ideas de Dart influyeron en algunos novelistas y también inspiraron la película de Stanley Kubrick *2001: Una odisea del espacio*. La hipótesis del «mono asesino» venía a decir que fue el ansia de matar, ya fuera mediante la caza o el asesinato, lo que llevó a nuestros antepasados a bajar de los árboles para fabricar armas, y sólo después se habrían puesto de pie, lo que, a su vez, habría permitido empuñar y lanzar armas. Es decir, según esta controvertida teoría, el ansia asesina, cazadora e incluso caníbal nos hizo humanos. Huelga decir que, si de verdad fuésemos monos asesinos, ya habríamos tenido tiempo suficiente para extinguirnos.

* * *

El mismo año que se hizo pública la teoría del mono asesino vio también la luz un gran fraude extendido durante cuarenta años. Si otros países tenían sus cromañones y neandertales, Inglaterra no podía ser menos, por más atrasados que les parecieran aquellos seres. Así que, como por arte de magia, en 1912 allí apareció el hombre de Piltdown. Quizá porque la búsqueda de nuestro origen comenzó en Europa y a pesar de que los primeros hallazgos fueron una decepción para muchos, desde entonces ha existido una curiosa tendencia a querer demostrar que venimos de Europa y no de África, en contra de lo que la mayoría de los científicos ha aceptado. En ese sentido, no es raro, ni siquiera en los últimos años, toparse con titulares en los que se presume del origen europeo de *Homo sapiens* en lugares como España, donde todavía es frecuente llamar a alguien *Homo sapiens* o cromañón para insultarlo. Pero cómo no vamos a ser de aquí de toda la vida nosotros, los sabios, se dirán algunos.

El hombre de Piltdown se presentó con orgullo como el eslabón perdido y el primer inglés. El antepasado de Darwin se parecía sospechosamente a aquella caricatura en la que se representaba al científico como un híbrido mitad hombre y mitad mono. No quedó mal el arreglo, pero fue un trampantojo que se acabó desvelando. Era, exactamente, lo que varios científicos sospecharon al principio: el cráneo de un humano anatómicamente moderno (en concreto, un hombre medieval) y la mandíbula de un orangután. El gran fraude científico del siglo XX.

Tras el escándalo, el paleoantropólogo Louis Leakey estaba convencido de que encontraría algún fósil de *Homo* en África. Aunque su origen era inglés, había nacido en Kenia y crecido entre los kikuyu, lo que seguramente lo dotó de una sensibilidad especial para mirar más allá del hombre blanco europeo. Pronto se le unió Mary Leakey, su esposa, a la que había conocido como ilustradora de libros de arqueología. Louis, además, estaba convencido de que las mujeres eran muy superiores a los hombres en sensibilidad y empatía con los animales, y que a través de los otros grandes simios podría llegar a conocer el origen de la humanidad. Por eso envió a las *Trimates*, Jane Goodall, Dian Fossey y Viruté Gauldikás, a estudiar a los chimpancés, los gorilas y los orangutanes. Pero, el gran hito en la vida profesional de Louis Leakey, el que hizo que la ciencia se volviera definitivamente hacia África oriental, había llegado en 1959, justo cuando cumplía un siglo *El origen de las especies* de Darwin. Pero los huesos que le granjearon a Louis fama mundial y pusieron la paleontología de moda no los encontró él sino Mary: aparecieron cuando él estaba acostado y enfermo de malaria en el campamento. Hay dudas sobre si, al enterarse él, saltó de la cama con entusiasmo y acudió de inmediato al yacimiento mientras se le olvidaba la enfermedad, o si más bien reaccionó con desprecio, decepcionado al descubrir que se trataba de un australopiteco robusto y no de un humano. En aquel tiempo, ni la ciencia ni Leakey reconocían que el australopiteco fuera nuestro antepasado. Lo que sí se sabe es que él se encargó de presentar y bautizar al *Zinjanthropus boisei* (que después los científicos llamarían *Australopithecus boisei* y que popularmente se conoció como el «Cascanueces» debido a su prominente mandíbula), y que al tiempo empezó a valorar el hallazgo, su «querido muchacho».

Pasada la primera mitad del siglo, la familia Leakey seguía buscando fósiles en la garganta de Olduvai. Eran tiempos en los que ganaba fuerza la teoría de que nuestros antepasados se pusieron en pie porque un cambio climático en el que la sequía fue la protagonista los obligó a hacerlo en plena sabana. Poco después tuvo lugar la gran época dorada de la paleoantropología en África, con yacimientos como Hadar, Olduvai, Omo y Kobi Fora, muchos de ellos ubicados en lechos secos de antiguos lagos y ríos. Y había otra peculiaridad: a diferencia de los yacimientos de Europa y Asia, los africanos estaban concentrados en un espacio muy reducido, especialmente en Kenia, Etiopía y Tanzania.

Ya vimos que los fósiles más antiguos de homininos hasta la fecha aparecieron en la parte media y baja del río Awash, en el este de Etiopía, pero no el porqué. Ese lugar del mundo forma una «Y» que se conoce como el triángulo de Afar, resultado de la triple intersección del mar Rojo, el golfo de Adén y el Rift de África oriental.

Para entender por qué aquellos fósiles aparecían allí hay que retroceder alrededor de cincuenta y cinco millones de años, cuando comenzó la tendencia al enfriamiento del Cenozoico que vino acompañada de aridez y llegó a su punto álgido con edades de hielo cíclicas desde hace 2,6 millones de años, cuando el descenso de temperaturas redujo la evaporación del agua de los océanos y la lluvia y concentró el agua en estado sólido. En ese contexto surgió el género *Homo*. Pero no avancemos tan rápido.

Hace veintitrés o treinta millones de años, los movimientos de placas del Mioceno dieron lugar a los Pirineos, los Alpes, el Himalaya y algunas cadenas montañosas de Sudamérica y Norteamérica, aún separadas. Fue una época de clima templado, pero el mundo empezó a enfriarse. Desde entonces, las épocas frías que ha conocido la Tierra han ido acompañadas de sequías. A medida que aumentaban el frío y la aridez, las selvas se espaciaban y los bosques se convertían en sabanas arbustivas. De ahí que el Mioceno se conozca como «edad de las hierbas». Hace alrededor de quince millones de años el mundo se enfrió de nuevo y siguió secándose. Algunos simios desarrollaron cambios morfológicos y metabólicos que les permitieron adaptarse a esas condiciones y surgió una nueva rama: los homínidos.-

La colisión de la India y Eurasia que dio origen al Himalaya fue clave para que se produjera la aridificación en el mundo que no ha dejado de acompañarnos desde entonces. La erosión de esa cordillera bajó la temperatura global y redujo la evaporación del agua de los océanos. La interacción entre el Himalaya y la meseta del Tíbet creó los monzones de India y del Sudeste Asiático al tiempo que se reducía la lluvia en el este de África. Mientras, un océano Índico más frío provocó una disminución de la lluvia en África oriental. Además de estos cambios, que tuvieron repercusiones a escala global, se produjeron otros en lo que hoy es el triángulo de Afar, primero tectónicos y después climáticos y ecológicos. El Rift africano dio paso al mar Rojo y al golfo de Adén; cambió el clima, el paisaje y el ecosistema de África oriental, y tiempo después los bosques se empezaron a convertir en sabanas. En plena crisis climática, hace alrededor de siete millones de años, nos separamos definitivamente de los chimpancés y surgieron los homininos antepasados de Ardi, una *Ardipithecus ramidus* que vivió hace alrededor de cuatro millones y medio de años en el curso medio del Awash y que es el antepasado más antiguo que conocemos.

El enfriamiento global progresivo acompañado de sequías fue cada vez a más, y al mismo tiempo África oriental alcanzó un pico de aridez. La población de homininos aumentaba y a la vez se quedaba sin espacio porque la selva retrocedía, de modo que se veía expulsada a la sabana. Concretamente allí, a finales del Mioceno, los descendientes de Ardi y los antepasados de Lucy tuvieron que encontrar la forma de sobrevivir. Aquellas nuevas protuberancias, que eran las montañas del Rift, se convirtieron en murallas naturales que impidieron la llegada de vientos húmedos del océano Atlántico. El efecto de sombra de lluvia que provocó este obstáculo hizo que desde entonces dejara de llover en el este de África y que se desecara hace tres o cuatro millones de años, mientras las precipitaciones se alejaran cada vez más hacia la costa. Todo aquello provocó el retroceso de selvas, que dieron paso una vez más a sabanas. Nuestros ancestros, que habían multiplicado su población antes de que la comida escaseara, habrían empezado a caminar erguidos ya la mayor parte del tiempo. Además de la locomoción bípeda, adoptaron otros cambios que les hicieron la vida más fácil en ese contexto, como luego veremos. Ya se paseaban por el mundo los australopitecos y algunas especies de homininos que todavía no hemos llegado a conocer. Los australopitecos se habían dividido, hace cuatro millones de años, en una rama bípedo-arborícola (*afarensis*) y una exclusivamente bípeda (*anamensis*), que vivió en Hadar. Por tanto, aunque se sigue considerando a Lucy la abuela de la humanidad por todo lo que representa, lo más probable es que se trate de nuestra tía abuela.

Sea cual sea nuestro parentesco, el descubrimiento de Lucy, casi medio siglo después de que apareciera el niño de Taung, no dejó más remedio que aceptar que los australopitecos eran algo más que simios: ¿y si eran prehumanos o humanos muy primitivos? Lucy fue sólo el principio. En la siguiente campaña en Hadar, Johanson encontró una familia entera. Poco después, Mary Leakey dio con las huellas de Laetoli, las icnitas que demostraban que hace alrededor de tres millones y medio de años nuestros ancestros y los de Lucy ya caminaban erguidos por África. Estaban cubiertas de ceniza volcánica, pero no parece que quienes las dejaron estuvieran huyendo de una erupción. De las huellas, que conforman la prueba más antigua de bipedestación, se dedujo que sus dueños estaban ya acostumbrados a ella, que pudieron ser tres *Australopithecus afarensis*, que caminaban sin prisa y que posiblemente iban en busca de agua porque tenían sed. A su lado aparecieron otras huellas que se asociaron a un oso. Gracias a que las icnitas de Laetoli se siguen estudiando, hoy sabemos que no pertenecían a un oso, sino a otro hominino. Una especie que todavía no conocemos y que ya caminaba de pie junto a los australopitecos.

* * *

53

Lucy y los suyos cambiaron las ramas por el suelo. Aunque algunos de sus antepasados habían probado ya la bipedestación a ratos, como el niño de Taung, Lucy caminaba de pie la mayor parte del tiempo, aunque, en vista de lo robustos que tenía los brazos, seguramente no renunciaba a colgarse de las ramas de vez en cuando. Además, escalaba, posiblemente para dormir en una cama de ramas y hojas en lo alto de un árbol. Emprendía largas caminatas en busca de comida en un lugar en el que cada vez había menos árboles, menos frutos, menos agua.

Pero ¿por qué sus antepasados se pusieron definitivamente de pie y se decantaron por la locomoción bípeda? Hubo diversas teorías que hablaban de la liberación de las manos, del ahorro energético y de facilitar la comunicación, e incluso la sed de sangre, como ya hemos visto, pero la más aceptada durante un tiempo tiene que ver con el entorno descrito y trata de la sed y del hambre. Había que sobrevivir en un lugar en el que cada vez llovía menos, los árboles escaseaban y, por tanto, también los frutos con los que alimentarse. Se planteó que esas condiciones extremas de frío y sequía mientras la sabana los acorralaba podrían haberlos empujado a ponerse de pie. Lo que al principio no parecía una ventaja les permitió liberar las manos con las que después construyeron herramientas, lograron reducir la exposición de su cuerpo al sol y ampliar su campo de visión en un terreno plano y de escasa vegetación. Pero tanto Johanson como Lovejoy creyeron poco probable que empezaran a andar en esas condiciones y que seguramente había ocurrido en los árboles, antes de que la presión demográfica y el retroceso de la selva relegase a nuestros ancestros a la sabana. Ahora sabemos que la locomoción de Lucy era casi idéntica a la nuestra y no veríamos grandes diferencias entre nuestras pisadas en el barro y las huellas de Laetoli, lo que demuestra, junto con el hecho de que la compartamos con el resto de los primates, aunque sea de manera auxiliar, que alguien tuvo que iniciar la locomoción bípeda mucho antes. Las investigaciones más recientes han ido en esa línea y han revelado que, si bien el bipedismo resultó ser una innovación clave para la supervivencia cuando llegó la sed, fuimos bípedos antes de que esta nos acorralara y ya habíamos empezado a andar en el bosque. Fue una buena decisión tomada con anterioridad a que fuera necesaria, precisamente cuando no parece que lo fuese. Pero, cuando llegó la sed, quizá los que caminaban de pie resultaron ser los mejor adaptados.

Hubo otras teorías, como la de que nuestros antepasados empezaron a caminar de pie por el sexo. De entrada, resulta mucho más atractiva que la del mono asesino que se puso en pie para matar. Qué podría empujar más la evolución de una especie que el impulso reproductivo, si es lo que la mantiene viva. Según esta teoría, se fueron dando una serie de circunstancias que, sin ser unas causa de las otras, hicieron que los machos empezaran a caminar en busca de comida mientras las hembras esperaban su regreso. La liberación de las manos habría facilitado el intercambio de alimentos y, como una cosa llevaba a la otra, habrían surgido la monogamia y el enamoramiento. Suena bien hasta que una se da cuenta de que esta tesis atribuye el origen de la bipedestación a los machos, relega a las hembras a la cocina antes incluso de que esta existiera y convierte los albores del amor monógamo en una especie de prostitución prehistórica en la que las hembras ofrecían sexo a cambio de comida. Esta idea refleja más bien un sesgo actual llevado a tiempos remotos.

* * *

Los viajes de los australopitecos en busca de comida eran cada vez más largos y menos exitosos. ¿Cómo acumular más energía y ahorrarla? La bipedestación aportó algunas ventajas, como el menor gasto energético en los desplazamientos, la posibilidad de detectar enemigos a mayor distancia y la capacidad de cargar alimentos. Permitió también el sexo cara a cara. ¿Quién sabe si el amor no surgió en realidad al copular con un añadido tan impactante como un cruce de miradas? Pero el bipedismo no fue una panacea. Caminar sobre dos pies, decía Arsuaga a Millás, consiste más o menos en estar cayéndose todo el tiempo y salvarse en el último momento. Esta adaptación de nuestros antepasados nos dejó dolores de espalda y de cuello, una pelvis ancha para aguantar erguidos y también un canal de parto más estrecho para alumbrar hijos que cada vez serían más cabezones. Lucy no tuvo ese problema: el cerebro de su descendencia era muy parecido al de un chimpancé y todavía tardaría mucho tiempo en crecer.

En algún momento, los australopitecos tuvieron que empezar a correr, pues cada vez estaban más expuestos a los depredadores en sus expediciones en busca de alimento, y es aquí donde podemos relacionar el tocino con la velocidad (aunque no demasiado, porque eran robustos y probablemente poco veloces), ya que, más o menos al mismo tiempo, empezaron a adaptarse a la escasez de agua y de comida de forma similar a la de los camellos. De algún modo su cuerpo «entendió» que si acumulaba más grasa lograría sobrevivir más tiempo en condiciones de escasez de agua y comida.

Lucy medía poco más de un metro y apenas superaba los veintisiete kilos de peso. Conoció el hambre. Sus dientes ya no eran los de sus ancestros y tampoco lo era su dieta. Aunque era eminentemente herbívora, podía comer termitas, insectos y huevos. Su cuerpo transformaba las frutas que comía en lípidos, que acumulaba a fin de reservar energía para cuando vinieran tiempos de escasez. Pero esa capacidad de almacenaje de los australopitecos fue aumentando poco a poco a medida que se sucedían épocas de escasez de alimentos, lo que los obligaba a desenterrar y comer raíces para sobrevivir y a desplazarse cada vez más lejos. También habían perdido los enormes colmillos de sus antepasados, una adaptación que se ha asociado con la aridez de su entorno, pues, cuando llegaban tiempos de sequía, sus mandíbulas tenían una gran movilidad que les permitía masticar alimentos más secos.

Seguramente Lucy se sirvió de alguna herramienta sencilla fabricada por ella misma, porque los australopitecos ya lo hacían. En vez de guardarla para reutilizarla, como harían más adelante los primeros humanos, la habría abandonado después. En esa capacidad de fabricar herramientas se da una transición que explica por qué nuestros antepasados más recientes no dependían de las adaptaciones evolutivas tanto como los camellos. Pero, aunque Lucy no conoció los duelos y quebrantos, sin todas aquellas adaptaciones e innovaciones metabólicas, morfológicas y cognitivas puede que tampoco los conociéramos los manchegos de hoy.

Lucy vivió hace más de tres millones de años, cuando estaba *a punto* de nacer la conciencia humana, y murió, al parecer, embarazada en torno a los veinte o treinta años. Los etíopes tienen otro nombre para ella: Dinkinesh, que en amárico significa 'eres maravillosa'. Las causas de su muerte no están claras, pero quienes la encontraron no descartaron la posibilidad de que se hubiera ahogado en aquel lugar, que bien pudo ser un lago o un río, y que el agua la hubiera escondido de posibles depredadores. De ahí que su cuerpo pareciera intacto al fondo del barranco, cuando sus descubridores pasaron por allí millones de años después. Se dijo décadas más tarde que murió al caer de un árbol, una hipótesis exitosa durante un tiempo, pero los paleontólogos y anatomistas que la encontraron y estudiaron negaron rotundamente esa posibilidad. Johanson reforzó su idea de que se cayó al fondo del lago y murió quizá por ahogamiento, y que el agua primero y la arena después preservaron su cuerpo hasta que llegaron ellos.

Johanson regresó en 1980 a Hadar, después de una ausencia de tres años. Era ya tan escasa la lluvia donde había encontrado a Lucy que al llegar distinguió sobre la arena del desierto sus propias huellas.

2

Homo sitibundus: el gran viaje

Todo lo que nos caracteriza, el estar de pie, la alimentación omnívora, el desarrollo del cerebro, la invención de nuevas herramientas, todo resultaría de una adaptación a un medio más seco. […] Vas a decir que exagero, pero el amor también es resultado de aquella sequía.

YVES COPPENS, *La historia más bella del mundo*

Creemos que el norte de África era un lugar muy seco cuando los primeros humanos empezaron a abandonarla y a diseminarse por todo el mundo. Fue la transición de un Sáhara verde a uno en condiciones más extremas lo que motivó que nuestros ancestros abandonaran el continente.

JESSICA TIRNEY, en una entrevista para *National Geographic*

Era un día de invierno. Los hombres vareaban las ramas de uno de tantos olivos manchegos y las mujeres recogían arrodilladas las aceitunas que al caer se escapaban del mantón. Uno de esos hombres buscaba una excusa para hablar con una mujer que estaba allí, así que clavó las rodillas en la tierra y empezó a recoger aceitunas. Otra aceitunera interpretó el movimiento, quiso acelerarlo y le dijo a su hermana: «Está aquí por ti». Bajo el olivo empezaron a hablar. En la discoteca él le escribió a ella una nota en la que le ofrecía una primera cita junto a un depósito de captación de agua, al estilo de esos antepasados que hace un millón de años flirteaban en los pozos en pleno desierto. Ligar junto al agua debe de ser una especie de promesa en entornos áridos.

Tres años después de aquel primer encuentro, la chica alumbró a una niña en un pueblo cercano. Era un lugar rodeado de viñedos que llegaron allí por la misma razón que los olivos. En el epicentro de la Iberia seca, los campesinos asediados por la escasez de agua encontraron en el olivo, en la vid y en los cereales un modo de decirle a su tierra que no se moverían de allí ni ellos, ni sus hijos, ni sus nietos. No siempre cumplieron ese último sueño, pero desde entonces el olivo es en esa tierra árida el vínculo de los vivos con sus muertos. En mi caso, el olivo tiene más implicaciones, y a veces me pregunto si mi hermano y yo existiríamos de no ser por el olivo bajo el que se conocieron aquellos jóvenes aceituneros que aún no eran nuestros padres.

Si me remonto en mi árbol genealógico, apenas llego a los nombres de unas diez generaciones. Las partidas bautismales y de defunción de los archivos eclesiásticos más antiguas me permitirían llegar hasta mediados del siglo XVI, pero luego habría un inmenso vacío de miles y miles de años. Una miríada de mujeres y hombres anónimos. Pero existen textos invisibles que son más antiguos que la escritura. Yo no sé leerlos, aunque las personas que dominan su idioma están traduciendo algunos fragmentos. Son los genetistas. Gracias a los análisis de ADN antiguo que están descifrándolos puedo rellenar el primer (o último) vacío en la línea materna. El año en el que dejé el cuerpo de mi madre, un grupo de investigadores que había recogido muestras de algunas personas repartidas por el mundo y secuenció su ADN mitocondrial, que sólo se hereda por vía materna, dio a conocer a la madre de todas las personas vivas sobre la Tierra. Con la información que obtuvieron, crearon una especie de árbol genealógico materno y ubicaron a la Eva mitocondrial en algún lugar de África.

No fueron los científicos, sino los periodistas, quienes le dieron un nombre bíblico, que además sugiere algo que no ocurrió: la Eva mitocondrial no era la única ni la primera mujer sobre la Tierra que tuvo hijos. Otras fueron madres tanto en su entorno como en distintas partes de África en ese momento e incluso antes. Pero sólo ella logró que las mitocondrias de sus óvulos siguieran aquí, mientras el resto de los linajes se iban extinguiendo o dejaban de tener hijas con el paso de los años. Para completar la historia, ocurrió lo previsible, y poco después comenzó la búsqueda del Adán del cromosoma Y, que se hereda por vía paterna. Pero no hubo baobab ni pozo que los uniese ni serpiente que los tentara, porque el ancestro masculino vivió en otro punto de África y habría sido un extraño milagro que coincidieran, ya que al principio los separaba un intervalo de tiempo de cincuenta mil años. Como en un intento por cruzarlos, nuevas investigaciones han acortado el tiempo entre una vida y la otra con el mismo éxito de quienes intentan demostrar que Jack cabía en la tabla al lado de Rose. No parece que pudieran coincidir.

Estudios posteriores trataron de poner a Eva en el mapa y ajustar las fechas. Concluyeron que vivió hace alrededor de ciento cincuenta mil años en una zona del sur de África que hoy abarca el norte de Botsuana, un país en el que la moneda nacional se llama igual que la lluvia y que se encuentra en la cuenca central del río Zambeze. En un pasado remoto, tres ríos (Zambeze, Okavango y Kwando) se quedaron sin salida al mar y exactamente allí brotó un lago del tamaño de Suiza que fue el más grande de África. Pero el Makgadikgadi empezó a perder agua y, al fragmentarse en varios lagos, dio lugar a una zona pantanosa y fértil que favoreció la vida de los humanos anatómicamente modernos asentados allí durante setenta mil años, hasta que los cambios climáticos fueron expulsando a la mayoría. Al final el agua se evaporó y en su lugar aparecieron salares. Seguramente cuando la Eva mitocondrial vivía allí nadie llamaba al lago así: Makgadikgadi significa en tsuana 'lugar seco más seco aún'. Su nombre no deja lugar a dudas: hoy es una mancha blanca en pleno desierto del Kalahari, que además de Botsuana abarca parte de Namibia y Sudáfrica. Eso fue lo que descubrió el equipo de genetistas, geólogos y físicos climáticos, no sin duras críticas. Algunos científicos consideran que el ADN mitocondrial es insuficiente y que no se puede contar el origen de la humanidad utilizando información tan parcial como base. Pero los investigadores negaron estar hablando del origen de la humanidad. Más bien, intentaban entender cómo era la vida en uno de los hogares (y no la cuna) de los primeros humanos anatómicamente modernos.

Según concluyeron, parte de la descendencia de la Eva mitocondrial habría migrado en varias oleadas a medida que regresaba la lluvia y se abrían corredores verdes. La primera oleada fue hacia el nordeste hace unos ciento treinta mil años, mientras que la segunda partió hacia el sudeste hace veinte mil años. Pero no todos se fueron. Otros descendientes permanecieron como cazadores-recolectores hasta hoy en un lugar que terminó evaporándose y convirtiéndose en un desierto de sal. Esas personas con las que compartimos el linaje L0, el halogrupo mitocondrial más antiguo, se encuentran dispersas en varios lugares de África y son eminentemente los joisán, fruto de la unión de las etnias joi (hotentotes) y san (bosquimanos). Hoy en el Kalahari, el lugar de mayor concentración, apenas quedan cincuenta mil joisán, aunque se cree que el origen del linaje L0 podría estar en África oriental. La sed, que se transforma a veces en ansia, desigualdad e injusticia, ha seguido acorralando a los que se quedaron. Los bosquimanos fueron expulsados de sus tierras, se enfrentaron al Estado de Botsuana y recuperaron recientemente el derecho a volver a casa. Pero en realidad no se les concedió a todos los expulsados, sino sólo a quienes habían emprendido una batalla legal. Los pocos que pudieron regresar se encontraron con dos limitaciones que atentaban contra su modo de vida y su supervivencia: se les prohibió cazar y acceder a su propio pozo, mientras en complejos los turísticos se construían piscinas para visitantes que sí podían cazar. Aunque finalmente lograron recuperar el acceso al agua, su modo de vida está a punto de desaparecer.

A pesar del inmenso vacío de mi árbol genealógico y aunque no podría enlazar a todas las mujeres sedientas de mi ascendencia, puedo conectar a la primera con la última. No deja de parecerme tan curioso como aterrador que mi ascendente más cercana y la más lejana, separadas por más de ciento cincuenta mil años, doce mil kilómetros y alrededor de seis mil generaciones de mujeres, nacieran y vivieran en lugares cuyos topónimos significan básicamente lo mismo. A pesar de la distancia, La Mancha y el Kalahari comparten origen etimológico: 'tierra seca' y 'lugar sin agua'. Al Kalahari incluso se le han encontrado otras acepciones más poéticas para decir lo mismo, como son 'gran sed' y 'estar en un lugar tan seco e inhóspito que se queda uno sediento'. En eso se convirtió el hipotético Jardín del Edén de la Eva mitocondrial en el que tal vez nunca estuvo el Adán cromosómico.

* * *

Ni siquiera el origen del género *Homo* y de la especie *sapiens* se entendería sin la sed. Tiempo después de que se abriera en suelo africano aquella herida que sigue avanzando y amenaza con dividir en dos el continente y de que se levantaran montañas que redujeron las lluvias en el este, los que habían quedado allí tuvieron que encontrar la manera de sobrevivir en condiciones extremas y dieron lugar a los australopitecos como Lucy y, tiempo después, a los antepasados de Eva.

El paleoantropólogo Yves Coppens creía precisamente en esta idea: que los homínidos bípedos (hoy homininos) se originaron en el este de África. Llamó a su hipótesis *East Side Story* porque en ese tiempo se puso de moda acercar la ciencia a la gente con el apoyo de la cultura popular haciendo juegos de palabras a partir de películas. Su punto de partida radicaba en el hecho de que los fósiles más antiguos habían aparecido en la parte este del valle del Rift, que es una zona árida de sabanas y bosques abiertos. El registro fósil le dio la razón durante un tiempo y la comunidad científica, que se debatía entre un origen africano o multirregional, empezó a aceptar que tanto la humanidad como nuestra especie nacieren en esa zona. Tanto los restos más antiguos de *Homo* como los de *Homo sapiens*, así como los de sus antepasados, procedían de allí. Por eso, Coppens ubicó lo que llamó el acontecimiento del (H)Omo en ese punto, junto al río Omo. Al menos, en aquel momento y durante un tiempo fue así.

Coppens pensaba que Lucy caminaba y trepaba porque su vida transcurría entre el bosque y la estepa. «Después, la tierra vuelve a bascular sobre su eje y la sequía liquida bosques y frutos», dijo. Es entonces cuando Lucy, los suyos y los que llegan detrás no tienen más remedio que caminar casi todo el tiempo de pie, con sus pasos cortos, casi a saltitos. Un par de milenios después de la muerte de Lucy, y con el surgimiento del género *Homo*, llegaba el Pleistoceno. El mundo entró en un patrón cíclico de frío y calidez: los ciclos de Milanković, que todavía nos acompañan. Mientras el hielo se acumulaba y secaba parcialmente los océanos, la aridez fue a más. Luego llegó una época interglacial y después una nueva glaciación. Otra sequía devastadora hace alrededor de 2,6 millones de años acabó con algunas especies de árboles y animales al tiempo que facilitaba la vida a las gramíneas y surgía la humanidad. Este dato es importante para entender lo que pasó después, porque, si no se hubiera dado en zonas áridas el auge de las gramíneas, capaces de adaptarse a casi cualquier terreno y ambiente, no habrían llegado a existir la cerveza, la pizza, el sushi o los tacos. Hoy consumimos productos hechos a base de gramíneas y también carne, huevos y lácteos de animales que se alimentan de ellas. Las gramíneas y los ungulados —mamíferos que se apoyan y caminan con el extremo de los dedos— aparecieron en el mundo a la vez. Pero volvamos al punto en el que estábamos, porque fue entonces, en el momento en que la aridez empujó a los australopitecos a buscar raíces y frutos duros, cuando el ser humano arcaico descubrió las ventajas de la flexibilidad y adoptó una dieta omnívora. Creó herramientas más elaboradas y descubrió nuevas emociones y sentimientos. Los bebés quedaban más expuestos en terrenos en los que la aridez acababa con la vegetación. Su vulnerabilidad acercó a padres y madres. ¿Y surgió el amor? Todo eso, decía Coppens, «resultaría de una adaptación a un medio más seco», aunque lo que acarreó fue la capacidad de adaptarse rápidamente a cualquier ambiente.

La evolución se parece más a un árbol que a una flecha: no necesariamente una especie se extingue para dar paso a una sucesora inmediata. Tres millones de años separan a la abuela de la humanidad y los primeros sapiens, lo cual no significa que los australopitecos no convivieran con los primeros humanos durante un tiempo o que los primeros sapiens no convivieran con otras especies humanas en el pasado.

Nuestros antepasados africanos vivieron en un vasto territorio abarrotado de ríos y árboles, en un lugar en el que ni siquiera existían algunos desiertos como el Sáhara, que era un vergel donde los animales se alimentaban de peces. Los cambios de clima los fueron dispersando y aproximando. El desierto y el bosque comenzaron su danza. El primero empezó a crecer y a tragarse los ríos, y desplazó a los humanos cada vez más. En aquel tiempo, en África vivían varios grupos arcaicos junto con los *Homo sapiens*. Habían desarrollado ya una tecnología que les permitía cazar de manera más sofisticada que sus antecesores, actividad que compaginaban con la recolección y puede que con la pesca. Llevaban una vida nómada, moviéndose de un lado a otro en busca de comida y agua. Gracias a la herencia de sus antepasados podían caminar sobre las piernas sin parecer borrachos. Ya no luchaban por no caer mientras un pie avanzaba por el aire y volvía a posarse en el suelo, y su sistema digestivo les permitía ahorrar energía. Todo, en un ambiente dominado por el frío y la aridez. Se desplazaban constantemente porque el frío y la sequía sólo dejaban tres opciones: adaptarse, marcharse o morir. Lo primero ya había ocurrido. Aunque no es un debate cerrado, varios autores ven en el frío y la sequía el origen de la bipedestación y del proceso de encefalización, porque fue en ese contexto, un millón de años después de ponernos en pie, cuando el cerebro empezó a crecer y, en un tiempo relativamente corto, el cerebro de los erectus ya triplicaba el de los australopitecos.

¿Y cómo reaccionó el resto del cuerpo a esa novedad? Varios científicos concluyeron que un órgano no puede crecer en tales proporciones, con el gasto energético que supone, sin que otro órgano se resienta. A finales del siglo XIX, sir Arthur Keith creía que el cerebro había crecido en detrimento del intestino, que se vio reducido a la fuerza para compensar. Poco más de un siglo después, Aiello y Wheeler concluyeron que el crecimiento del cerebro no habría sido posible de no haber cambiado la dieta. Se redujo la ingesta de alimentos vegetales en favor de un aumento de alimentos de origen animal. Aquel cambio tuvo dos aliados: la escasez producida por el clima y la capacidad de cocinar los alimentos. Se sucedieron otras modificaciones: se rebajó la laringe, lo que permitió que aparecieran las cuerdas vocales. Con las conexiones cerebrales necesarias, surgió uno de nuestros mejores instrumentos: el habla. Junto con el desarrollo del cerebro, esto permitió el lenguaje articulado y complejo. Nacieron las primeras palabras. Había que cazar con herramientas más complejas. Y había que coser ropa. Y también perfeccionar el dominio del fuego y cocinar la carne. Y junto al fuego, seguramente, surgieron las historias.

Pero alejemos un poco la cámara para no perdernos en fechas, datos y nomenclatura: la revolución cognitiva, que pudo tener su razón de ser en la sed, el frío, el hambre o la dieta omnívora, permitió, entre otras cosas, fabricar punzones y luego agujas con los que coser prendas de abrigo y objetos con los que contener el agua, cocinar, enterrar a nuestros muertos, materializar objetos que antes sólo existían en la imaginación y contar historias.

¿Dónde ocurrió todo eso? Durante mucho tiempo las pruebas siguieron dando la razón a Coppens. Pero él mismo encontró fósiles de *erectus* en el centro de África y de australopitecos en la parte húmeda del Rift. Aparecieron fósiles de *Australopithecus bahrelghazali* al otro lado del valle, en el Chad. Por si fuera poco, aunque los restos más antiguos de *Homo sapiens* estaban en la cueva de Kibish (Etiopía), pronto dieron con equivalentes anteriores en lugares tan alejados como el yacimiento de Jebel Irhoud, en Marruecos, donde, recientemente aparecieron unos fósiles de trescientos quince mil años.

El registro fósil era escaso y disperso, de ahí que se plantearan varias hipótesis cuando ya estaba más que aceptado que veníamos de África. La paleoantropología necesitaba un complemento, y llegó. La genética de poblaciones tiene la ventaja de no depender de la hipotética aparición de unos restos para ampliar y contrastar la información, pues se basa en algo inmaterial que el tiempo no ha destruido: nuestros genes. Estos, a su vez, se han aliado con los fósiles para reforzar o rebatir algunas hipótesis. Con el hallazgo de la Eva mitocondrial, por ejemplo, y a pesar de que fue una hipótesis muy controvertida, la genética se unía a la arqueología y la paleontología tanto para profundizar en el conocimiento del origen de la humanidad como para reforzar la hipótesis de que este se halla en África.

Mientras que paleoantropólogos y arqueólogos apuntaban constantemente hacia Etiopía, Chad o Marruecos, la genética apuntaba al sur del continente. Todos estos hallazgos llevaron a la comunidad científica a retomar la hipótesis «Out of Africa» (por el título original de *Memorias de África*), que ubicaba un punto de partida allí antes de que el ser humano anatómicamente moderno se dispersara por todo el mundo. Después de que varios hallazgos, estudios y análisis genéticos en las últimas décadas señalaran distintos puntos del continente, los investigadores se dieron cuenta de que nada los obligaba a poner una sola chincheta en el mapa y se decantaron por un eventual origen en distintos puntos de África por los que vagaron nuestros antepasados.

Durante un tiempo, la idea compartida fue que *Homo sapiens* empezó a salir de África cuando las condiciones climáticas lo permitieron. Es decir, cuando el desierto reverdeció y se abrieron corredores. Pero los hallazgos más recientes, ahora que la arqueología, la paleoantropología y la genética se han unido a la geología y la paleoclimatología, señalan hacia lo contrario: nuestros antepasados habrían empezado a marcharse y siguieron haciéndolo en momentos de prolongadas sequías, que dieron lugar a desiertos donde antes había lagos. Algo compatible, además, con la llamada hipótesis *hydro refugia*, según la cual los humanos anatómicamente modernos se pudieron dispersar siguiendo manantiales. Tanto si esperaron a que las condiciones climáticas mejoraran como si se marcharon en plena sequía, parece evidente que ampliaron horizontes porque tenían o habían tenido sed y lo hicieron en momentos en los que el clima cambiaba.

* * *

Un día, hace alrededor de ciento veinte mil años, dos o tres individuos fueron hacia el lago Alathar. Al mismo lugar acudieron elefantes y camellos sedientos. Por alguna razón desconocida, los humanos se dieron la vuelta. Pero ese lago era ya un barrizal a punto de secarse. Cuando desapareció, quedaron para siempre unas huellas en lo que hoy es el desierto de Nefud, en Arabia, que dejan constancia de una larga caminata en un pasado remoto fuera de África. Para que una huella fosilice y llegue hasta nuestros días es preciso que haya agua primero y que poco después desaparezca durante mucho tiempo. Suelen aparecer en desiertos, lugares que no siempre estuvieron secos. Quienes estudiaron este tipo de rastros, llamados «icnitas», creen que estos movimientos se corresponden con una respuesta a la creciente aridez. Los protagonistas habrían llegado hasta allí en un momento en el que el desierto reverdecía y atraía por igual a humanos y elefantes sedientos.

Había en aquella época dos formas de salir de África que se alternaban en función del clima y que fueron las mismas que, al parecer, habrían tomado los *Homo erectus*, que hace casi dos millones de años estaban ya en Georgia: la del norte y la del sur. En épocas lluviosas y cálidas quedaba disponible la ruta por el norte, que iba de la península del Sinaí hacia el levante. Pero, en épocas de sequía, la mejor opción era la del sur, que pasaba por el estrecho de Bab el-Mandeb, en el mar Rojo, y llevaba a la península arábiga. Durante las glaciaciones, la sequía hacía que la salida por el desierto fuera inviable, mientras que la bajada de las aguas facilitaba el paso por el estrecho. En los periodos interglaciares, esta última ruta quedaba bloqueada por la subida del agua, al tiempo que reverdecía el desierto y facilitaba la salida junto al Nilo.

Las huellas de Arabia no son la prueba del intento más antiguo que conocemos de salir de África por parte de nuestra especie, que decenas de miles de años antes, hace alrededor de doscientos mil, dejó un rastro fósil en las actuales Israel y Grecia. Fueron varias las tentativas en ese tiempo, que coincidió con un aumento poblacional que cada vez reducía más la tierra fértil disponible para vivir. Pero estas incursiones tuvieron escaso éxito: fueron breves en duración y distancia, y su rastro es testimonial en el registro fósil y está ausente de los genes actuales de los nacidos fuera de África. No sabemos si aquellos intentos no cristalizaron porque sus protagonistas murieron, porque no tuvieron hijos o porque dieron media vuelta. ¿Y por qué habrían desandado el camino? Quizá no tanto porque los invadiera el síndrome de Ulises como porque los amedrentaran unos individuos forzudos en plena expansión por Eurasia que ya se habían hecho antes con ese territorio: es posible que aquellas idas y venidas estuvieran impulsadas por el avance y el retroceso de los neandertales en el que era su continente.

Poco tiempo después (unos treinta mil años en realidad), alguna descendiente de la Eva mitocondrial empezó a caminar y dejó África. Fue un pequeño paso para ella y un gran paso para la humanidad. Con ella y unos cuantos más, *Homo sapiens* emprendió al fin la primera etapa de su largo viaje hacia el resto del mundo. Apenas partieron unos mil humanos anatómicamente modernos, que se desplazaban lentamente mientras huían de la sequía y del frío y seguían los movimientos de los animales que les servían de alimento. Unos siguieron la ruta de sus antepasados *erectus*, quizá en almadías. Los demás aprovecharon los momentos templados en los que el desierto reverdecía para tomar la ruta del norte. Tras varios intentos, la nueva oleada abrió definitivamente la puerta de Eurasia hace alrededor de cien mil años. Esta vez no miraron atrás. Algunos de los que habían salido de

África por la península del Sinaí terminaron su viaje en Oriente Próximo. Otros continuaron, pasaron por Arabia y recalaron en Anatolia, entonces una especie de puente entre la actual Turquía y Europa. En Oriente Próximo quizá volvieran a encontrarse algunos de ellos, pero sus rutas se dividieron de nuevo. A la altura de los actuales Irán e Irak se ramificaron y fueron hacia el Sudeste Asiático y Europa, que seguía siendo el continente de los neandertales, aunque habían empezado ya su declive. Hace alrededor de cuarenta y cinco mil años, algunos habían alcanzado ya el confín de la península ibérica.

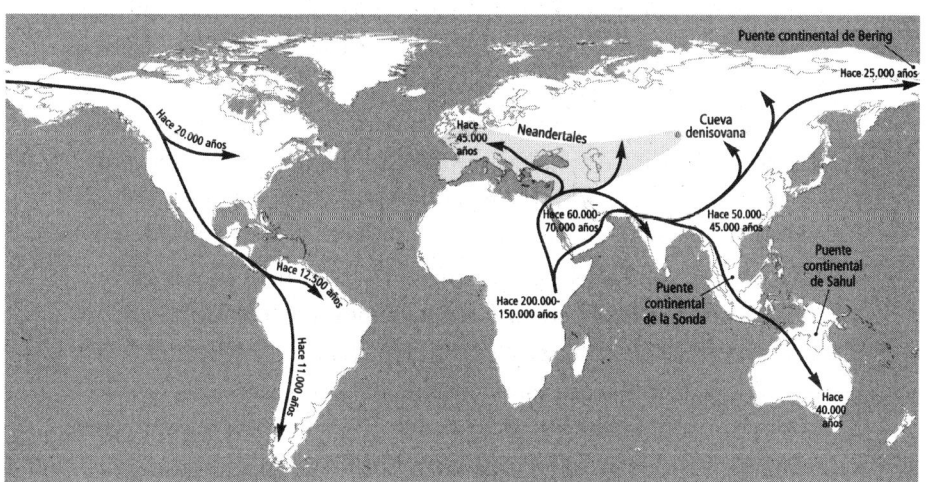

FIGURA 2. El mundo de la Edad de Hielo con las rutas de migración de *Homo sapiens* y la distribución aproximada de los neandertales y los denisovanos.

Los que habían ido hacia Asia siguieron a la península de Indochina, y de allí fueron hacia Nueva Guinea y Australia. Los que se dirigieron al norte, con la ayuda del hielo, que secaba los mares y hacía emerger la tierra, cruzaron el estrecho de Bering y llegaron a América del Norte y, finalmente, a América del Sur. Sin saberlo, estos últimos habían hecho el camino inverso al de los camellos, que mucho tiempo atrás salieron de América por el estrecho de Bering y acabaron en África, donde se encontraron con los descendientes de la Eva mitocondrial que no iniciaron el largo viaje, y se extinguieron en América.

Aunque recientemente se adelantó la fecha de la llegada a América del Sur, hace alrededor de once mil años los humanos modernos estaban ya en casi todas partes salvo en la Antártida, en Nueva Zelanda y en algunas islas. Nuestros antepasados no buscaban territorios que conquistar y explorar: solo aspiraban a seguir vivos y se movían lentamente, en función de las sequías, de la humedad y de las migraciones de sus presas. Una vez instalados en nuevas tierras fértiles, empezaron a multiplicarse y se encontraron de nuevo con la situación que los había expulsado de África: no había tierra fértil ni fauna suficientes para todos. En ese tiempo daba comienzo una nueva expansión que, salvo algunas excepciones que todavía perduran, los alcanzaría a casi todos ellos: la de la agricultura.

Nuestro primer gran viaje sólo es un viaje si aceleramos el movimiento. La realidad fue muy distinta, más lenta. Como el árbol que logra desplazar el bosque a base de dispersar sus semillas sin que nadie perciba movimiento alguno, los humanos anatómicamente modernos llegaron a todos los rincones del mundo. No hicieron el viaje como individuos, sino como especie, puesto que en realidad cada generación apenas se desplazaba escasos kilómetros.

Aunque no hay fechas fijas para todas las etapas de este viaje, porque varían con cada nuevo hallazgo, hoy se estima que en más o menos ochenta mil años nuestros antepasados se habían dispersado por casi todo el mundo y que el punto de partida no fue uno concreto, como se creía, sino África en general. No es que la ciencia mienta, se contradiga o se equivoque constantemente: es que es un diálogo en el que nadie se calla nunca del todo y que tenemos la suerte de presenciar. Es posible que, entre la escritura de este libro y el momento en que llegue a tus manos, un nuevo fósil salga a la luz o un análisis de ADN o de polen antiguo demuestre que aún no sabemos nada y nos obligue a empezar de nuevo. Mientras tanto, lo que sí sabemos es que los humanos modernos empezaron a asomarse a Eurasia hace menos de cien mil años y que, tras decenas de miles de años dispersándose lentamente, allí los recibieron expectantes los neandertales y los denisovanos, y que, fuera como fuese el contacto, los sapiens intimaron con ambos. Desconocemos si fue un encuentro romántico o un desencuentro violento, pero ha quedado grabado en los genes de los no africanos. Sendos anfitriones eran, en realidad, unos primos lejanos: descendientes del antepasado que había dejado África casi dos millones de años atrás tomando las mismas rutas o cruzando directamente el Estrecho de Gibraltar poco después.

* * *

Desde algún rincón, desde alguna cueva, los neandertales observaban anonadados a unos desconocidos que aparecieron de visita sin previo aviso y sin ganas de marcharse. Eran de aspecto grácil y de tez más oscura que la suya. Cuando los sapiens se adentraron en Europa, se encontraron con un lugar poblado por unos individuos bajitos, musculosos, cabezones, de narices enormes, antebrazos más cortos que los suyos y piel más clara. Llevaban cientos de miles de años ahí. Durante el último máximo glacial la península ibérica se convirtió en uno de los lugares poco habitables para ambos en un mundo de extremos. Posiblemente, fue su último refugio.

Al principio pensamos que los neandertales se extinguieron del todo, que la causa pudo ser nuestra especie, pero ya vivían un momento de declive, su población había mermado considerablemente y parece que no estaban tan bien adaptados como se creía. Además, ¿alguien que se propusiera exterminar una especie de manera sistemática conviviría con ella durante miles de años? Desde el mundo actual es fácil creerlo, pero, haciendo un esfuerzo por ponernos en el lugar de aquella gente, no sólo sentiríamos mucho frío, sino que posiblemente nos asustaría el aspecto de los neandertales, pues eran musculosos y diferentes a lo que habíamos visto. Aunque eran forzudos, vivían poco tiempo y puede que no fueran tan flexibles ante los cambios climáticos como *Homo sapiens*, que había logrado adaptarse a diversos ambientes y además flexibilizado ya su dieta, lo que le permitía alimentarse allá donde fuera.

En los últimos años el interés por los neandertales ha crecido exponencialmente. Quizá la aparición casi diaria de noticias sobre ellos haya estado alentada por el hecho de que ahora sabemos que en realidad no se extinguieron del todo: todos los no africanos somos un poco neandertales. Entre un 2 y un 4 por ciento de cada uno de nosotros. Seguramente, ahora que sabemos que los genes denisovanos también se quedaron entre los humanos actuales más allá de Asia y que son los que nos permiten vivir en lugares elevados, sean estos los próximos protagonistas en la prensa occidental.

La idea de que neandertales y sapiens se cruzaron ya apareció en la novela (y la posterior película) *En busca del fuego*. Generó gran revuelo porque tal cosa parecía impensable, casi un insulto para algunos. Hasta Coppens, que defendía las capacidades intelectuales, creativas y emocionales de los neandertales, consideraba que mezclarlos con sapiens era un despropósito. Pero hoy la ciencia ha demostrado algo que ya adelantó la ficción. El genetista David Reich, que descubrió la huella neandertal en nuestro ADN, cree que la causa de que esta sea tan limitada está en las posteriores corrientes migratorias de agricultores de Anatolia, que con su expansión diluyeron la herencia neandertal. Los cruces fueron reducidos por razones sociales, al contrario de lo que piensan otros investigadores, que encuentran la razón en la escasa fertilidad de los híbridos. Puede que ni siquiera seamos especies distintas, en vista de que se cruzaron y que algunos de sus descendientes lograron seguir procreando. De hecho, algunos investigadores consideran a los neandertales como *Homo sapiens neanderthalensis*.

Hoy sabemos que los neandertales no eran seres tan insensibles y violentos como se creía. Esos oriundos aparentemente rudos que emitían sonidos extraños y que a menudo se han representado muy parecidos a los trols de *David el gnomo* también cuidaban a sus ancianos y enfermos, enterraban a sus muertos y eran presumidos a su modo, pues ya poseían un sentido estético que los llevaba a recoger conchas por placer, hacer collares y pintar paredes. Fabricaron primitivos instrumentos musicales, elaboraron la receta de pan más antigua y eran unos sibaritas que celebraban mariscadas que nadie limpiaba después en cuevas con vistas al mar. Hablaban a su manera, aunque de un modo que quizá no entenderíamos hoy. Puede que hasta se enamoraran. En algún momento, algunos de los recién llegados descubrieron que era más lo que los unía que lo que los separaba, y ese hallazgo se quedó grabado para siempre en los genes de quienes renegaron de ellos y creyeron que estaban ante monos deformes cuando aparecieron sus primeros fósiles.

Se ha planteado la posibilidad de que los neandertales nos dejasen en herencia la sensibilidad artística. Su cerebro era incluso superior al nuestro en tamaño. Tuvo que crecer a la fuerza: las últimas generaciones difícilmente habrían sobrevivido al frío sin un cerebro que les permitiera convertir pieles en ropa, cuevas en refugios, y retener el fuego para calentarse y cocinar. Su aspecto físico lo había modelado en cierto modo el clima: sus enormes fosas nasales y pómulos ensanchados permitían que el aire tardara más en llegar adentro y se templara y se humedeciera por el camino. Toda esa osamenta hacía que pudieran soportar un aire gélido y seco y que respirar no fuera un suplicio. El reducido tamaño y la robustez, por su parte, se alineaban para retener el calor corporal. Sin embargo, no todo lo que nos dejaron fue una bicoca, pues los genes neandertales nos exponen a la tendencia a la depresión, al tabaquismo, a la artritis y a las alergias. Aunque nos han dotado de inmunidad ante algunas enfermedades, no ocurre así con los casos graves de la COVID-19, que pueden empeorar a causa de la herencia neandertal.

La historia de nuestra especie, así como lo que hemos heredado de otras, podría resumirse en una serie de respuestas a cambios climáticos, y especialmente a las sequías. Algunas de esas respuestas resultan absurdas al principio: ponerse de pie o trabajar en el campo tal vez no parecieran las mejores opciones en ese momento, pero el tiempo hizo que lo fueran: ambas nos permitieron mantenernos en lugares áridos. Desde la partida de África en busca de tierra fértil hasta la construcción de embalses para retener la lluvia y alimentar la industria, pasando por la invención de la agricultura, el paso del nomadismo al sedentarismo y la construcción de las primeras ciudades, no hemos hecho otra cosa que adaptarnos al clima y la aridez o forzar que sea la naturaleza la que se adapte a nosotros. Si antes los cambios astronómicos provocaban alteraciones en el eje de rotación de la Tierra, lo que a su vez acarreaba cambios climáticos, hoy es la sed la que tiene ese efecto. Puede que la sed de hoy sea la causa de la sed del futuro. Habrá quienes la llamarán «sequía» para evadir responsabilidades, y mientras tanto seguirán renegando del determinismo ambiental pero cayendo en él.

3

Aprender (y aprehender) el agua

El agua se aprende por la sed.

EMILY DICKINSON

Durante el verano y a principios de otoño se da una extraña escena en ciertas zonas áridas. Cada día, en cuanto amanece, los machos de ganga ibérica emprenden un viaje a la charca más próxima, que a veces queda a kilómetros. Mientras vuelan, emiten sonidos para congregar a los otros machos, que se van uniendo. Uno de ellos hace de avanzadilla para asegurarse de que no hay depredadores cerca y, cuando puede garantizar la seguridad de sus compañeros, les lanza una llamada para que se acerquen al agua. Allí cada uno comienza a balancearse. Saben que las plumas de su buche son más esponjosas que el resto, así que siguen balanceándose y restregándose para retener la mayor cantidad de agua posible. Con las plumas cargadas de agua, vuelven para saciar a sus polluelos.

Se fueron con estruendo, pero vuelven en silencio.

A la vuelta, el macho no se queda junto al hoyo o la huella animal que le sirve de nido, sino que guarda cierta distancia, a veces sobre una piedra, por si hubiera depredadores merodeando cerca. Allí espera, y es la hembra la que se encarga de guiar a los polluelos hasta sus plumas mojadas. Cuando llegan, el macho se mantiene erguido, arquea el cuerpo, y los polluelos se lanzan contra su pecho en busca de agua.

Esa actividad se da solo con el fresco de la mañana. Luego todos se encierran y se quedan quietos, tratando de sobrevivir a las altas temperaturas. En esos momentos, cuando necesitan agua, emiten un jadeo gutural que les permite refrescarse. La ganga es un ave que convive con la escasez en algunas zonas casi desérticas de África, Madagascar, Asia y Europa. La ganga ibérica vive en la España seca, donde su carne dura y barata ha dado lugar a la expresión «es una ganga». Ha aprendido a convivir con las sequías y ha adaptado sus rutinas. La ausencia de agua es tan habitual que ha hecho de ella su guía y se desorienta cuando la charca está menos seca de lo normal. Su viaje se repite más o menos a la misma hora cada mañana, sin necesidad de que los polluelos demanden líquido. Pero ¿cómo empezamos a pedir nosotros el agua?

* * *

Ya sabemos que nuestra sed empezó cuando salimos del agua y que su prólogo fue el origen de la vida en la Tierra. Pero su historia, la que podemos contar, dio inicio cuando un bebé abrió la boca y emitió su primera palabra. No importa qué bebé. No importa en qué lugar ni en qué época. Una criatura con los ojos demasiado grandes con respecto al cuerpo en una proporción nada inocente, compartida por los mamíferos durante milenios para favorecer el amor; una proporción que busca que no nos maten al nacer, que pide tácitamente que nos abracen y nos digan guapos incluso si somos feos con el tono cantarín y universal del lenguaje maternés, y a poder ser de cuclillas. Sintiendo la sed con la fuerza suficiente para hablar, la criatura al fin dijo: «Agua».

Los dogones creen que la primera palabra llegó para poner orden en el desorden del mundo. Pero ¿cuál era? He tenido pocos bebés alrededor, pero los suficientes como para detectar ese patrón primigenio que les hace hablar para pedir agua o llamar a su madre. La sed nos lleva, nos empuja, nos pide; nos pide que hagamos, que pidamos, que busquemos. La sed es como la dopamina que nos impulsa y que segregamos cuando la saciamos. Un ciclo sin fin.

El ser humano apareció en el mundo y adquirió la conciencia hace alrededor de dos millones y medio de años y, hace unos setenta mil, puede que se hiciera la gran pregunta a la que sigue respondiendo. En aquel tiempo, y a lo largo de treinta mil años más, algo cambió en su cerebro y en su vida. Ese tiempo, como acabamos de ver, coincide con su gran expansión por el mundo. La idea más aceptada es que una mutación genética preparó el terreno de cultivo para que el cerebro creciera en tamaño y complejidad, lo que permitió que surgiera un lenguaje hablado más elaborado. Algunos científicos piensan que esa mutación se dio a la fuerza y que la impulsó un clima cargado de frío y aridez.

Como fuera, parece que *Homo habilis*, el primero del género, pronunció las primeras palabras, pero hasta mucho más tarde, nuestros antepasados no alcanzaron un lenguaje articulado lo bastante complejo como para crear y compartir historias. Aunque ese no fue un cambio repentino. También se ha planteado que el paso de un lenguaje simple a uno más elaborado pudo provocarlo una necesidad de favorecer la cooperación entre individuos mediante el cotilleo. En ese tiempo surgió otro pegamento social que no habría sido posible sin un lenguaje así: los mitos y las creencias comenzaron a ser esenciales para resguardar a los miembros del grupo bajo el mismo paraguas. Los humanos tenían ya un pensamiento simbólico desde mucho antes y lograban fabricar herramientas que habían aparecido primero en su imaginación, pero ahora ya eran capaces de contar con palabras tanto lo que veían como lo que no y entendían la importancia de compartirlo. Si la cooperación fue clave en nuestra evolución, como se cree, dos grandes pasos evolutivos consistieron en crear historias compartidas, como las primeras creencias y los mitos de origen, y también los chismes. Todos ellos pudieron surgir de noche en torno a una hoguera. Pero no habrían podido nacer sin la primera palabra.

* * *

Lo común en las palabras es morir. No suelen durar más de diez mil años. Pero alguien se preguntó por la más antigua y encontró veintitrés. Tú, yo, nosotros, vosotros, no, eso, esto, quién, qué, viejo, negro, macho, madre, mano, fuego, corteza, cenizas, gusano, dar, oír, tirar (de algo), fluir, escupir. Al parecer, todas ellas llevan unos quince mil años con nosotros. Pero hay una que puede venir de mucho antes. Los lingüistas sospechan que la voz que encendió la mecha del lenguaje mucho antes pudo ser «no». Tal vez un individuo *Homo habilis* diciendo a su hijo que no hiciera algo que molestara a otros. ¿Ni rastro del agua entre las palabras más antiguas que conservamos? No: entre ellas está «fluir». Tan de moda en nuestros días y casi tan vieja como el pan. Seguramente ese individuo la dijo señalando un reguero dejado por la lluvia o un río o puede que le sorprendiera lo que de pronto un día vio caer del cielo después de una larga sequía. De ahí viene la lluvia, y no sólo del cielo. *Pluvia, pleure* y *plovere*, en latín, dieron lugar a «lluvia» y «llover», y tienen su origen en la raíz indoeuropea *pleu*, que es 'fluir'. *Plou poc, però quan plou, plou prou*, dicen valencianos y alicantinos. Un juego de palabras que tal vez hablantes de varias lenguas de origen indoeuropeo podrían entender gracias al legado de los yamnayas, a los que conoceremos después. A los hablantes del protoindoeuropeo tuvo que importarles el agua, puesto que lo que en nuestro idioma permanece de su herencia en relación con el terreno gira sobre todo en torno a ella.

El término «agua» viene de la raíz indoeuropea *Akwā*. Si la pienso en otros idiomas, puedo escuchar el balbuceo de un bebé sediento. *Water. Eau. Aigua. Auga. Apa. Acqua.* Incluso la excepción armenia, *jur*, me lleva a ese protolenguaje de los bebés que suele consistir en *agú* y *a gugu tata*, que es universal y trasciende lo humano. *Guagua* en mapudungún (lengua mapuche) significa 'bebé' porque este pueblo cree que es el primer sonido que emitimos. En quechua la misma palabra significa 'niño'. En algunos lugares de México, «guache» es un niño lactante. «Guacho» es en mi pueblo el polluelo de gorrión que cae del tejado porque se ha quedado sin madre. «Gua» es el nombre de la primera chimpancé con la que se experimentó para que hablara.

El hecho de que no haya con qué demostrar el origen del lenguaje humano hablado hizo que la ciencia buscara caminos alternativos que no todos los científicos aceptan, precisamente, porque no parece viable dar con una prueba fehaciente. Uno de los métodos que se han utilizado consiste en estudiar cómo se comunican otros animales, concretamente los otros simios, por proximidad. A principios del siglo xx, varios investigadores quisieron saber si los primates no humanos podían comunicarse como lo hacíamos nosotros y con nosotros. Se les ocurrieron algunos experimentos que hoy nos resultarían espantosos. A fin de demostrar si el lenguaje es innato o cultural, varias crías de chimpancé fueron arrancadas de su entorno y enviadas a diferentes casas para ser educadas como bebés humanos. Cuando tenía siete meses y medio, Gua vivió durante un tiempo con un bebé de diez meses, Donald, porque los padres del niño querían probar si la chimpancé empezaba a hablar. Gua aprendió mucho antes que Donald a usar la taza y la cuchara. Cuando él sólo respondía a tres peticiones de sus padres, Gua reaccionaba a más de treinta. El padre acabó reconociendo públicamente que, después de un año de convivencia, era evidente que Gua era «más lista» que su hijo. Pero Donald empezó a hablar y Gua siguió emitiendo sólo algunos sonidos. Sin embargo, Donald apenas decía tres palabras, mientras que los niños de su edad dominaban alrededor de cincuenta. Frenaron el experimento cuando descubrieron que era su hijo el que estaba imitando los sonidos de la chimpancé. Donald llegó a sentir que era su hermana, y Gua tuvo grandes dificultades para adaptarse de nuevo a su hábitat. Se acusó a los padres de traumatizar a ambos y de «convertir en mono a un niño por querer convertir en niño a un mono». Tras volver a su hábitat, Gua murió en menos de un año. Donald se suicidó al poco de cumplir cuarenta y tres, meses después de que murieran sus padres.

Pasaron algunos años, y Viki, otra pequeña chimpancé criada con humanos, logró decir cuatro palabras: «mamá», «papá», «arriba» y «taza». Nada más. Tras estos experimentos, no parecía que los chimpancés pudieran hablar. Los científicos interesados en el asunto creyeron primero que no podían hacerlo porque carecían de inteligencia, pero poco después llegaron a la conclusión de que era una limitación anatómica relacionada con la laringe lo que les impedía emitir palabras. Los psicólogos no lograban que los chimpancés hablasen ni con la ayuda de logopedas, así que se pusieron a buscar otras formas de comunicación. Una pareja de psicólogos estadounidenses pensó en adoptar a la chimpancé Washoe para intentar comunicarse con ella mediante la lengua de signos estadounidense. Washoe aprendió por imitación los signos de más de trescientas cincuenta palabras y además logró crear otras nuevas a partir de las que ya conocía y enseñarlas a otros chimpancés. Incluso llegó a formar algunas frases sencillas. Cuando vio un cisne por primera vez, juntó dos signos que conocía bien. Representaban pájaro y agua. Tras tenerla cinco años en su casa, la enviaron a un laboratorio para seguir con experimentos parecidos. Allí desató todo su potencial. Aprendió hasta doscientos cincuenta signos nuevos y demostró que un chimpancé es capaz de afirmar que está llorando en lenguaje signado cuando recibe una mala noticia de los humanos. Es decir, había aprendido que esa es la respuesta humana habitual en esas situaciones y por eso se puso a explicar que estaba llorando sin derramar una lágrima. Una muestra de empatía que tuvo que ser una gran lección para quienes la habían arrancado de su entorno.

Los experimentos continuaron tanto en domicilios privados como en el hábitat de los chimpancés, ya que algunos investigadores estaban empeñados en demostrar que el lenguaje complejo no podía ser exclusivo de los humanos. Otra pareja de investigadores dedicó cuatro décadas a conocer el lenguaje de estos simios, y lo hicieron precisamente con la ayuda de los que habían asistido a las clases de lenguaje humano que impartía Washoe. Llegaron a conclusiones tan fascinantes como que tienen su propia sintaxis, son capaces de mentir y también de componer poesía, ya que pueden crear aliteraciones en lenguaje de signos. Hoy existe incluso un diccionario que recoge los significados de sus señas.

Entre los gorilas ocurre algo parecido. Aunque tienen un peculiar lenguaje a base de eructos que Dian Fossey descubrió y llegó a dominar, quedó claro que a la hora de comunicarse con humanos se manejan mejor con el de signos. En los años ochenta del siglo pasado el mundo conoció a Koko, una gorila capaz de comunicarse con la psicóloga que la cuidaba. Cuando le enseñó el lenguaje de signos estadounidense, esta esperaba que Koko aprendiera tres palabras en cuatro años, pero, para su sorpresa, llegó a dominar hasta mil señas. La primera fue «beber». Cuando chateó con un humano que le preguntó si sería madre, respondió: «Koko-amor... sorbo». Cuando le preguntaron por su comida favorita, respondió: «Sorber». Ante su insistencia, la psicóloga aclaró que a Koko le gustaba beber y le preguntó por su bebida favorita. Koko respondió: «Beber manzana». Además, le encantaban los helados y encontró una curiosa forma de pedirlos: «Mi taza fría». Koko también entendía dos mil palabras que escuchaba a los humanos. Por si fuera poco, enseñó alrededor de setecientos cincuenta signos a un gorila con el que convivió un tiempo.

Aunque no fueron tan famosos los orangutanes con los que se experimentó en este sentido, en 2012 Rocky fue el protagonista de un estudio que publicó *Nature*. Los científicos concluyeron que daba a los humanos respuestas que nada tenían que ver con el lenguaje que utilizaba con otros individuos de su especie. Resultó que era capaz de crear sonidos diferentes para responder a aquellos y que además podía modelar sus *wookies*, que es como se llaman las vocalizaciones de los orangutanes, cuando los humanos las alteraban de antemano. Estudios posteriores han llevado a los científicos a considerar que las consonantes que utilizamos proceden del antepasado arborícola que compartimos con los orangutanes, puesto que solamente estos pronuncian consonantes, algo ajeno a otros simios que pasan la mayor parte del tiempo en el suelo.

Se ha demostrado, por tanto, que chimpancés, orangutanes y gorilas sí pueden comunicarse con nosotros. Entonces ¿por qué no hablan? Al parecer, porque los humanos contamos con una serie de conexiones cerebrales con la laringe y los músculos de la lengua de las que nuestros primos carecen, y que son las que permiten el habla. Aunque los científicos aún no han logrado ubicar el área en la que se encuentran, el arqueólogo Gordon Childe ya adelantó esta idea hace casi un siglo, y estaba convencido de que esas conexiones estaban justo encima de los oídos.

Resulta curioso que uno de los principales intereses de Gua, Viki y Koko al llegar al mundo de los humanos fuera un recipiente que contiene los líquidos. También Lucy, otra chimpancé, se interesó antes que nada por una taza que llamaba «vaso para beber rojo». Los chimpancés, al igual que nosotros y otros simios, beben agua ahuecando las manos, como en un cazo. Las vasijas surgieron hace unos diez mil años en Anatolia y tuvieron como precedente los huevos. ¿Fue primero el huevo o la mano? ¿Evolucionó la mano para sujetar el huevo que se convirtió en vasija y en taza o encajaron como dos perfectas piezas de un puzle?

En algunos lugares la constelación de la Osa Mayor se compara con un cazo, y en torno a ella se ha creado un mito anglosajón que cuenta la historia de una niña que parte de una aldea sedienta con una taza en la mano para llevar agua a su madre enferma y acaba en el cielo. Vasijas y cuencos están presentes en la vida y la muerte prácticamente desde que tenemos capacidad simbólica. Aparecen acompañando a los huesos en enterramientos prehistóricos, y todavía hoy se pone un vaso junto al difunto en algunos pueblos de Rumanía al igual que se colocaba un cuenco para los pájaros en los cementerios musulmanes. Dice Oded Galor que, además del cerebro, es la mano lo que nos diferencia de otros mamíferos, porque evolucionó «en parte como respuesta a la tecnología, específicamente por los beneficios de crear y utilizar herramientas para cazar y agujas y utensilios para cocinar». Entonces ¿por qué los otros simios usan las manos igual que los humanos para beber agua y cuando logran comunicarse con las personas no tardan en pedirles una taza?

Hubo un tiempo en el que incluso se creía que las líneas de la mano funcionan como las cuencas hidrográficas de los ríos cuando esta se moja y se arruga. Finalmente se demostró que ocurría exactamente lo contrario: las líneas no llevan el agua hacia dentro, sino hacia fuera. Ese hallazgo, tras observar unas manos húmedas, llevó al ser humano a inventar los neumáticos con un agarre especial que los hacía más seguros en los días de lluvia.

* * *

¿Y si empezamos a hablar porque teníamos sed? Dice Rousseau que esta duda mía es un despropósito; que no nos empujaron a hablar las necesidades, sino las pasiones, porque «no se empezó por razonar, sino por sentir». Más bien dijo esto: «No fue ni el hambre ni la sed, sino el amor, el odio, la piedad, la cólera, lo que les arrancó las primeras voces». Soy del bando de quienes creen que el lenguaje se originó de manera gradual y que, en su forma actual, es imposible encontrarle un origen exacto. Pero tuvo que haber una chispa que encendiese la primera palabra. Cabe también la posibilidad de que empezásemos a hablar por la misma razón por la que los bebés, los peluches y los personajes de animación tienen los ojos grandes. Ahí están: tú, yo, nosotros, mano, dar... Contaba el filósofo Jaime Nubiola que, si un niño ve una flor, la señala y le dice a su madre «flor», lo hace para vincularse con ella. Y he ahí la esencia de la revolución cognitiva, que creó la necesidad de vincularnos a través del lenguaje hablado. Quizá porque el niño aún no sabe que las plantas desarrollaron flores como una estrategia de manipulación, para atraer a los herbívoros y dispersarse por el mundo, sólo está intentando alimentar el amor compartiendo belleza. Pero, cuando eso ocurra, seguramente ya habrá dicho «agua». Esta idea entronca con otra de las muchas teorías sobre el origen del lenguaje, según la cual las madres ya no podían cargar constantemente a sus bebés mientras recolectaban frutos o cereales porque la pérdida de pelo dificultó el agarre. Ellas habrían iniciado un nuevo sistema de comunicación a base de gestos, roces y sonidos para impedir que los bebés se sintieran abandonados, y estos empezaron a emitir sonidos cada vez más elaborados para comunicarse con sus madres. Quizá, entre la miríada de teorías, esta sea la que mejor permite entender, si no el origen de la sintaxis, sí el nacimiento del maternés que ya conocemos: el *a gugu tata*.

* * *

Según nos cuenta Heródoto, tan padre de historiadores como de antropólogos y periodistas, los egipcios se consideraban los más antiguos del mundo. Así fue hasta que Psamético I se hizo con el trono en el siglo VI a.C. y quiso saber quiénes lo eran realmente. Se le ocurrió que hallaría la respuesta si buscaba la primera palabra de los niños sin que pudieran influir en ella los adultos. Así lo escribe Heródoto en su *Historia*, aunque no le dio demasiada credibilidad:

> Entregó a un pastor dos niños recién nacidos, hijos de las personas que tenía más a mano, para que los llevara a su aprisco y los criara con arreglo al siguiente régimen de vida: le ordenó que nadie pronunciara palabra alguna delante de ellos, que permaneciesen aislados en una cabaña solitaria y que, a una hora determinada, les llevara unas cabras que, después de saciarlos de leche, cumpliesen sus restantes ocupaciones. Psamético puso en práctica este plan y dio esas órdenes porque quería escuchar cuál era la primera palabra que, al romper a hablar, pronunciaban los niños, una vez superada la etapa de los sonidos ininteligibles.

Después de dos años, el experimento dio sus frutos y al fin los niños emitieron un sonido que repitieron durante varios días. Entonces el pastor reparó en ello y llevó a los niños ante el rey, que los escuchó decir «becós». Tras un tiempo de averiguaciones, Psamético I descubrió que «becós» significaba 'pan' para los frigios, y sus súbditos no tuvieron más remedio que aceptar algo que no era cierto, «que los frigios eran más antiguos que ellos».

4

Esperar la lluvia

El agua de nuestro cuerpo fluyó una vez Nilo abajo, cayó como lluvia monzónica sobre India y se arremolinó alrededor del Pacífico.

LEWIS DARTNELL, *Orígenes*

La mayoría de todos los cazadores, pescadores y cultivadores por medio de la lluvia, que mantuvieron su modo tradicional de vida, fueron reducidos a la insignificancia, cuando no completamente aniquilados.

KARL WITTFOGEL, *Despotismo oriental*

Allí donde las cosechas son dioses, labrar la tierra es una forma de adoración.

FELIPE FERNÁNDEZ-ARMESTO, *Civilizaciones*

La Mancha amarillea al principio de cada verano porque allí el pan es sagrado. Hasta hace sólo unos años yo era la única persona de mi pueblo que no podía comerlo aunque lo besara como hacían todos si caía al suelo. Los celíacos tenemos nombre desde hace unos dos mil quinientos años, pero nuestra enfermedad ha sido hasta hace poco una gran desconocida incluso en la mayoría de los hospitales, así que casi todos a mi alrededor dieron por hecho que me iba a morir antes de cumplir un año de vida y seguramente creyeron confirmar su sospecha cuando les dijeron que nunca podría comer (su) pan. El gluten no es más que una proteína presente en el trigo, la cebada, el centeno y, a veces, la avena, que daña el sistema digestivo de celíacos, intolerantes y sensibles al gluten, pero está presente en alimentos y bebidas que, como el pan y la cerveza, han tenido tradicionalmente un papel central en la alimentación y el ocio de varios países de Oriente Próximo y Europa, y que después se extendió a Estados Unidos y Australia. Mi diagnóstico revela que, aunque el trigo permitiera a mis antepasados seguir donde querían, a mí me hubiera ido mejor nacer en Asia o América Latina, donde su lugar lo ocupan el maíz y el arroz. Aunque sólo el 1 por ciento de la población mundial está diagnosticada de celiaquía, esa no es más que la punta del iceberg de un problema que sigue creciendo, sobre todo, en países que han colocado tradicionalmente el gluten en la base de su alimentación. No obstante, hoy en algunas cocinas se extiende el negacionismo del gluten, y no puedo dejar pasar la oportunidad de denunciarlo aquí. Cada vez que se niega la existencia de esta proteína, o se dice que es un arma biológica de control social o una moda, o se banaliza afirmando sin ninguna base científica que una dieta sin gluten ayuda a adelgazar, o se confunde con la lactosa o el azúcar, se está poniendo en juego la salud de millones de personas. Una vez más, hay que remontarse muy atrás, concretamente hasta el punto en el que nos quedamos en el último capítulo, para entender por qué los celíacos seguimos siendo una rareza en algunos lugares sólo porque nuestro cuerpo rechaza la proteína de unos cereales muy específicos sin los que nuestra sociedad no sabría sobrevivir. También allí se esconde la sed.

Tuvo que haber muchos celíacos en Mesopotamia y en Egipto, pero puede que nunca lo supieran y que incluso murieran desnutridos, anémicos o deprimidos sin llegar a intuir nunca que lo que parecía mantenerlos con vida era lo que los estaba destrozando lentamente. Cuando nos hablan de Egipto imaginamos sobre todo pirámides y gente con peluca y kohl, y no tanto lo que realmente fue: una fábrica de pan y cerveza entre desierto y río, donde además la ganadería tuvo un papel históricamente infravalorado. Es posible que la historia que cuenta Heródoto sobre la primera palabra no ocurriera nunca, pero revela que el pan era lo bastante importante como para que alguien creyera que nos empujó a hablar y contara esa historia.

* * *

La Edad de Hielo llegó a su fin hace alrededor de veinte mil años. A medida que la temperatura y la humedad aumentaban, el hielo retrocedía y el agua iba dando forma a montañas y valles y rellenaba lagos y ríos sedientos. Los desiertos reverdecían y los bosques empezaban a recuperarse. Nuestros antepasados, que habían vivido ya tres grandes glaciaciones fuera de África, seguían cazando como lo habían hecho durante más de dos millones de años. El retroceso del hielo permitió a quienes se establecieron en Eurasia acceder a animales cada vez más grandes, como mamuts, bisontes y caballos salvajes. Continuaron desplazándose hacia norte y sur, en función de las rutas migratorias de sus presas. Pero la población no dejaba de crecer y la megafauna de la que se alimentaba estaba a punto de extinguirse. Algo tenía que cambiar.

Cuando las aguas subieron de nuevo, algunos lugares, como América, quedaron aislados del resto del mundo durante milenios. En el norte del continente que no descubrió Cristóbal Colón, el hielo derretido dio lugar a un inmenso lago del tamaño de España, el Agassiz, en lo que hoy es Canadá. Este lago ganaba y perdía agua periódicamente, lo que, dada su magnitud, podía alterar el clima en lugares remotos a pesar del aislamiento del continente al que pertenecía.

Tras el retroceso del hielo, el calentamiento incipiente siguió su curso. Muy lejos de allí, algunas personas construyeron pequeños asentamientos en el Creciente Fértil, donde hoy están Israel, Jordania, Líbano, Palestina, Siria, Irak, Irán, Kuwait, el sudeste de Turquía y Egipto. Era una buena tierra, con forma de medialuna, en la que el clima favoreció el crecimiento de las gramíneas, los antepasados de los cereales que hoy conocemos, que se adaptaron a la escasez y a la impuntualidad de la lluvia. Aquella gente vivía segando granos salvajes de trigo y cebada, cazando gacelas y comiendo frutos secos de vez en cuando. Vieron que los granos eran fáciles de almacenar y que aguantaban mucho tiempo. Acumularlos les garantizaría la subsistencia cuando se redujera la caza. En algún momento, quienes vivían en el Creciente Fértil aprendieron que si los molían también podían preparar pan. Fabricaron instrumentos —como la hoz de pedernal y los morteros de piedra— para recogerlos, machacarlos y elaborar este alimento. Aunque eran cazadores-recolectores, ya contaban con cabañas estables y pronto fundaron un poblado, que se convirtió en una ciudad que todavía existe, Jericó.

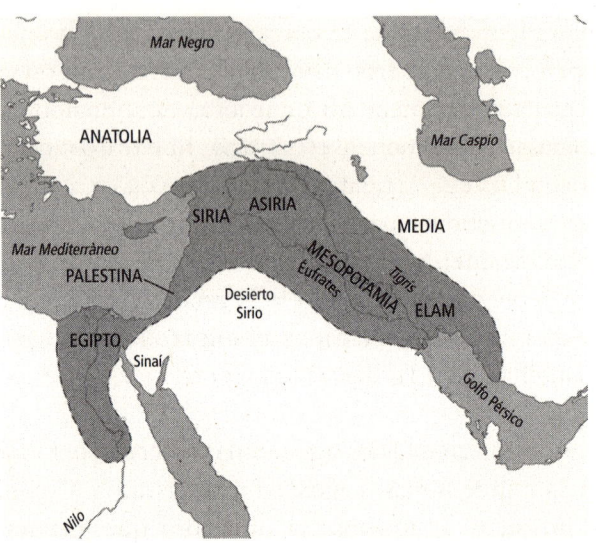

FIGURA 3. El Creciente Fértil.

Todo apunta a que un día llovió sobre alguno de los recipientes en los que almacenaban el grano de cebada. Quizá algún curioso se lanzó a probar el mejunje y vivió el segundo gran momento eureka de la prehistoria. Puede que, gracias a la lluvia, el sapiens descubriera la cerveza por accidente, como se cree que pudo descubrir el fuego su antepasado erectus. Por si fuera poco, aún sacó tiempo para elaborar figurillas eróticas y hacerse amigo de los lobos grises, que se convirtieron en perros y que al principio le ayudaron a cazar y, más adelante, impidieron que otros animales agotasen su comida. Tan importantes eran que a veces se enterraban con las personas. Dorothy Garrod, la arqueóloga inglesa que descubrió esa cultura a principios del siglo XX, los llamó «natufienses».

A pesar de todas sus innovaciones, nunca conocieron el lago americano que estaba a punto de cambiarles la vida. La bonanza del Jardín del Edén saltó por los aires cuando llegaron unas flores blancas a cubrir gran parte del mundo como un manto de nieve. Era la *Dryas octopetalia*, dríada de ocho pétalos, o té del Pirineo. Crece en los lugares fríos y secos en los que la nieve tarda poco en derretirse y dio nombre a su tiempo, Dryas Reciente o Joven Dryas, que llegó hace casi trece mil años.

Entre el Pleistoceno (de cambios drásticos) y el Holoceno (más estable al principio) se dieron cambios de clima y, aunque esta última es una etapa de calentamiento, que a su vez se engloba en un enfriamiento más extendido en el tiempo, hubo algunos paréntesis como el Joven Dryas. El paso de una etapa geológica a la siguiente no fue repentino ni gradual, pero lo que sí parece que llegó de manera repentina fue ese interludio que se produjo entre una y otra. La *Dryas octopetalia* prácticamente sustituyó la vegetación en Europa por un tiempo, lo que hizo suponer a los palinólogos, que son las personas que estudian el polen y las esporas, que el frío y la sequía regresaron de golpe.

Las causas del Joven Dryas siguen sin estar claras, pero, si nos quedamos con la hipótesis más aceptada y descartamos que pudiera provocarlo el impacto de un cometa (una idea que está recobrando fuerza) o la erupción de un volcán, tenemos que regresar al lago Agassiz. A pesar de que este se vaciaba y rellenaba periódicamente, hubo un desagüe crucial cuando se rompió la presa natural del lago. Cantidades ingentes de agua dulce y fría llegaron hasta el océano Atlántico. El choque de agua dulce y salada, fría y caliente, alteró la corriente termohalina, que como su propio nombre indica depende del equilibrio entre la temperatura y la salinidad, y puede producir cambios climáticos en lugares tan distantes como el Levante mediterráneo, donde vivían los natufienses. Mientras que en Noruega el frío liquidaba bosques, en su tierra la verdadera protagonista fue la aridez. Aun así, era uno de los pocos lugares habitables. De manera que el clima, mientras enfriaba y secaba gran parte de la Tierra, empujaba a la gente del norte hacia el sur, donde al menos todavía abundaban los granos salvajes. Aunque pronto dejó de ser así.

Ese cambio climático duró casi un milenio e hizo que en algún momento los cereales escasearan. Parece que los natufienses se vieron obligados a regresar a la vida nómada. Pero ni siquiera entonces dejaron sus pueblos del todo. Aunque tuvieron que abandonar la vida sedentaria, volvían a sus antiguos poblados para enterrar a sus muertos. ¿Los llevó aquella crisis de frío y sed a descubrir el arraigo? Seguramente se asentaron de nuevo cuando el frío y la sequía cedieron, dando paso, ellos o sus descendientes, a las primeras sociedades agrícolas propiamente dichas. Pero algunos investigadores están convencidos de que no todos los natufienses volvieron a la vida nómada en ese tiempo extremo. Cabe la posibilidad de que, mientras algunos huían de los poblados, otros se quedaran en casa y buscaran la manera de resistir. Puede que se les cayeran algunos granos de las manos mientras los trasladaban a sus cabañas o que tirasen los que no les gustaban de camino a casa. Como fuera, allí donde caían los granos se multiplicaban el trigo y la cebada. Descubrir la relación causa-efecto tuvo que ser todo un acontecimiento, porque si ellos mismos podían cultivar trigo y cebada ya no tendrían que depender de un clima cambiante para conseguir pan y cerveza. O eso parecía. Por si fuera poco, aquel esplendor empezó a atraer a las cabras salvajes y a los muflones. La caza también venía a casa y parecía viable retenerla por un tiempo y recurrir a ella sólo en momentos de escasez, al terminar el verano. La combinación se presentaba como ideal, pero el trabajo iba a ser hercúleo si accedían al pacto que les ofrecían las plantas y los animales. Los natufienses no eran exactamente agricultores, pero puede que inventaran la agricultura, ya fuera por accidente o como respuesta a una crisis climática, alimentaria y demográfica miles de años antes de la revolución neolítica. Dejaron el terreno listo a sus descendientes. Fue una sociedad de transición entre el modo de vida que había sido y el que estaba por venir. Pero su vergel se convirtió en estepa y sus intentos de cultivar la tierra no trascendieron. Ellos, y no la Eva mitocondrial o el Adán cromosómico, vivieron en el Jardín del Edén hasta que regresó la aridez. Justo allí, en un lugar que hoy vuelve a sufrir una grave sequía, nació el mito miles de años después. ¿Y si ese jardín existió y aquella historia hablaba de los natufienses?

La flor blanca empezó a desaparecer y puso fin a un paréntesis glacial con nombre de caballero medieval, y con él a un periodo de sequía. El clima volvió a ser llevadero y esta vez, al fin, comenzaba el Holoceno, que significa 'tiempo completamente nuevo'. En este tiempo, que ya no es tan nuevo, vivimos desde hace once mil setecientos años. Aunque al principio esta etapa de calentamiento prometía cierta estabilidad climática en comparación con los rigores del Pleistoceno, que acababa de quedar atrás, se dieron varias subfases en las que el clima cambió, especialmente durante los últimos cinco mil años, en los que la huella humana ha sido crucial. Luego veremos que en el propio Holoceno diversos cambios climáticos coinciden con los cambios sociales. En este caso, cuando comenzó el Holoceno, con un clima más templado pero eminentemente seco, alguien retomó una antigua idea y empezó una nueva etapa para el ser humano.

* * *

La variabilidad climática de la última glaciación nos enseñó que la comida no estaba garantizada. Por si fuera poco, cada vez había más humanos y menos megafauna. La escasez de alimentos y la presión demográfica requerían una solución que pudiera mantener con vida a todas las personas, que para entonces eran ya solamente *Homo sapiens*. Al igual que la megafauna, el resto de las especies humanas con las que había compartido gran parte de la Tierra también habían ido desapareciendo a medida que se expandía por el mundo. El estilo de vida nómada, con el sistema de caza-recolección, resultaría ya inviable, pues exigía que los grupos fueran reducidos para ajustarse a la carne disponible en su zona.

Los humanos parecían vivir condenados a ese círculo vicioso; si tenían comida suficiente, se multiplicaban, pero en poco tiempo había tanta gente que dejaba de haber comida para todos. Había que volver a empezar. Ya vimos que, al principio, los primates comían insectos, pero cuando aparecieron los frutos se fueron a por ellos. Los australopitecos tuvieron que enfrentarse a la escasez de frutos jugosos. Apenas pudieron elegir un cambio de dieta, porque la evolución se encargó de dotarlos de adaptaciones anatómicas y morfológicas que les permitieron comer de lo que tuvieran a mano. Lograron complementar su dieta con insectos porque habían heredado de sus antepasados la capacidad de digerirlos. Tiempo después, *Homo habilis* se alimentaba de semillas, frutos y raíces, pero además incluyó pequeños animales que cazaba de vez en cuando. *Homo erectus*, en cambio, tuvo que volcarse en la carne, seguramente como carroñero primero y como cazador de animales más grandes después. Preferían la carne asada, y dejaron en herencia su estilo de vida y su dieta a los que vinieron después, tras expandirse por Eurasia.

Pero la última vez que ocurrió la historia de siempre, esa en la que confluyen la escasez y la presión demográfica, los sapiens salieron de África en busca de tierras fértiles y estuvieron en movimiento durante casi toda la Edad de Hielo. La vía de la migración masiva quedó agotada porque durante el Joven Dryas ya se habían esparcido y multiplicado por todos los continentes. Ahora era la carne lo que escaseaba. Un cambio de dieta no parecía la mejor opción. Pero tampoco era la peor, así que incluyeron y aumentaron el consumo de cereales salvajes, que en aquel lugar aún crecían con facilidad, a pesar de la sequía, porque se habían adaptado a ella. Aunque el aumento de cereales en detrimento de la carne reducía el aporte de nutrientes y calorías, el déficit calórico podría revertirse si cultivaban ellos mismos los cereales porque, pese a que perderían valor nutricional, podrían aumentar las cantidades.

Esta idea de cultivar la tierra, que no era nueva, tuvo que plantear serios dilemas, porque como solución tenía fisuras, ya que ataba al territorio, imponía tareas que con el tiempo se multiplicarían y los hacía completamente dependientes de la lluvia, pues los humanos aún no conocían la forma de irrigar los terrenos. Las condiciones eran duras, pero se cree que aceptaron el trato, posiblemente, porque les permitiría mantener a una gran población, que con las nuevas circunstancias crecería aún más. La agricultura de secano, sedentaria y basada en el cultivo de cereales, se impuso como la solución a todos sus males y volvió al Creciente Fértil para quedarse. No sólo reapareció prometiendo comida para todos, sino también la capacidad de generar excedentes que más tarde tendrían un papel crucial en el origen de ciudades y estados.

Aquel evento global que el arqueólogo Gordon Childe llamó «revolución neolítica» surgió, en realidad, en puntos muy distantes de manera independiente, con una diferencia de escasos milenios y en algunos casos prácticamente a la vez. Muy pronto, trajo un nuevo modo de vida para los cazadores-recolectores de Eurasia, porque en su mayoría dejaron de serlo. Salvo algunas excepciones (que aún perduran y resisten en algunos puntos del planeta), los sapiens se quedaron quietos y se convirtieron en agricultores.

Pocos estaban dispuestos a creer que cazadores-recolectores dispersos en lugares remotos pudieran haber llegado a las mismas conclusiones que sus antepasados, los únicos verdaderamente civilizados a sus ojos. Es más, se partía de la idea de que el ser humano había desarrollado más inteligencia, conocimientos y sofisticación precisamente gracias a la agricultura y todo lo que empujó su efecto dominó, que lo había apartado de esa naturaleza salvaje en la que aún se movían los pueblos nómadas. La idea, además, pasaba por alto la importancia de la ganadería. Pero ahora sabemos que personas aisladas y separadas por decenas de miles de kilómetros tuvieron la misma idea en muy poco tiempo sin que unos iluminados vinieran a instruirlas, y la pusieron en práctica con lo que mejor crecía en su tierra. Por ejemplo, en China, apenas mil años después, se cultivó el arroz y el mijo como respuesta a la aridez. También se domesticó el cerdo. Casi a la vez, en Nueva Guinea se cultivó el plátano y la caña de azúcar. En Mesoamérica alguien eligió el maíz y las habichuelas, mientras que en Sudamérica los protagonistas fueron la patata y la llama. África occidental, que tenía sus propias variedades de arroz, trigo y mijo, además de sorgo, se enfocó en estos cultivos hace algo más de cinco mil años. En ese momento, en el Creciente Fértil siguieron manipulando lo que tenían a mano, y entonces fue el turno del olivo y de la vid, pero también de los bóvidos y del cerdo.

Poco importa que seamos omnívoros, ovolactovegetarianos, veganos o *realfooders* si nos alimentamos de ultraprocesados o si nuestro cuerpo nos ha impuesto una dieta sin gluten o lactosa. Lo que somos (primates) y casi todo lo que nos proporciona lo que comemos (artiodáctilos, como cerdos, vacas, ovejas y cabras, y angiospermas, que nos dan cereales, legumbres, frutas y verduras) apareció a la vez en el mundo, cuando los dinosaurios ya habían dejado sitio a los primates y la Tierra se enfrió y se aridificó. Debemos la mayoría de plantas y animales que todavía nos alimentan a que nuestros antepasados los domesticaron en apenas un puñado de milenios, cuando el Joven

Dryas estaba dando sus últimos coletazos de frío, aunque no de aridez, o justo después de que se marchara. Y todos esos alimentos crecían en lugares concretos como el Creciente Fértil, China, Mesoamérica, los Andes y Nueva Guinea hasta que se los llevaron de viaje a otras partes.

Pero, aunque fuera con escasa antelación, ¿por qué surgió primero y se extendió más rápido en el Creciente Fértil? Aquel lugar era especialmente rico tanto en plantas como en animales que el ser humano podía domesticar, aunque en ese momento las gacelas empezaron a escasear, por lo que la caza era cada vez menos rentable. Mientras, algunos cereales silvestres vivían un momento de expansión al tiempo que aumentaba también la población humana. Además, en aquel lugar contaban ya con algunos útiles que habían inventado sus antepasados y que favorecieron la producción de alimentos que crecen rápido y de manera relativamente autosuficiente. Jared Diamond miró el mapa y encontró otra posible explicación que relacionaba la disposición de los continentes con el ritmo al que se expandió la agricultura. Pensó que si Eurasia se extendía horizontalmente era más fácil que las similitudes climáticas y la escasa presencia de barreras naturales favorecieran la dispersión sobre un eje este-oeste que propicia similitudes climáticas, ecológicas, además de días, estaciones y enfermedades más parecidos, mientras que en América y África pudo encontrar más trabas en su avance por el eje norte-sur.

Ahora que sabemos que se dieron algunos intentos mucho antes de la fecha que se había asumido como pistoletazo de salida de la agricultura, me resulta inevitable mirar otro mapa, el de la expansión de *Homo sapiens* por el mundo, y pensar que pudo ocurrir algo más: ¿y si heredaron ese conocimiento o su chispa de sus antepasados? La agricultura del Creciente Fértil no parece una eclosión casual, especialmente en vista de lo que ocurrió en 1989. La sequía con la que empezó este libro estaba asediando otras partes del mundo como Israel, y las aguas del mar de Galilea dejaron ver lo que habían estado ocultando durante miles de años. Emergieron los restos de un poblado, con sus cabañas, que revelaron que allí ya se molía el grano, se utilizaban las hoces y una especie de morteros. Además, había indicios de un cultivo incipiente de cereales hace veintitrés mil años, en los estertores de la Edad de Hielo. Todo ello, mucho antes de la fecha considerada como el origen de la agricultura e incluso de que los natufienses se entregaran al pan y la cerveza en el mismo lugar. Y, por si fuera poco, antes que todos ellos, hace unos setenta mil años, los neandertales habían dejado claro, exactamente allí, que sabían elaborar una especie de pan ácimo. En ese lugar varios sapiens llegados de África hicieron una larga parada, algunos se quedaron y sus descendientes intentaron cultivar cereales varias veces hasta que por fin lo consiguieron decenas de miles de años después. ¿Y si fueron los neandertales o una de nuestras abuelas africanas los que nos dieron la receta del pan y de la cerveza o incluso las claves del cultivo de cereales? Los descendientes de los que se habían dispersado por el mundo acabaron llegando a la misma conclusión casi a la vez. ¿Había en todos ellos una capacidad innata que los llevó a las mismas conclusiones o habían aprendido algo que desconocemos antes de separarse?

* * *

Si fue antes la agricultura o el sedentarismo es una pregunta casi tan antigua como la del huevo y la gallina, pero durante un tiempo hubo cierto consenso en cuanto al orden que allanó el terreno a un discurso útil para el Estado agrario, alimentado desde los primeros mitos hasta el capitalismo. Ese orden era más o menos el siguiente: hace casi doce mil años en Oriente Próximo se inventó la agricultura, que dio lugar a la vida sedentaria, y a partir de ahí surgieron las ciudades con edificios monumentales y murallas, el Estado, las obras hidráulicas y la escritura. Había nacido la civilización. Cuando se cuenta el origen de esta suele hacerse basándose en ideas relacionadas con el progreso, sirviendo como ejemplo y punto de partida los primeros estados agrarios y por tanto la agricultura.

Es un discurso que viene a decir algo así como que aquellos pobres sapiens harapientos estaban agotados de dar tumbos de un lado a otro en busca de comida y refugio hasta que al fin inventaron la agricultura y, como los héroes de sus primeros mitos, consiguieron tener acceso a los cereales de los dioses y así salvar a la humanidad. Unos elegidos. Gracias a que la tierra los ató y los obligó a trabajar de sol a sol, tenían un hogar en el que descansar, y esa paz les permitió mejorar sus tristes vidas y algunos se podían permitir empezar a desarrollar el pensamiento y el arte. Entonces nació el Estado y al fin lograron ser civilizados (a diferencia de los nómadas cazadores-recolectores). Aunque no tenían ya necesidad de moverse, partieron hacia todos los rincones del mundo para explicar al resto cómo tenía que ser la vida desde entonces. Aquel proselitismo maravilló a los oriundos, que se unieron a su causa sin pensarlo. Se encerraron primero en sus casas y luego en sus ciudades sin el menor atisbo de nostalgia, porque era así como se progresaba en la vida. Pidieron a las plantas y los animales que por favor les dieran más trabajo y, a los iluminados, que los instruyesen en la mejor manera de dejarse el lomo construyendo canales y diques. Basta un poco de sentido de la ironía para darse cuenta de que esto difícilmente fue así. Pero, aunque caricaturizado, ese ha sido el relato imperante y, de algún modo, lo sigue siendo, ya que también resultó útil al posterior sistema, a pesar de que fue absorbiendo y marginando a los campesinos.

Los primeros agricultores no pudieron llevar una vida plácida antes de serlo, pero cuesta creer que desearan pasar de dedicar unas pocas horas a la semana cazando y recolectando para alimentarse a trabajar la tierra de sol a sol. Aunque la agricultura llegó de forma gradual y retrocedió varias veces, puede que fuera un suplicio, si no para los primeros que la adoptaron, sí para los siguientes; la tierra y las plantas se acostumbraron a su mano y cada vez dependían más de ellos, exigiendo mayores esfuerzos y trabajo. Labrar, fertilizar, sembrar, esperar la lluvia, arrancar malas hierbas, cosechar. Y vuelta a empezar. No sabemos qué noción de ocio tenían, pero no suena idílico si hablamos de alguien que antes disponía de la mayor parte de su tiempo y que con sólo tres semanas recolectando trigo salvaje con una hoz podía conseguir granos suficientes para alimentar a su familia durante un año. Disponían de cuarenta y nueve semanas de vacaciones al año, sólo interrumpidas por los ratos en los que tocaba salir a cazar. ¿De verdad habían desarrollado síndrome de Estocolmo antes del secuestro y eligieron con entusiasmo deslomarse de sol a sol? Esa narrativa es la que hoy empuja a recomendar duchas heladas para aguantar dieciocho horas de trabajo al día. Promover estrategias de hiperproductividad para soportar condiciones laborales infrahumanas al tiempo que se defiende volver a la dieta paleo de los cazadores-recolectores es quizá la última gran contradicción de este discurso que lleva aquí miles de años. Pero si la sociedad no se contara a sí misma esta historia, no podría seguir tolerando la idea de vivir para «ganarse el pan» y hacerlo con un cansancio constante.

Aunque no podemos saber qué pensaron ni qué sintieron, la evidencia arqueológica, genética y paleoclimatológica apunta a que al menos el orden de las cosas no fue exactamente como se contaba. El descubrimiento de Dorothy Garrod, los posteriores hallazgos sobre los natufienses, la sequía que décadas después obligó al mar de Galilea a mostrar lo que escondía y hasta los restos de la tortita que se comieron unos neandertales invierten el orden aceptado e invitan a replantearse si realmente lo de los natufienses fueron sólo unas pruebas que no fructificaron. ¿Y si en vez de construir casas para almacenar grano descubrieron que ya tenían dónde hacerlo? Tampoco podemos saber cuándo se construyeron sus primeros asentamientos, porque es posible que de los materiales usados no haya quedado nada, aunque sí han perdurado evidencias de los restos de una construcción de madera de hace quinientos mil años en Gambia. Por eso es difícil que lleguemos a saber siquiera si somos nómadas por naturaleza y sedentarios a la fuerza o viceversa, si el pan es salvador o tirano, si la agricultura nos secuestró o nos dio la quietud necesaria para innovar y crear o si todo eso fue fruto de la sed o de la saciedad.

Antes de que surgiera la agricultura no sólo existían asentamientos, arte, pan y cerveza. También se había erigido ya el primer templo del que tenemos constancia. No está claro quiénes construyeron Göbekli Tepe ('colina panzuda' en turco) ni con qué finalidad, pero parece que allí tuvieron que trabajar miles de cazadores-recolectores con alguna creencia compartida, porque además no hay constancia de que perteneciera a un poblado. Tampoco se sabe por qué enterraron aquella construcción monumental que tiene miles de años más que Stonehenge. Göbekli Tepe bien pudo haber sido el lugar donde surgiera la noción de lo sagrado, y ahora se plantea, no sin críticas, la posibilidad de que ese fuera el verdadero detonante de la civilización y no el Estado agrario, como se creía. En los pilares de este templo, los protagonistas son los animales, especialmente los bóvidos. Algo muy similar tuvo que ocurrir cerca de allí, en Çatal Hoyuk, uno de tantos lugares que al parecer se abandonaron en plena sequía y que también alberga representaciones de cabezas y cuernos de toros en sus paredes.

Volviendo a la narrativa que nos ocupa, están ausentes datos importantes, como que la agricultura surgió en otros lugares de manera independiente y, como recuerda el antropólogo James Scott, que tuvieron que pasar miles de años entre esta y el sedentarismo (en América) y miles más entre el sedentarismo y el Estado (en Oriente Próximo); que el orden de los acontecimientos no siempre fue ese, o que todavía hay grupos nómadas que luchan por que no se les imponga una vida sedentaria o un estigma por su estilo de vida. Estas omisiones no parecen inocentes. Tampoco lo parece una conversación que circula por internet desde hace unos años. Según esta historia, bonita pero de dudosa credibilidad, un alumno preguntó a la antropóloga Margaret Mead cuál era para ella el origen de la civilización. Mead contestó que un fémur roto y curado hace unos diez mil años, encontrado en un yacimiento, marcaba el origen de la civilización. El relato es demasiado escueto como para resultar fiable, la fecha demasiado próxima a la que nos ocupa como para no dudar, y me fue imposible corroborarlo o saber a qué yacimiento se refería. Sí encontré, en cambio, una entrevista en la que Mead respondía a la misma pregunta, pero de una manera completamente diferente: hablaba de la construcción de ciudades y de intentos de pasar a la posteridad como la escritura.

Mead ya no vivía cuando los investigadores de Atapuerca llegaron a una de las grandes conclusiones sobre sus hallazgos en la Sima de los Huesos: si allí vivieron al menos un anciano, un enfermo y una niña en situación de discapacidad, sólo podía existir una razón para que no murieran mucho antes de lo que lo hicieron. Ninguno de ellos habría alcanzado esa edad sin los cuidados del grupo. Hace cuatrocientos treinta mil años, los *heidelbergensis*, descendientes de *erectus* y antepasados de los neandertales que vivieron en Atapuerca, muchísimo antes del supuesto fémur de Mead, ya sabían lo que era curar y cuidar a los demás. Y puede que el ser humano siempre lo haya sabido, porque hasta los chimpancés hacen cataplasmas naturales con insectos para tratar a los suyos y sabemos de mamíferos que han adoptado crías abandonadas o huérfanas de otras especies. La historia viral que probablemente Mead no protagonizó, unida a noticias sobre supuestas tribus violentas, caníbales y aisladas, que no por casualidad mantienen una vida basada en la caza y recolección, ayuda a reforzar el discurso ya extendido de que la civilización tuvo como detonante la domesticación de animales y plantas.

Mientras que algunos creen que la decisión de cultivar cereales marcó el inicio de una cadena de progreso, otros piensan que el ser humano se expulsó a sí mismo del Jardín del Edén al cometer su mayor error. No defiendo que volvamos a la vida del Paleolítico porque seguramente también hubo violencia y desigualdad, ni idealizo la vida de Pedro y Wilma Picapiedra (que más bien se parece a la de una familia estadounidense de los años setenta) porque en toda idealización hay algo de autoengaño, pero me parece importante incidir en que los cazadores-recolectores que aún comparten el mundo con nosotros no quedaron detrás de nadie, entre otras cosas, porque ellos lo decidieron y porque hace mucho tiempo que sus necesidades no son las nuestras. Si algunos siguen aislados es porque nuestra proximidad los mata. Nosotros, en cambio, nos metimos en un embudo que creó cada vez más necesidades mientras nos hacía más vulnerables a la naturaleza y que cada vez produce más sed. Si hacemos el esfuerzo por ponernos en la piel de una persona cazadora-recolectora asediada por el hambre, la sed y el frío que tiene que cambiar su medio de vida y empezar a cultivar la tierra, no parece que se desplegara ante ella un sueño, al menos en términos de nutrición, salud, trabajo y tiempo libre.

Si nos vamos a detener ahora, sobre todo, en Oriente Próximo, es porque allí se domesticaron primero el trigo y la cebada, y porque desde aquella parte del mundo llegaron al lugar en el que empezó este libro tanto los agricultores de Anatolia como los pastores esteparios que dejaron su impronta en La Mancha.

* * *

En el mayor desierto del mundo aparecieron los huesos de una ballena que había muerto allí decenas de miles de años atrás. Cuando el mar de Tetis empezó a secarse y contraerse hace unos siete millones de años, afloraron bosques con sabanas, lagos y zonas pantanosas. Hubo lagos más grandes que algunos de los mares actuales y el agua llenó cuencas que hoy cubre la arena. Tanto aquellos mamíferos que sí lograron volver al agua como los animales más grandes que el mundo haya conocido crecieron en el Sáhara, aunque seguramente nadie lo llamaba así entonces, porque *sahra*, en árabe, significa 'desierto'. De manera cíclica, aquel lugar se secaba y reverdecía.

Las lluvias y las sequías eran estacionales, así que el Sáhara y el Nilo se alternaban para atraer y repeler a las gentes que allí vivían desde hacía varias generaciones. Sus antepasados trataban de estar cerca del río porque eso les aseguraba la proximidad de sus presas; nunca demasiado porque temían las crecidas desproporcionadas, pero tampoco muy lejos porque al fondo todo era desierto. La disminución del polvo sahariano alteró el patrón de precipitaciones. Como llovió torrencialmente y el desierto reverdeció, algunos oasis se convirtieron en hogar para las personas que hasta entonces habían vivido a medio camino entre el Nilo y el Sáhara. Sólo tenían que huir temporalmente cada vez que llegaba la estación seca. Pero siempre volvían a casa con las lluvias. Aquella tendencia se invirtió cuando terminó el Óptimo Climático del Holoceno, hace alrededor de cinco mil quinientos años. La cantidad de polvo y la insolación aumentaron de nuevo, se fue la lluvia, y los humanos tuvieron que abandonar aquellos oasis que se tragó el desierto. Para algunos investigadores, el proceso fue abrupto y se dio en menos de dos siglos. Pero otros piensan que en realidad fue una transición lenta y gradual que estuvo secando y llenando de polvo el Sáhara durante tres o cuatro mil años. Aunque siempre se ha atribuido a los cambios periódicos de rotación de la Tierra, todavía se debate hasta qué punto la influencia del ser humano se alineó con la astronomía para dar lugar a un cambio climático que redujo las lluvias encargadas de llevar los vientos monzones al norte de África.

Lo que había sido un clima agradable durante dos milenios de repente derivó en una megasequía que afectó a otros lugares. Acorralados por la sed, muchos buscaron refugio primero cerca de manantiales y después junto a los ríos. Además del Nilo, apenas los ríos

Tigris, Éufrates, Yangtsé, Amarillo e Indo seguían siendo caudalosos. Aquellos refugiados climáticos se asentaron en sus riberas y se reunieron en pequeños grupos que fueron creciendo hasta fundar las primeras civilizaciones.

La gente que vivía relativamente cerca del delta del Nilo tuvo que volver a acercarse a un río que les facilitaba la comida pero que aterraba por sus crecidas. Hasta allí acudieron pastores de Libia y de Numidia y después tribus camitas (de la actual Etiopía). Los sedientos expulsados por el desierto encontraron un punto habitable entre el agua y la arena. Se organizaron en nomos, que eran pequeñas superficies cultivables en función del riego en las que levantaron sus primeros poblados. Aprendieron a convivir con las crecidas cíclicas del río y vertebraron su nueva cultura en torno a sus idas y venidas. Tal fue su dominio del agua que hace cuatro mil ochocientos años ya habían construido la primera presa del mundo.

Sus poblados crecieron y se iban uniendo inevitablemente a las aldeas vecinas hasta convertirse en ciudades, que en el año 3200 a.C. dieron lugar a los reinos del norte y del sur. Acababa de nacer el Antiguo Egipto. Llamaron Kemet (Km.t) a su país, que significa 'tierra negra' o 'fértil barro del Nilo que prolonga la vida', y que debía su nombre al color del limo fertilizante que lo cubría todo durante la inundación anual del valle. Pero Kemet era también una forma de oponerse a Deshret (dsr.t), que se usaba tanto para referirse al desierto como al extranjero, y que significaba 'tierra roja', debido a la presencia de la arena. Quizá por eso el rojo adquirió entre ellos una simbología asociada con la muerte y el negro con la regeneración. En su cosmovisión, una garza mitológica llamada Bennu era la responsable de dar aviso de las crecidas, que coincidían con el regreso de las garzas.

Pronto el desierto y el río tuvieron sus propios dioses. Y no solamente allí. Cuando el ser humano empezó a trabajar la tierra, dejó de depender de los granos silvestres y comenzó otra relación de dependencia con el cielo, así que se vio empujado a crear dioses que le proveyeran la lluvia, tanto para explicar de dónde procedía o por qué no venía como para saber a quién pedírsela. ¿Y dónde iban a vivir si no allí?

Antiguamente, diversas culturas creían que el mundo era una especie de disco cubierto por una bóveda azul en la que vivían los dioses. De ahí que pensaran que parte del agua estaba suspendida en el cielo, y que a veces caía a la tierra. De hecho, los primeros egipcios pensaban que la lluvia caía porque había otro Nilo celeste arriba y en Mesopotamia se creía que las lágrimas de Tiamat habían dado lugar a los ríos. Los astros eran concebidos como seres divinos que en algunos casos se desplazaban en barca y que bien podían enviar la lluvia y las tempestades o reservárselas. Quizá por eso tanto sumerios como egipcios y mixtecos creyeron que Enki, Hapi y Dzahui vivían en las alturas volcando jarros.

En Mesopotamia, Egipto y China, la historia pronto se completó de maneras más fantasiosas. Si en Egipto Seth y Osiris competían por traer muerte o abundancia, China tenía su equivalente en el mito del dios de la guerra Chi You y el emperador Huang Di, que utilizó a Nüba, su hija y diosa de la sequía, como arma para vencer al primero. Hay otras versiones y otros mitos que explican el origen de la civilización china a partir de una grave sequía. La primera cuenta que el rey Tang el conquistador se fue al bosque de las moras a hacer una petición sagrada: se ofreció a ser sacrificado para terminar con la sequía que asediaba a su pueblo. Otra versión, no obstante, cuenta que fue una mujer la que se subió a una loma vestida de verde, que simboliza la regeneración, y se puso a secar al sol.

Pero volvamos a Egipto, porque allí hay una ciudad que, aunque lleva tres nombres, en la versión helenizada se llama Oxirrinco en honor a un pez venerado durante mucho tiempo a orillas del Nilo. Aunque puede parecer que el único mérito del oxirrinco fue engullir el falo de un dios, como ahora veremos, quizá fue quien salvó a Egipto de la sed. Al menos, en los mitos. Aunque existen varias versiones de la historia, más o menos decía que Seth y Osiris eran hermanos, y que, mientras que el primero heredó el desierto, al segundo le tocó la tierra fértil. Curiosamente, y sin relación etimológica mediante, un ser que se llamaba Seth se convirtió en el dios de la sequía y del desierto. Seth tenía cuerpo de hombre, cabeza de perro y la capacidad de convertirse en serpiente, aunque a veces parecía un hipopótamo. A menudo lo comparaban con el cerdo, para desprestigiar a un animal que habían empezado a ver con recelo, y lo asociaban al rojo porque simbolizaba la muerte. Pero no siempre Seth fue temido y odiado, y Apopi I lo convirtió en el único dios del templo de Avaris. Era previsible que una civilización fundada por nómadas sedientos expulsados por el desierto creara un dios de la sed que trajera el caos, se asociara al color rojo y encarnara todos los males del mundo. Como también era previsible que tuviera su némesis en un dios de la tierra fértil, asociado al negro. Con la historia de Seth y Osiris, los egipcios crearon sus propios Caín y Abel mucho antes que la Biblia.

Hay mitos según los cuales Seth ahogó a Osiris, lo encerró en un cofre hecho a medida o lo descuartizó. Hay también mitos que cuentan por qué un Seth iracundo descuartizó a su hermano después de matarlo. Pero tanto si Osiris se acostó con su cuñada como si no, como contaba una de las versiones, durante toda su vida el dios de la sequía envidió a su hermano, el de la tierra fértil, el que daba densidad a las nubes, el salvador que enseñó a los egipcios las bondades de la agricultura. Seth esparció los pedazos de Osiris en distintos lugares. Reconstruir su cuerpo fue harto difícil para Isis, su viuda y hermana. Según una versión, finalmente consiguió recuperar el falo de su difunto esposo gracias a un pez que lo habría engullido y que se lo devolvió intacto, el oxirrinco. Isis protagonizó entonces uno de los grandes hitos en la historia de la necrofilia divina y logró quedarse embarazada de Osiris y engendrar a Horus. Aunque, en otro mito, Osiris resucita momentáneamente, se une a Isis para engendrar a Horus y parte a gobernar el mundo de los muertos. Es a partir de entonces cuando la garza Bennu se convierte en *ba* (la fuerza anímica) de Osiris.

Cualquier versión del mito habla, en realidad, de las crecidas periódicas del Nilo, de la sed y de la abundancia representadas por dos seres antagónicos. Fueron esas crecidas las que dieron origen y estructura al calendario egipcio. Como aquella civilización debía su razón de ser al ciclo constante de agua y sed, dividió sus años en tres estaciones: en primer lugar, la inundación; en segundo, la siembra y germinación; y, en tercero, la siega y recolección. Además, idearon el nilómetro para medir las subidas y bajadas del río, porque de eso dependían el trigo y la cebada que cultivaban. Pero, aunque creían que Hapi avisaba a los sacerdotes de que iba a lanzar agua desde el cielo con una jarra divina, sólo cuando llovía en las montañas de Etiopía y se producía el deshielo anual el río lo inundaba todo y traía de nuevo la vida a Egipto. Y hubo un tiempo en el que la lluvia dejó de llegar al norte de África, y quien dejaba cada año constancia de las crecidas en la Piedra de Palermo tuvo que apuntar varias veces que el río casi no subía.

* * *

Más o menos al tiempo que unos nómadas sedientos se arremolinaron en la ribera del Nilo, entre los ríos Tigris y Éufrates se asentaron algunas personas en pequeños grupos de no más de diez. Nadie sabe con certeza desde dónde llegaron, aunque algunos sospechan que venían del desierto y de las montañas, posiblemente desplazados por la sequía que marcó el final del Óptimo Climático del Holoceno. Fundaron pequeñas aldeas agrícolas, primero junto a manantiales. Luego se acercaron a los ríos en el norte de Mesopotamia, que significa 'tierra entre ríos', y se desplazaron a las zonas intermedias y finalmente hacia el sur. Allí nació en ese tiempo Súmer, que significa 'la tierra del señor de los cañaverales'. Está considerada la primera civilización de la historia y se desarrolló en lo que hoy es Irak, aunque lo más probable es que tanto ellos como los primeros egipcios se asentaran junto a sus ríos más o menos a la vez.

La necesidad de controlar el agua llevó a las pequeñas aldeas a convertirse en grandes ciudades, aunque esto hizo más vulnerable a la población. A pesar de la proximidad de los dos grandes ríos, no fue fácil instalarse en un lugar en el que se alternaban prolongadas sequías e inundaciones. Tuvieron que hacer frente a la salinización del agua, que fue en aumento, a la deforestación que ellos mismos provocaron y a la presión demográfica. Los pequeños grupos se convirtieron en decenas de miles de personas y las ciudades, aunque hoy parecerían pequeñas, eran enormes para la época y no siempre viables. Se intensificaron los conflictos por el dominio del agua y de las tierras fértiles hasta que estalló la primera guerra de que la que se tiene constancia.

Tras los sumerios, en Mesopotamia se instalaron y se sucedieron acadios, asirios y babilonios. Entre todos hicieron grandes aportaciones al mundo: asentaron las bases de la irrigación para la agricultura de regadío, de la escritura y de la astronomía, y además inventaron el arado y la rueda. En Babilonia tuvieron lugar los primeros intentos de ingeniería hidráulica subterránea que conocemos, los *qanats*, que posteriormente los árabes llevarían a otros lugares. Dicen que fue Ur-Nammu quien «construyó» en pleno desierto los canales de irrigación que conectaban la ciudad de Ur con el Éufrates, aunque en un ejercicio de falsa modestia él atribuía el mérito a la labor de los dioses. Pero en Mesopotamia el rey era precisamente una especie de encarnación y mensajero de estos. Se le atribuía el poder de invocar la lluvia, pero también cargaba con la responsabilidad si no conseguía que lloviera cuando se le pedía.

La mayor concentración de asentamientos en ese tiempo se dio en la medialuna que conforman el Tigris, el Éufrates y el Nilo. El Creciente Fértil era uno de los pocos lugares habitables del mundo en ese momento. Pero no el único. Cuando se mencionan las primeras civilizaciones, da la sensación de que fuera de sus ciudades no ocurría nada. Más allá de los pueblos nómadas que quedaron al otro lado de sus murallas, a menudo construidas para contenerlos, en el actual Perú nació la cultura del Caral, coetánea de Súmer y del Egipto arcaico. Allí mismo, aunque casi tres milenios después, los moches construyeron un extenso y complejo sistema de canalización con el que lograron irrigar sus tierras en mitad del desierto con las aguas de ríos andinos lejanos. En la península ibérica, muy poco tiempo después de que se fundaran Súmer y Egipto, se fundó El Argar, que albergó la primera sociedad urbana de la península y quizá de Europa, en las actuales Murcia, Almería, Granada y Málaga. El Argar desapareció en plena sequía, dejando algunas dudas sobre la relación entre el clima y su colapso, asociado a la deforestación y a los incendios constantes, y también el ejemplar más antiguo del que quizá haya sido el objeto más útil y característico de la Iberia seca: el botijo. Se cree que es un invento local, fruto del ingenio de nuestros antepasados, pero una versión más arcaica se usaba ya en Mesopotamia.

La cultura argárica fue coetánea de la de las Motillas, una gran desconocida que fue posiblemente la primera sociedad hidráulica de Europa, de la que hablaremos en el próximo capítulo. Muy poco tiempo después de la fundación de Súmer, o puede que a la vez, se asentaron también los cimientos de la civilización china a orillas de los ríos Yangtsé (donde surgió la civilización Liangzhu) y Amarillo (donde nacieron los estados de Xia y Shang). En el valle del Indo, en lo que hoy es Pakistán, nació la civilización Harappa. Aunque parece que todo empezó en Mesopotamia o Egipto, poco importa cuál fue la primera civilización: casi a la vez, en varios puntos del planeta nacieron sociedades que en la mayoría de los casos hicieron del agua su razón de ser, construyeron ciudades y obras hidráulicas e inventaron distintos sistemas de protoescritura. Se ha planteado la posibilidad de que el ser humano empezara entonces a coquetear con la desigualdad. Instaladas cerca de los ríos o en las llanuras aluviales, esas ciudades alcanzaron mayor complejidad cuando intentaron dominar el agua y, sobre todo, cuando empezaron a conseguirlo en la medida de sus posibilidades mediante la irrigación de la tierra y la construcción de diques. Una vez que tuvieron el sustento garantizado, algunas de ellas pudieron desarrollar una base precientífica y cultural que marcó el inicio de la escritura y de avances tecnológicos que han sido cruciales durante milenios y que, en muchos casos, surgieron en distintos lugares casi a la vez.

Karl Wittfogel, un autor olvidado, las llamó «civilizaciones hidráulicas» porque todas tenían en común el agua de los ríos y la construcción de grandes obras para canalizarla que sirvieron para reforzar el poder de los mandatarios, a los que denominó «déspotas hidráulicos». El biólogo Lewis Dartnell ha encontrado, además, otro componente común que tiene que ver con la sed y cómo la búsqueda desesperada del agua nos hace especialmente vulnerables. Según cuenta en su libro *Orígenes*, la mayoría de estas primeras civilizaciones, salvo China y Egipto, y otras muchas posteriores, se fundó sobre límites de placas tectónicas. Sus pobladores no sabían entonces lo que había exactamente debajo. No tenían ni idea de que la sed que los empujaba a fallas ricas en manantiales los estaba exponiendo a terremotos, erupciones volcánicas y sunamis. Pero no parece que sea casualidad, puesto que se trata de lugares que facilitan el acceso al agua y la tierra fértil.

Al tiempo que nacían las civilizaciones hidráulicas volvió la sequía. En el año 3800 a.C. un desplazamiento en el corredor del monzón del océano Índico provocó que la lluvia llegara más tarde y más escasa a Mesopotamia. La sequía regresó cuando en 2450 a.C. una oscilación de la Tierra modificó una vez más la radiación solar que recibía. Los cambios en la actividad solar alteraron los patrones de lluvia y trajeron nuevos siglos de aridez. La expansión agrícola había derivado en la tala de bosques en épocas pasadas y los estragos de la civilización empezaban a sentirse. Puede, incluso, que existiera actividad volcánica para terminar de alterar el clima.

Ese año se dieron varias respuestas a la sed en distintos puntos. El emperador Yu mandó construir diques en los ríos y se fundó la civilización Harappa. En ese tiempo, además, ganaderos de las estepas euroasiáticas subieron a sus caballos y empezaron a dejar su tierra. Umma y Lagash se enfrentaban en Mesopotamia por una zona de tierra fértil conocida como Guedena. Esta «guerra del agua», como la llamaron, es el primer conflicto bélico del que tenemos constancia. Pero, directa o indirectamente, la sed ha sido origen de muchos otros.

A principios de los años ochenta del siglo pasado, una persona rondaba por el campo con un detector de metales cerca de Zaragoza. Cuando el aparato pitó, escarbó hasta dar con una pieza de bronce. A cambio de que no se revelase su identidad, hizo entrega del hallazgo. El II bronce de Botorrita, conocido como *tabula contrebiensis* y que data del siglo I a.C., había sobrevivido al fuego, y plasma la resolución pacífica de un litigio por las aguas del río Jalón entre vecinos de Salduie y Alaún (hoy Zaragoza y Alagón, respectivamente), con la intervención de seis jueces de un pueblo distinto. Los de Salduie quisieron construir una acequia y los de Alaún consideraron que aquello afectaría a sus tierras. Pero, aunque su problema fue parecido al de Umma y Lagash, decidieron acudir a un lugar neutral en busca de un arreglo sin violencia. «Puesto que poseemos la facultad de juzgar, fallamos, en el asunto de que se litiga, a favor de los salluienses», escribieron los magistrados de Contrebia Belaisca, Botorrita.

* * *

Como surgió en varios lugares, no está claro el origen exacto de la escritura, aunque todo apunta a que hace más de cinco mil años, en

Mesopotamia, alguien inventó la escritura cuneiforme con la finalidad de hacer algo que hoy seguimos haciendo: listas. Allí se usaban las tablillas de arcilla, pero prácticamente al mismo tiempo llegaron los papiros a Egipto. Gracias al agua y su ausencia se imprimirá algún día este libro. Aunque el papiro nació junto a un río, precisaba un lugar seco para poder mantenerse. Incluso para la invención de los libros fue crucial la sed. Cuenta Irene Vallejo que si hemos llegado a conocer algunas historias escritas hace miles de años fue gracias a que la arena, ayudada por la ausencia de lluvias en clima seco, mantuvo los papiros intactos durante todo este tiempo, ya que un régimen normal de precipitaciones los habría destruido.

Mucho antes de que existiera el papel, antes que el papiro y al tiempo que en Mesopotamia se escribía en tablillas, en China se grababan caparazones de tortugas y huesos de animales con un protolenguaje que había surgido junto al río Amarillo, que lleva ese nombre por el color de la arcilla que arrastra el viento desde el desierto de Gobi cada invierno. En él se funden río y desierto, porque una parte se queda flotando en el agua.

Tuvo que enfermar un hombre de malaria en 1899 para que el mundo conociera la protoescritura de esos huesos oraculares. Los labradores llevaban los huesos a los mercados y los vendían a los boticarios, ya que hace miles de años, en China, era común machacarlos con fines curativos. «Huesos de dragón», llamaban al remedio. Un día, aquel hombre estaba moliendo, con la ayuda de un amigo, los huesos con los que esperaba curarse la malaria. En mitad del proceso descubrieron un tono diferente, más oscuro. Se pararon a mirar, empezaron a indagar y descubrieron que los huesos contenían unos caracteres similares a los que todavía utilizaban en su país. Con el inicio del año siguiente empezaron las expediciones en Yinxu (actual Anyang, Henan). Sólo en ese punto brotaron más de doscientos mil huesos con inscripciones. Todos contenían una pregunta, una respuesta y algún comentario. Esa protoescritura neolítica china surgió con una finalidad muy alejada de la contabilidad, que fue la razón que impulsó otras escrituras incipientes. Se usaba para predecir el futuro inmediato. Y, hace dos mil o tres mil años, una de las preocupaciones más comunes e inmediatas de quienes vivían en la ribera del río Amarillo y acudían al rey para que predijera el futuro mediante un hueso o un caparazón era la lluvia. Así quedó reflejado en una de las preguntas que se han podido recuperar en los huesos oraculares más antiguos: ¿hoy lloverá?

Aparecieron también otros cuyos mensajes se han interpretado como una especie de invocaciones de lluvia, que llevan con nosotros desde que empezamos a marcar huesos y piedras, de las que hablaremos más adelante. El carácter que reflejaba la lluvia en un hueso oracular chino de la época Shang constaba de tres líneas verticales partidas, que era prácticamente el mismo en un jeroglífico del Antiguo Egipto.

Como cultura surgida junto a un río, China es rica en leyendas sobre el agua. Según una de ellas, Cang Jie, astrólogo del emperador Huang Di, tenía cuatro ojos y cabeza de dragón. Cuentan que cuando nació ya sabía escribir. Buscó la inspiración en la naturaleza para crear la escritura por encargo del hijo del cielo, como se conocía a los emperadores chinos en una época en que una inundación o una sequía bastaban para cambiar de gobernantes. Del emperador se contaba que a su madre la embarazó un rayo, que no dio a luz hasta pasados veinte años y que, cuando el niño nació, llegó hablando. Es el ancestro de los han y llevaba consigo un tambor de piel de kui, ser mitológico que podía provocar tanto la lluvia como la sequía.

Cang observó el cielo y las huellas que los pájaros habían dejado en el suelo gracias a una tormenta de primavera. Contempló también las formas de los caparazones de tortuga, las plumas, los montes y los ríos. Una vez que tuvo lista su mayor creación, del cielo empezó a llover arroz, lloraron los espíritus cada noche y ya nadie volvió a saber nada de los dragones.

Hay una estrecha relación entre el mito sobre el origen de la escritura y las lluvias de abril y mayo, a tal punto que «gu-yu» sirve tanto para nombrar la lluvia de granos como la temporada de siembra, que coincide con la fecha en que Cang Jie habría inventado los caracteres chinos. «Gu-yu» es el 20 de abril.

Los chinos no fueron los únicos que mostraron su preocupación por el agua cuando empezaron a comunicarse con símbolos a través de huesos y piedras. El código de Hammurabi recoge las primeras leyes sobre esta y ya vimos que el juicio más antiguo del que tenemos constancia en la península ibérica habla de la antigüedad de los conflictos en torno a su uso.

Pero mucho antes de aquel juicio, mientras en los frisos del Caral, la Estela de los Buitres, la Piedra de la Palermo y los huesos oraculares se dejaba constancia de la sed compartida por caraleños, sumerios, egipcios y chinos, en un lugar de Andalucía que hoy es Zalamea la Real (Huelva) parece que seguía sin llover y una persona miró al cielo. Ni una señal de que el agua pudiera caer. Se aproximó a una piedra y empezó a tallar lo que puede que fuera su deseo: la piedra se fue convirtiendo, a base de golpes, en una representación de la bóveda celeste. Dibujó círculos, golpeó más fuerte, dio forma a incisiones que convertían la piedra en un charco aparente. ¿Cómo es el agua de lluvia al entrar en contacto con el agua quieta de los charcos? Igual que el petroglifo de los Aulagares.

La misma sequía causaba estragos también en lo que hoy es Alemania. Alguien pensó que lanzar monedas a un pozo era una forma válida de pedir deseos, de hacer entender al cielo que el sonido de la moneda al chocar con el agua, y del agua al caer, era lo que allí más anhelaban. Según varias interpretaciones en puntos muy distantes, podríamos decir que parte del arte prehistórico habla de peticiones similares en los petroglifos del sitio de Ariquilda I (Chile), en los de Jalisco (México), y en las cazoletas y canalillos que proliferan en la provincia de Albacete y en Las Palmas de Gran Canaria. Y, aunque sólo son hipótesis, se repiten con la suficiente frecuencia como para que podamos ver un hilo que conecta a todos esos sedientos de una manera triste y hermosa, y de su sed ha quedado el recuerdo en las piedras. Ellos no se conocieron. Ya sólo nosotros podemos ver lo que los une. Lo que nos une.

5

Bajo tierra seca

Desierto es un término impreciso para indicar tierra que
no ayuda al hombre; si la tierra puede morderse y romper-
se para tal fin no está probado. Nunca está vacía de vida, por
seco que sea el aire y ruin el suelo.

MARY AUSTIN, *La tierra de la lluvia escasa*

La loma parecía un gorro caído del cielo. En lo alto del Bonete, en las
estribaciones de Sierra Morena, unas piedras blancas llamaban la
atención lo suficiente como para ganarse el topónimo de Castillejo
del Bonete. A veces en La Mancha se emplea la palabra «castillejo»
con un tono despectivo, no porque allí haya una fortificación, sino
para aludir a unas ruinas de lo que quién sabe si pudo ser un castillo
olvidado. Lo llamativo, en realidad, era lo que se veía desde allí: la peña
del Cambrón, una montaña de la sierra de Segura a la que parece que
le hayan cortado la cima para hacerle al sol un altar a medida. Allí se
reunían todos los ingredientes para que sucediera algo que cualquier
sociedad animista que adorase al sol elevaría a la categoría de milagro:
durante el amanecer del solsticio de invierno, el sol se quedaba quieto encima del Cambrón.

El pompón del gorro no cayó por casualidad en la última ceja de
la Meseta Sur, en el límite entre las cuencas hidrográficas del Guadiana y del Guadalquivir. Castillejo del Bonete estaba junto a un corredor natural que comunicaba la Meseta con Andalucía y que los antiguos habían ido trazando a base de pisarlo. Desde allí se divisaba a
quienes venían de lejos tanto por el sur como por Levante.

Al parecer, cuando llegaron los romanos a Iberia para enfrentarse a los cartagineses durante la segunda guerra púnica, se dejaron engañar por el espejismo temporal de una fase climática tan favorable para ellos que se quedó su nombre, el Óptimo Climático Romano. Y, aunque este periodo no iba a durar para siempre, decidieron establecerse, sobre todo, por las posibilidades económicas que aquella tierra les ofrecía. Vieron aquel camino antiguo, lo desviaron ligeramente y ampliaron la vía para que cruzara la península de sur a norte y enlazara con otras calzadas más allá de los Pirineos. Así unieron Gades (Cádiz) con Roma, en un recorrido que suponía alrededor de tres meses y medio a pie, y lo convirtieron en la principal calzada de la Hispania romana. Desde entonces, la vía se quedó con el nombre del emperador que la había acondicionado para enderezar el camino y facilitar el tránsito: Octavio Augusto. Junto a la Vía Augusta, a la altura de un Terrinches que no existía como tal y que pertenecía al municipio Mentesa Oretana (hoy Villanueva de la Fuente), un romano anónimo se retiró al campo y construyó una villa con baños. Por si no quedaba claro dónde se instaló el primer neorrural del pueblo, su villa se convirtió en yacimiento y pasó a llamarse Ontavia, que viene a ser algo así como 'donde está la vía'.

La Vía Augusta fue también el Camino de Aníbal, porque por allí contaban que, aunque parece poco probable, pasó el general cartaginés Aníbal Barca con sus legiones y elefantes cuando se disponía a cruzar los Pirineos y los Alpes con la intención de invadir Roma. Más adelante, se convirtió en la Vía de los Vasos de Vicarello cuando aparecieron cerca de Roma unos vasos de plata que llevaban grabado todo el itinerario. Se consideran exvotos de un viajero, y algunos los han asociado a un gaditano que se fue a pie hasta Roma sólo para conocer al historiador Tito Livio y volver a casa.

Aparte de personas y vasos de plata, por la Vía Augusta circularon cereales, aceite, vino, lana y metales. Pero en el siglo I a.C. llegó una sequía que agostó los cultivos y, tres siglos después, cuando alcanzó el máximo de aridez, los romanos empezaron a dejar Hispania sin decir adiós y sin derogar el edicto de Caracalla, que había convertido a todos los nacidos en el imperio en ciudadanos romanos apenas seis años antes. ¿Se fueron por la sed? Hay investigadores que creen que sí.

Entre todos esos cambios, idas y venidas, lo que permaneció junto al camino, en plena Oretania (que hoy es Ciudad Real, Albacete y Jaén), fue el pompón del gorro que coronaba la elevación. A sus pies, en una de sus caídas, vivieron mis antepasados más recientes durante generaciones exprimiendo una cueva hasta que la sed los expulsó definitivamente.

Por el pueblo circulaban mitos y leyendas sobre tesoros bajo tierra que hablaban de una relación atávica con el mundo subterráneo. Los mayores solían repetir una frase que atribuían a la gente de otros pueblos: «Si los de Terrinches supieran lo que hay del castillo al Sumidero, estarían día y noche picando con picos de acero». Siempre se habló de un pasadizo bajo tierra que iba del castillo a una casa, de las cuevas que albergaban las viviendas más próximas al castillo en las que durmieron los árabes. A los pies de Castillejo del Bonete, mi abuelo plantó sus últimos olivos y por allí me llevaba siempre a las cuevas, que estuvieron habitadas hasta hace no mucho. Crecí hurgando en esa tierra, aunque nunca encontré nada de mis ancestros que no fueran antiguos botes de medicamentos. A pesar de que los antepasados nos dejaron un mensaje encriptado en el topónimo y de que los pastores lo sabían, tardamos mucho en llegar hasta el tesoro, y no parece tampoco que lo descubrieran los romanos que pasaron por su lado, ni Aníbal, si es que realmente lo hizo, ni quien llevó unos vasos hasta Roma. Y estaba justo ahí.

No pensamos que aquel gorro que a alguien se le había caído del cielo pudiera ocultarlo. Apenas los pastores del pueblo, que conducían hasta allí sus cabras y ovejas desde hacía cinco generaciones, tenían la sospecha de que pudiera haber algo bajo las piedras. Sus abuelos les habían contado que aquello antes había sido un poblado desde el que se dominaba el camino real y que bajo su ruina se escondía una cueva. Y además siempre vieron ceniza.

A mediados de siglo, un gañán preparó la tierra con yuntas de vaca para sembrar las guijas con las que se hace el plato manchego de la lluvia. El labrador solía decir que en aquel lugar tenía que haber algo, en vista de las piedras que encontraba al labrar. Pero con el tiempo otros plantaron olivos que lo ocultaron en parte y los pastores no volvieron con su ganado desde entonces. El poblado cayó en el olvido. Incluso hubo quienes creyeron que allí no había más que majanos y se dispusieron a retirarlos para plantar olivos. Nada extraño: estamos acostumbrados a ver esos montones de piedras que han elevado la dejadez a otro nivel. Aunque se han descrito como elementos arquitectónicos tradicionales manchegos, los majanos son cúmulos de piedras que alguien dejó arrinconados después de labrar. Algunos sí han resultado tener utilidad y se han convertido en refugios para pastores (que nadie sabe cómo se mantienen, porque no tienen argamasa), marcas para señalizar lindes o cotos de caza. Pero el de Castillejo del Bonete no cumplía ninguna de esas funciones. Es difícil distinguir a simple vista un majano de unas ruinas con valor arqueológico que el tiempo ha convertido en un montículo.

Salvo los pastores, algún labrador y quien fuera que le dio el nombre a Castillejo del Bonete, los demás habíamos asumido que antes no hubo nada. Por si fuera poco, para algunos prehistoriadores vivíamos en un «desierto neolítico» y nuestra prehistoria era «una noche eterna rodeada y envuelta en oscuridad impenetrable». Con palabras sencillas, los pastores les hubieran podido contar muchas cosas si los hubieran escuchado. Mientras ellos decían que allí no había nada, los pastores contaban a sus hijos y a sus nietos lo que había. Para el resto de nuestros mayores, el pueblo era «de tiempos de los moros» porque así había quedado escrito en las crónicas antiguas.

Mucho tiempo después, cuando el Ayuntamiento encargó un estudio para elaborar las Cartas Arqueológicas municipales en el 2000 y empezaron las primeras excavaciones, supimos que el supuesto tesoro con el que nuestros abuelos soñaban sin atreverse a buscarlo estaba en Castillejo del Bonete. Uno a veces no busca lo que cree que existe, no vaya a ser que no exista. Es mejor que se quede para siempre en el mundo de los relatos, pasarlo a los nietos y que decidan hacer lo propio, ya sea excavar el suelo o plantar olivos para permitir a la historia que siga su curso natural de boca a oreja junto al fuego en invierno o tomando el fresco en verano.

Pero los arqueólogos siguieron escudriñando con el apoyo de algunos vecinos que conocían bien el terreno. A medida que el pueblo iba quedando cada vez más reducido y acudía a la arqueología como asidero contra el olvido, llegaron también hidrogeólogos y arqueoastrónomos, e íbamos conociendo qué pasó hace más de cuatro mil años en la zona de la que nada sabíamos salvo que era un buen sitio para ver las estrellas. Hoy cuenta con el certificado Starlight, pero eso otros lo supieron mucho antes.

Nuestros antepasados del Calcolítico y de la Edad del Bronce construyeron allí un santuario solar que parece un laberinto circular visto desde el cielo. Todo giraba en torno a una cueva que fue creando la lluvia, escasa pero paciente. Las personas que vivían por la zona depositaron a sus antepasados en la cueva durante siglos con objetos que para ellos eran valiosos e hicieron algunas pinturas esquemáticas en un punto en el que se cuela un rayo de sol. Para llegar a las galerías que albergaban los enterramientos más antiguos hay que caminar a gatas y reptar por oquedades oscuras y húmedas. Sólo por un punto se filtra un rayo de sol, que alcanza e ilumina la pintura rupestre (antropomorfa, roja) situada a los pies de unos huesos humanos. Al estar sensorialmente aislada, sólo se oye el agua que gotea cuando ha llovido recientemente y provoca un efecto curioso: es posible ver el sol afuera y seguir escuchando los estertores de la lluvia al mismo tiempo. Incluso hay momentos en que la luz incide sobre las gotas de tal manera que parecen estrellas cayendo dentro de la cueva. En esas condiciones, mientras sujetaban antorchas, los manchegos prehistóricos se arrastraban trasladando a sus muertos para depositarlos al fondo. Un día, después de medio milenio, sellaron la cueva y ya sólo se produjeron enterramientos en túmulos que fueron levantando en torno a ella y que unieron con corredores. Nadie entró hasta que, cuatro mil años después, un vecino que colaboraba con los arqueólogos encendió un mechero y desapareció por un agujero del que regresó con un puñado de huesos.

Aunque no se conoce la razón por la que sellaron la cueva y levantaron los túmulos, no fue una decisión espontánea ni exclusiva de aquella gente. Hacía muy poco tiempo, algunos difuntos de la península habían dejado de engrosar los enterramientos colectivos. Ciertas personas eran enterradas aparte y con ajuares que indicaban su estatus, y que normalmente incluían un vaso campaniforme. Los jóvenes jefes guerreros suelen aparecer en esos enterramientos con armas y brazales de arquero. Puede que no existiera todavía la expresión «ser el más rico del cementerio», pero estaba ahí su germen: acababa de nacer la desigualdad. Los lugares de enterramiento no se escondían, sino que solían estar en puntos muy visibles para reivindicar el territorio.

No es casual la distribución de los corredores y los túmulos que los manchegos prehistóricos construyeron en torno a la cueva de Castillejo del Bonete. Uno de los corredores está orientado hacia la peña en la que el sol se queda parado durante el solsticio de invierno. Allí celebraban rituales en los que esperaban a su dios, el sol, que no sólo se detenía allí, sino que además se colaba en un corredor abocinado en el que volvía a quedarse quieto durante el ocaso del solsticio de verano.

Para honrar a sus ancestros, durante esos rituales comían, ingerían bebidas alcohólicas y cambiaban varias veces de sitio los restos de sus difuntos. A modo de ofrendas, a veces dejaban comida o piezas de ajuar y volvían a sellar los túmulos. Por eso, la mayoría de los huesos aparecieron removidos, una costumbre que, según evidencias recientes, ya se practicaba en tiempos mucho más remotos de la prehistoria. El ritual seguramente era muy similar al «giro de los huesos» (Famadihana) de los malgaches de Madagascar. Allí sacan los huesos de sus muertos, los limpian, les cambian el sudario y celebran banquetes y fiestas en los que ponen a bailar a los muertos, que son los protagonistas antes de volver a sus tumbas. Honrar a los antepasados se convierte así en una excusa para reunir a la familia en un encuentro que se organiza durante años para que no falte nadie. Lo que para muchos sería profanar una tumba, para ellos es un acto de amor a la familia. Posiblemente así era también para los pobladores prehistóricos de Terrinches y de otros puntos de la comarca desde los que trajeron a sus difuntos para que descansaran en Castillejo del Bonete, a juzgar por una estela funeraria que incluye tanto conchas marinas como fósiles y que alguien dejó allí tras recorrer cincuenta kilómetros.

En algún momento, en Castillejo del Bonete abandonaron también el ritual del cambio de huesos e incluso dejaron de enterrar allí a sus muertos. El momento coincidió, no por casualidad, con el final de una larga sequía que había durado siglos.

Sólo han aparecido por ahora cuatro túmulos con restos humanos fuera de la cueva natural. Uno de ellos nos ha permitido conocer

la cara de un manchego prehistórico al que los vecinos llamaron ana-
crónicamente Luciano, en honor a su patrona, la Virgen de Luciana.
Luciano fue un hombre acostumbrado a usar el arco y que en algún
momento sufrió un impacto sobre un ojo. Logró sobreponerse, pero
poco después murió, a los cuarenta o cincuenta años, con problemas
de espalda asociados a la edad y al uso del arco.

No fue el único antepasado de la Edad del Bronce que pudimos
conocer. Entre las tumbas de sus vecinos aguardaba otra sorpresa: un
secreto escondido durante cuatro mil años dentro de una loma coro-
nada por montones de piedras que en poco tiempo tendría alcance
mundial gracias al mayor estudio de ADN antiguo hasta la fecha.

* * *

Un hombre y una mujer quedaron recostados en posición fetal, como
si quien los depositó albergase la esperanza de que volvieran a nacer.
Colocó al lado sus objetos cotidianos más preciados: vasijas (¿por
si tenían sed?) y cuchillos de cobre. Él fue el primero en morir. Seguramente quiso reflejar su estatus de guerrero en el Más Allá y por
eso llevaba un brazal de arquero que apareció a la altura de su an-
tebrazo y un puñal de lengüeta con un remache que estaba junto a
su cadera. Se llevó consigo también un cuenco carenado. Tiempo
después, cuando ella murió, abrieron la tumba para reunir a la pareja.
Cargaba como equipaje para el Más Allá una olla en cuyo interior
había un punzón y un cuchillo pequeño. Dos botones de marfil sujetaban su mortaja. Después de colocarlos haciendo la cucharita, alguien les lanzó tierra. Sobre la tierra, encendió una hoguera contra
la que otra persona disparó una flecha con la punta de cobre. Alguien
volvió a derramar tierra sobre ellos y los cubrió con piedras. Quedaron acurrucados para siempre bajo los restos del incendio.

Aquel momento íntimo se prolongó hasta que los arqueólogos
los sorprendieron. Estaban orientados hacia el oeste y se conservaban
en buen estado, aunque el derrumbe los había presionado y quedaban indicios de que alguien había encendido una hoguera sobre
ellos. A ella se le habían caído los botones a la altura de la clavícula,
pero seguían como nuevos a pesar de que los tejidos habían desapa-

recido. Él superaba la treintena cuando murió y ella era algo más joven. Sus huesos, los más recientes del yacimiento, son los únicos que aparecieron en la posición original. Nadie volvió para removerlos.

Al principio, todo lo que tenía que ver con la tumba n.º 4 de Castillejo del Bonete parecía normal: una pareja murió y se llevó a la tumba los objetos que compartía. Un análisis isotópico reveló que ella se había alimentado de proteína marina, pero compartía raíces con otras mujeres locales de su tiempo, por lo que quizá volvió a la tierra de sus ancestros después de haber llevado una vida viajera o vivido en algún punto costero como El Argar, de donde además era posible que procedieran los botones de marfil, de origen africano.

Él y ella descendían de dos oleadas migratorias de Oriente Próximo espaciadas por miles de años. Aunque ella siempre vivió en la península ibérica, en su ADN mitocondrial se encontraron huellas genéticas de quienes, con su gran éxodo, empezaron a expandir la agricultura y la ganadería desde Anatolia hace nueve mil años, cuando la península era uno de los pocos lugares habitables de esa parte del mundo. Aquellos primeros agricultores exploradores se asentaron por Europa en valles y laderas, siempre cerca de los ríos, en busca de terrenos fértiles que pronto deforestaron con la técnica de roza y quema para plantar sus cereales y legumbres.

Él no se había alimentado de la misma proteína marina. Sus genes hablaban de un lugar mucho más lejano que El Argar. Aunque su linaje llevaba ya varias generaciones en la tierra de la chica, su ascendencia resultó ser otra sorpresa.

* * *

La rueda. El caballo domesticado. Los ojos marrones. La marihuana. El idioma. El gen de la lactasa, que permite a los adultos tolerar la lactosa. Parece una lista de cosas inconexas, pero todas ellas tienen un denominador común: las personas que al parecer las extendieron por casi toda Europa y parte de Asia, según han ido exponiendo diversas investigaciones. Fueron pastores que vivían en las estepas, entre el mar Negro y el Caspio, en lo que hoy es Ucrania y el sur de Rusia. Parece que surgieron en las riberas del río Volga, aunque algunos genetistas creen que proceden de armenios e iranios que se habían desplazado hacia el norte tiempo atrás. Los yamnayas vivían en estepas inmensas, montaban a caballo (parece que fueron ellos los que lo domesticaron) y tenían sed. Aunque tal vez algunos regresaron a la tierra de sus antepasados, en el sur del Cáucaso, hace alrededor de cinco mil años (un tiempo que ya nos resulta familiar) otros muchos yamnayas iniciaron un largo viaje que cambió la genética europea para siempre. Poco después del surgimiento de Súmer y más o menos al tiempo que nacía Egipto como reino unificado, iniciaron su expansión por casi toda Europa y llegaron hasta la península ibérica, llevando consigo sus innovaciones y las que habían conocido por el camino. Aunque eran pastores nómadas, algunos de ellos hacían sus pinitos como agricultores y a veces se asentaban junto a los ríos. En muy poco tiempo, sus enterramientos, que Marija Gimbutas llamó *kurganes*, estaban ya presentes más allá de su lugar de origen y los bosques volvieron a clarear.

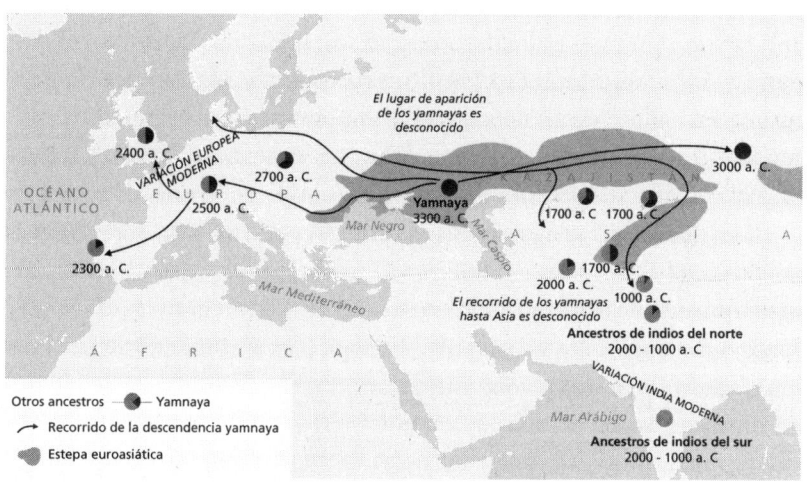

FIGURA 4. El recorrido de los yamnayas.

La primera vez que alguien habló de una hipotética lengua madre de varios idiomas europeos, aquella idea fue rápidamente politizada y, cuando se pensó en los posibles hablantes del protoindoeuropeo, surgió la creencia en la raza aria y en su superioridad. Pero «protoindoeuropeo» en realidad aludía a esa lengua hipotética y no a una etnia. Algunos interesados en darle entidad de raza, aun así, otorgaron a sus miembros incluso cierto aspecto físico y les atribuyeron ojos azules y piel clara. Cuando llegaron los yamnayas (que no eran precisamente rubios ni de ojos azules) hasta el punto más occidental de Europa, la población era ya eminentemente mestiza: sapiens y neandertales se habían cruzado desde que habían coincidido en el continente, hacía ya más de cuarenta mil años, hasta que se vieron arrinconados por el frío y la aridez en la cornisa franco-cantábrica y el mar Negro al final de la Edad de Hielo. Por si fuera poco, los agricultores de Anatolia, antepasados de la chica, habían comenzado su expansión por Europa hacía sólo un puñado de miles de años. Finalmente, llegaron los yamnayas, que recorrieron un camino semejante pero más rápido gracias a sus caballos y ruedas. He ahí la falsa pureza de la supuesta raza aria, que procedía del Cáucaso y de Irán, que a su vez procedía de algún lugar de África, como todos. Los yamnayas no sólo no trajeron los ojos azules, sino que se cree que los sustituyeron por los marrones en algunos lugares. Es una suerte que los estudios de ADN antiguo nos estén demostrando científicamente lo absurdo de algunas ideas que intentan confrontarnos a lo que nos devuelve el espejo. Dicen los arqueólogos que la imagen que arroja aquella tumba en la que está enterrada la pareja es lo más parecido a una foto de los antepasados de quienes hemos nacido en la península ibérica.

Los yamnayas se quedaron y sustituyeron casi a la mitad de la población de la península, que era la totalidad de la población local masculina. A lo largo de medio milenio, cambiaron el ADN de la población ibérica y de gran parte de Europa para siempre. Quienes han investigado los restos de mi antepasado (al fin y al cabo apareció en un olivar de mi tío abuelo) dicen que los nacidos en la península ibérica conservamos el 40 por ciento del ADN de los yamnayas. Cuando estas conclusiones trascendieron, antes de la publicación del artículo, algunos de los investigadores se echaron las manos a la cabeza ante lo que otros decían. Los arqueólogos llevan más de setenta años pidiendo cautela, porque todo lo que se intuía sobre unos pastores estepa-rios y los hablantes del protoindoeuropeo fue adulterado y utilizado hasta convertirlos en una raza biológicamente superior que alimentó las ideas nazis. Más tarde, los yamnayas volvieron a causar revuelo porque algunos medios de comunicación se atrevieron a divulgar que habían acabado con el macho ibérico en términos de invasión y exterminio. Palabras peligrosas, especialmente vistos los precedentes, y nada fieles a la evidencia científica hasta la fecha.

Es osado asumir sin pruebas que semejantes situaciones sólo puedan darse mediante un exterminio orquestado. De un modo parecido, se tiende a culpar a los sapiens del exterminio de otras poblaciones humanas, como los neandertales, a pesar de que convivieron, como ya vimos, durante más de siete mil años y de que, cuando se encontraron en Europa, la población neandertal era ya muy reducida, tenía una esperanza de vida media bastante limitada y llevaba demasiado tiempo huyendo del frío e intentando adaptarse a él. Tanto de los primeros sapiens en Europa como de los yamnayas apenas contamos con restos fósiles y óseos y algunas huellas. No podemos saber cómo pensaban, qué decisiones tomaron o qué intenciones tenían. Tampoco podemos encontrar en archivos sentencias de muerte ni pruebas gráficas que demuestren que los eliminaron como especie, así que no podemos hablar de genocidio sólo con base en nuestros sesgos, porque los genocidios son sistemáticos, premeditados y tienen el claro objetivo de acabar con un grupo concreto. Habría que encontrar evidencias como, por ejemplo, fosas comunes para plantear con un mínimo de rigor que hubo una invasión y un exterminio. Contemplar con nostalgia la hipótesis del mono asesino no basta.

Sapiens y neandertales coexistieron con otras especies que también se extinguieron, y recientemente hemos sabido que nuestros antepasados también vivieron momentos de gran dificultad cuando terminó la última Edad de Hielo. Poco antes de salir de África, otra glaciación había reducido la población de sapiens a unos mil individuos, que volvió a verse al límite hace setenta mil años, tras la erupción del volcán indonesio Toba, cuando aún compartíamos el mundo con los neandertales. Y en ambos casos ocurrió algo muy similar: sapiens y yamnayas pudieron estar mejor preparados para salir adelante. Cuando los últimos llegaron a la península ibérica, apenas quedaba en la población entre el 20 y el 30 por ciento de los genes de los cazadoresrecolectores locales. Su herencia genética, al igual que la neandertal, la habían diluido miles de años atrás quienes llegaron desde Anatolia.

Es innegable que la llegada de *Homo sapiens* coincidió con la extinción de otras especies animales, también humanas. Pero nuestros antepasados, como ya vimos también con los erectus, no viajaban solos, sino que solían desplazarse al tiempo que otras especies. Los gatos asilvestrados, por ejemplo, son un serio riesgo para especies endémicas de algunas islas, pero ¿acaso significa eso que son unos asesinos de masas que han planeado la extinción de la codorniz gomera? Nuestros sesgos nos hacen creer que una mujer camina mirando el móvil en un cuadro del siglo XIX, así que tuvo que pintarla un viajero en el tiempo, aunque la lógica diga que lo más probable es que tenga entre manos un libreto de rezos. Hay quienes ven una pared e inmediatamente piensan en guerras e invasiones, aunque se construyese para resguardar a los muertos, así como los hay que ven el ajuar de un guerrero y asumen que el enterrado es un hombre mucho antes de que los análisis digan lo contrario. No somos los santos de Rousseau ni los demonios (me niego a usar a los lobos en este contexto) de Hobbes. Y a la vez somos ambos. La capacidad de elegir entre un bien y un mal que también nosotros hemos creado y la de aceptar que tenemos tantas luces como sombras nos hace humanos en lo individual, ni peores ni mejores como especie. Entre una visión ingenua del ser humano y otra suspicaz, elijo confiar hasta que la evidencia científica demuestre lo contrario.

Pero volvamos a los yamnayas. Los científicos que los estudian sólo saben por ahora que la sustitución de todos los hombres de la península se dio a lo largo de un periodo demasiado prolongado. Tanto que cualquiera se daría cuenta de que un genocidio parece poco probable. Aún no han determinado si la sustitución se debió a que los yamnayas trajeron una enfermedad como la peste bubónica que los hombres de la península no pudieron afrontar, si los locales no lograron sobrevivir a un cambio climático que llegó al tiempo que los pastores esteparios y terminó cuando murió el último hombre ibérico, o si ocurrió algo tan simple como que las mujeres se sintieron atraídas por la novedad. Por tanto, tampoco esto podemos afirmarlo ni negarlo rotundamente. Pero convertir sin más a las mujeres en víctimas de los recién llegados es negarles automáticamente la posibilidad de elegir en un tiempo en el que, según estudios recientes, cazaban, guerreaban y viajaban como ellos. Existen evidencias en Ucrania, en Perú y en Suecia. Pero ni siquiera hay que ir lejos para descubrir que también ostentaron el poder. Mientras escribo este libro, los arqueólogos han encontrado a la que bien pudo ser la «señora del agua» en el yacimiento de Bocapucheros (Almagro). Se trata de un monumento funerario tumular con corredores sobre una cueva al estilo de Castillejo del Bonete, ubicado también en una zona elevada orientada hacia las estrellas, en este caso la constelación de la Cruz del Sur. En una de las cámaras funerarias se han hallado los restos de una mujer recostada en posición fetal junto a su vasija. El tipo de enterramiento revela que, en una sociedad jerarquizada como la suya, pudo ser una de las personas más poderosas. Su poder, como no podía ser de otro modo, radicaba en el control del agua. No fue la única mujer enterrada en las cámaras de ese lugar sagrado sin necesidad de compartir la tumba con un hombre.

Más allá del ideal de belleza que pudiera imperar en la época, de los yamnayas hemos sabido que dominaban avances tecnológicos desconocidos en la zona hasta entonces y que portaban ya el gen que permite tolerar la lactosa. Quizá no hubo invasión, secuestros ni exterminio. Quizá, sencillamente, las mujeres locales prefirieron a los recién llegados como padres de sus hijos; no podemos descartar que fueran los escaladores del Tinder prehistórico pero sin fotos de postureo, porque ni existían ni las necesitaban: les bastaba con mostrar cómo usaban una rueda o montaban a caballo. Llegaron, además, con la mayor *green flag* que ahora mismo pueda imaginar si me pusiera en la piel de una mujer protomanchega de la Edad del Bronce: sabían hacer queso. Aunque parezca que digo esto por pura devoción a este alimento ancestral (y aunque eso también es verdad), se ha demostrado que la tolerancia a la lactosa mediante el gen de la lactasa no solamente es una ventaja selectiva, sino que permite una mayor absorción del agua de la leche allí donde predomina la aridez. Hoy es el gen más expandido por todo el continente. Así, podemos concluir que aquella gente ya sabía solidificar la leche para mantenerla más tiempo, transportarla y reducirle la lactosa hasta convertirla en un manjar sin el que hoy los manchegos no sabríamos vivir. Esto nos facilitó la supervivencia a quienes vivimos en climas secos como el suyo. Invasor y refugiado pueden ser la misma persona según quien cuente la historia. Y los yamnayas tenían razones para ser unos refugiados climáticos al igual que quienes al mismo tiempo fueron a parar a la ribera del Nilo y acabaron fundando Egipto.

Sea como sea, los científicos aún no han podido determinar qué trajo a los yamnayas hasta aquí, pero sí parece que tenían sed, pues llevaban alrededor de mil años alejándose de su tierra, cada vez más seca, donde la estepa no dejaba de ganarles terreno cuando emprendieron el viaje que los hizo cruzar Europa. Si eso fuera cierto, a menudo me pregunto por qué no se quedaron a orillas del Uzboy, un río que había brotado en mitad del desierto, mucho más cerca, y que había atraído a infinidad de sedientos a la actual Turkmenistán y dado lugar a una nueva civilización prácticamente de la nada en el momento exacto en el que los yamnayas empezaron a dejar su tierra. Aquel río desembocaba en el Caspio, uno de los dos mares de este pueblo, después de atravesar el desierto de Karakum. Tal vez la respuesta sea que algunos de sus miembros ya habían llegado aquí, y que además aquella civilización, como el río, empezó a desaparecer al poco tiempo de florecer.

* * *

Quienes vivían en La Mancha hace más de cuatro mil años tenían una esperanza de vida media propia de las estrellas del rock: veintisiete años. Aunque algunos llegaban a alcanzar los cuarenta, cincuenta y hasta sesenta años, a esas edades no se libraban de la artrosis. Dedicaban sus vidas sobre todo a la ganadería, a juzgar por las queseras, vasos coladores y restos de telares para lana que dejaron en sus casas, así como huesos de ovejas entre las ofrendas de Castillejo del Bonete. En su cabaña ganadera predominaban, además de las ovejas y las cabras, los bóvidos. De todos ellos obtenían leche, lana, queso, carne y fuerza de tiro. Seguramente fueron los primeros pastores manchegos, pero la agricultura de secano y cerealística era el complemento con el que subsistían, especialmente en lugares de barbechos cortos y pastos permanentes que estaban alrededor de los poblados. Cultivaban el trigo y la cebada, y también algunas leguminosas como guisantes, lentejas y chícharos. A veces las plantaban a la vez, porque habían aprendido a

124

desconfiar de la lluvia y, si no prosperaba una cosecha, aún podía hacerlo la otra. A su alrededor, el entorno era adehesado, con algunos bosques mediterráneos pequeños y densos en los que había alcornoques, encinas y robles, pero también arbustos como las jaras, los madroños y los eneldos.

Los enterrados no llevaron una vida fácil en aquel lugar áspero. En sus tiempos las secas prolongadas eran ya frecuentes y cíclicas, porque la mariposa que bate sus alas y provoca un huracán en otra parte del mundo tiene su equivalente en los bailes que protagonizan la atmósfera y el océano Pacífico. Cuando en este la presión atmosférica es alta, desencadena un proceso que termina causando sequías tanto en la India como en las montañas de Etiopía. Eso era lo que pasaba. Cuatro mil años antes de que se instalaran ellos en La Mancha, la corriente del Golfo se alteró y enfrió el clima de golpe, y aumentó los icebergs del Atlántico norte y el agua dulce. El mismo fenómeno se había repetido varias veces durante todos esos años. Pero, por si fuera poco, además la oscilación en la órbita terrestre modificó la radiación solar que recibió la Tierra a partir de 2450 a.C., con lo que cambió el patrón de lluvias hasta 1850 a.C. Tuvieron que enfrentarse a una nueva megasequía que los científicos han llamado «evento de aridificación del kiloaño 4.2». Fue el más prolongado e intenso de aquel periodo y puede que haya sido el peor en milenios. Tuvo efectos devastadores en gran parte del mundo a lo largo de varios siglos. Su inicio coincidió con la expansión de los yamnayas y con el origen de una nueva cultura, la de las motillas. Aquella megasequía afectó sobre todo al norte de África, Oriente Próximo, la península arábiga, el mar Rojo, el subcontinente indio y parte de América del Norte. No obstante, para algunos climatólogos tuvo un alcance global.

Pero no fue una mera continuación de lo que ya venía ocurriendo de manera natural desde milenios atrás; además de las causas astronómicas de antaño, la agricultura y la ganadería se habían extendido arrasando la tierra, talando árboles y trayendo todavía más sed. Desaparecieron bosques enteros y varias especies arbóreas acariciaron la extinción para que los humanos dispusieran de pasto para su ganado y para ganar terreno cultivable. Sin árboles, la tierra se fue secando cada vez más. Dejó de llover. La vida se volvió insoportable y en todo el mundo cayeron civilizaciones en gran medida porque la estabilidad del Holoceno se había ido al traste poco tiempo antes, cuando otros empezaron a asentarse a orillas del Nilo, el Tigris y el Éufrates. Las biografías de los dos enterrados en la tumba n.º 4 se enmarcan en una época de estrés climático que hizo que en el mundo no lloviera en años, décadas o siglos, según quien lleve las cuentas. El lugar del que venían los yamnayas no era la excepción. Rodeados de enormes estepas que acortaron a lomos de sus caballos y lejos del agua, la sed les impuso el nomadismo, y, a lo largo de varias generaciones y de varias paradas por el camino, llegaron cada vez más lejos. Nada raro: la sed nos ha hecho nómadas y sedentarios con sus idas y venidas.

* * *

La sed afectó en ese momento a gran parte del mundo. Tanto en la ciudad de Ur como en su contorno las lluvias de invierno empezaron a retrasarse y escasear. La salinización fue a más y en Súmer dejaron de comer cerdo. Hace alrededor de 4.300 años, Sargón el Grande lideró a los acadios, nómadas semitas que huían de la sequía, y partió en busca de tierras más fértiles en otros puntos de Mesopotamia. Conquistó Súmer y, tras aglutinar a varios pueblos, fundó el Imperio acadio. El primer imperio de la historia. Hasta sus ciudades se acercaban nómadas expulsados por el desierto de Arabia, a los que llamaban «amorreos» o «martus», para saciar su sed y la de su ganado. Además, pueblos nómadas de los montes Zagros también llegaban tanto a Acad como a Súmer en ese tiempo. Pero el Imperio acadio sufrió una sequía que empujó a quienes vivían pastoreando en el norte de Mesopotamia hacia el sur, de modo que tanto en Súmer como en Acad empezaron a crear su propia idea de los amorreos en la que estos no salían muy bien parados. Los consideraban seres belicosos que para colmo querían su agua. Una amenaza.

Pero puede que tergiversaran sus intenciones y que los pastores sólo quisieran realmente saciar su sed y la de su ganado. Puede que los acadios se vieran reflejados en ellos y que les espantase lo que les devolvió el espejo. Para protegerse de una eventual invasión, los de Ur construyeron la muralla «ahuyenta amorreos». El plan les salió fatal. La población se triplicó y la ciudad no estaba preparada para soportar tal presión demográfica. Ur colapsó igualmente por la sed, por una sequía de sesenta años, por tormentas de polvo y por la agitación social, y fue invadida por los elamitas. La muralla quedó arrasada. Los gutis primero (tribus de los montes Zagros) y después los amorreos se hicieron con el imperio por el mismo motivo que había accedido Sargón el grande a esas tierras: la sed.

Las tormentas de polvo obligaron a la población de Acad a abandonar su ciudad. Allí no volvió a instalarse nadie hasta pasados tres siglos. El primer imperio de la historia acababa de caer con apenas un siglo de vida. Después, en la ciudad de Ur, alguien escribiría en el poema «La maldición de Acad»:

> que en tus estepas donde
> crecían suculentas plantas,
> crezcan cañas de lágrimas.

Durante mucho tiempo se barajaron varias posibilidades sobre la caída del Imperio acadio y sobre el abandono repentino de la ciudad de Acad. Tanto el polvo fosilizado como ese texto han guardado la respuesta durante miles de años. El segundo decía: «Las nubes espesas no llovieron». Recientemente, varios científicos estudiaron el polvo fosilizado en estalagmitas y también el equilibrio entre lombrices y limo en un lugar que hoy es el norte de Siria y encontraron «algo que ahogó la tierra con polvo durante décadas», lo que los expulsó de la ciudad en el 2230 a.C. Aquella situación afectó tanto a Mesopotamia como al Nilo, el Egeo y el Mediterráneo. Fue la misma sequía extrema que asoló Oriente Próximo y gran parte del mundo la que, unida a la presión demográfica, acabó con varias ciudades. Las crecidas del Nilo fueron insignificantes desde entonces, catastróficas. La sed y el hambre se adueñaron de todo y desataron la violencia en las calles. Queda un testimonio en la tumba del rey Ankhtifi: «Toda la población se ha convertido en langostas en busca de comida». En poco tiempo, el Reino Antiguo de Egipto entró en crisis y se vino abajo. Tras varias secas sucesivas, la civilización Harappa también cayó y la del Liangzhu, en China, tuvo que hacer frente a una grave crisis. Sólo unos siglos después, hace 3.800 años, los pobladores del Caral esculpieron frisos en los que figuran personas con aspecto de rana con el estómago vacío que parecen contar la misma historia que la tumba del rey egipcio. Puede que fuera una forma de pedir la lluvia, pues en la piedra marcaron incluso la dirección que el agua debería seguir al caer, al estilo de las cazoletas y canalillos manchegos. Pero el agua no caía, todo se llenó de arena y los caraleños tuvieron que abandonar esa tierra.

Con el tiempo hemos sabido de otros colapsos en los que la sed ha tenido un papel crucial, como el de Rapa Nui en la Isla de Pascua, el de los hititas, el de los mayas y el de la dinastía Tang en China. Aunque siempre va acompañada de otros factores, a menudo provocados por la propia sed y por las decisiones y acciones y los gobernantes, no es casual que hayan llamado a la sequía «el peor enemigo de la humanidad». Para Jared Diamond, tanto un cambio climático como una mala gestión de los recursos de los que dependían esas civilizaciones, especialmente el agua, están entre las principales razones por las que algunas de ellas colapsaron. A esta combinación la llamó «suicidio ecológico impremeditado». Algunos colapsos y crisis se han estudiado recientemente desde el punto de vista climático y siempre se llega a la misma conclusión: hubo otras causas, por supuesto, pero se sucedieron tras una serie de sequías prolongadas y muchas de ellas entran dentro del rango del evento de aridificación del kiloaño 4.2. Ni siquiera aquellos reyes que se creían dioses en algunos lugares y mensajeros de estos en otros estuvieron a salvo cuando llegó el polvo. Pero la sequía no vino sola, y tanto los chinos como los siux cuentan con proverbios que advierten: «La rana no se bebe el estanque en el que vive». Esto fue, precisamente, lo que no entendieron los garamantes, una cultura que se instaló en el Sáhara siglos después. Allí había desaparecido ya el agua superficial, pero descubrieron que bajo sus pies se extendía un inmenso acuífero. A base de construir *qanats*, lograron traer el agua al desierto y disponer de ella durante siglos. Pero, confiados por las buenas condiciones climáticas de su tiempo, hicieron un uso insostenible y demasiado prolongado del agua subterránea. Se bebieron el acuífero, y provocaron su propio final hace 2.400 años.

Aquí quiero hacer un inciso para compartir una idea del antropólogo James Scott que merece la pena mencionar. Según él, debe-

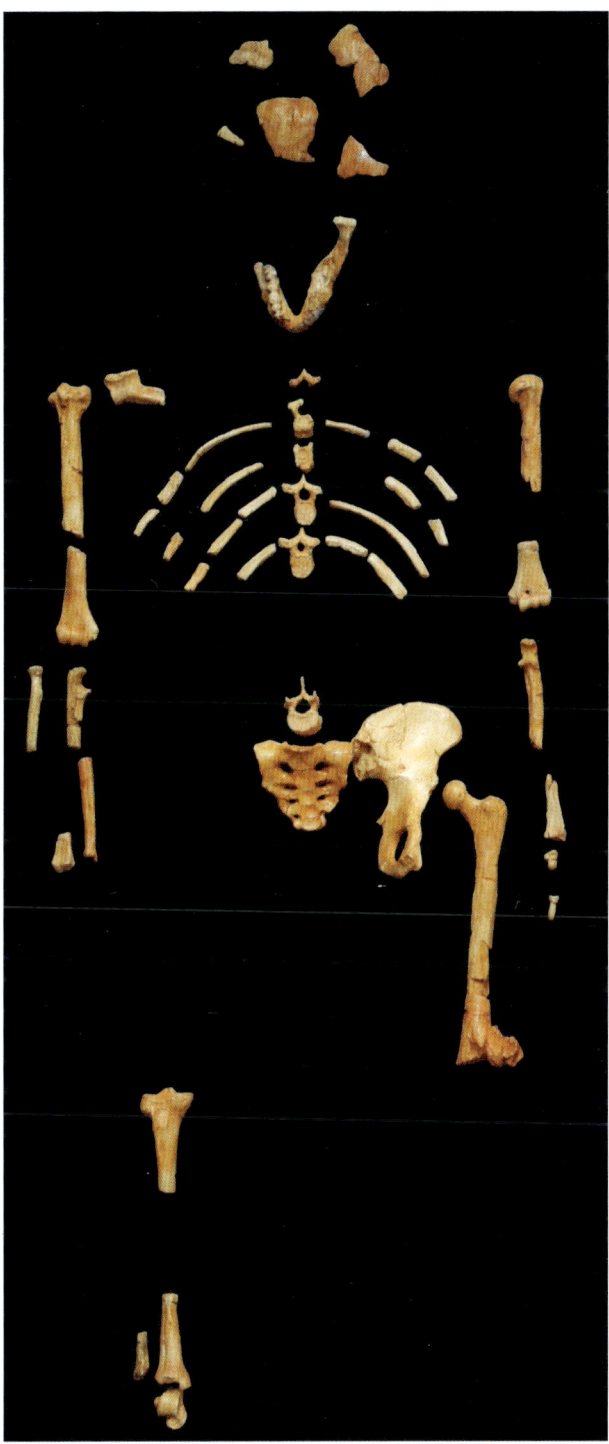

El conjunto de restos óseos AL 288–1 conforma el 40 por ciento del esqueleto de Lucy, una *Australopithecus afarensis* que debe su nombre a la canción «Lucy in the sky with diamonds» de The Beatles. Más conocida como «la abuela de la humanidad», seguramente se acostumbró a vivir con sed.

En Villanueva de la Fuente el «duque» los dejó secos

«¡TENEMOS SED!»

Villanueva de la Fuente (Ciudad Real) ha sido pueblo rico en agua. Pero desde hace tres años escasea, a raíz de que se pusiera en cultivo "El Cuartico", una finca de mil hectáreas cuya explotación dirige un hijo del Duque del Infantado. Unos pozos abiertos allí secaron los acuíferos.

En el verano de 1987, el agua dejó de llegar a las huertas de los vecinos de Villanueva de la Fuente (Ciudad Real) y el abastecimiento del pueblo se resintió. Los vecinos sabían que la sequía no era la única causa de su sed y salieron a la calle a protestar. Su «guerra del agua», que afectó también a Villahermosa y Motiel, tuvo eco en medios nacionales como *Interviú*.

Mi abuela aferrada a un rosario, practicando su afición favorita. En la India el rosario (*mala* en sánscrito) era «el alma que enhebra todos los mundos o seres».

En lo alto de la loma en la que vivieron y trabajaron mis antepasados había un montón de piedras. Aunque los pastores ya habían oído viejas historias sobre ese lugar, los demás no sabíamos, hasta que llegaron los arqueólogos, que el montón de piedras escondía un santuario solar con varios enterramientos en torno a una cueva, como el de esta pareja de la tumba n.º 4.

La sorpresa llegó cuando se analizaron los restos de la pareja enterrada en esa tumba. Ella se había alimentado de proteína marina, aunque todo apunta a que era una mujer local. ¿Vivió viajando? ¿Pasó tiempo fuera y regresó al poblado de sus abuelos? Él, en cambio, vino de muy lejos. Fue uno de los yamnayas que llegaron desde la estepa póntica y dejaron sus genes en quienes hemos nacido miles de años después en la península ibérica.

En Vichama (hoy Perú) quedó el recuerdo de una de las peores sequías de la historia. Son varios los frisos que simbolizan la escasez (y necesidad) de agua y el hambre que sufrieron los habitantes de Caral, una ciudad sagrada considerada la más antigua de América, hace 3.800 años. Entre ellos hay esqueletos, ranas, cuerpos famélicos, serpientes y rituales de danzas y personas asociadas con peces que abren sus estómagos vacíos. Esa grave sequía, el evento climático 4.2, se ha relacionado con el fin de la cultura del Caral, así como de otros reinos e imperios en todo el mundo.

Las ciudades-Estado sumerias Umma y Lagash se enfrentaron por una tierra fértil conocida como Guedenna y por los derechos de irrigación en la guerra más antigua de la que tenemos constancia escrita. La Estela de los Buitres se talló sobre piedra caliza en el año 2450 a. C. para conmemorar la victoria de Lagash (cuyo rey era Eannatum) sobre Umma después de un siglo de guerra. Su nombre se debe a que la pieza muestra a los soldados caminando sobre cadáveres a los que ya acudían los buitres.

Los petroglifos de los Aulagares (Zalamea la Real, Huelva) podrían estar entre las peticiones de lluvia más antiguas de la península ibérica. Esta hipótesis es la que propuso el arqueólogo José Luis Escacena, quien cree que los petroglifos imitan el impacto de las gotas al caer sobre los charcos. Aunque no coinciden exactamente en el tiempo con los frisos del Caral, ambos se realizaron durante la megasequía que ya conocemos.

También de ese tiempo son las cazoletas, calderones y canalillos que proliferan en el sudeste peninsular y en la isla de La Palma. Concretamente, los del Cenajo, en el entorno de Hellín (Albacete), se han asociado con ritos propiciatorios de lluvia en los que incluso parece que los canalillos redirigen el agua hacia las cazoletas.

Entre los petroglifos de Piedra Pintada de Vigirima (Guacara, Carabobo, Venezuela) destaca la «diosa de la lluvia». El arqueólogo Luis Oramas consideró que esta figura podía estar asociada a la lluvia por la presencia de varios caracoles que se dirigen hacia ella. Al igual que otras deidades de la lluvia, era también la encargada de la fertilidad, además de diosa invernal.

Esta pintura representa a un grupo de san (bosquimanos) capturando un toro. Los bosquimanos asocian el toro con la lluvia y celebran rituales para invocarla que consisten en salir a buscar al bóvido. La pintura data de hace ocho mil años y se encontró en Drakensberg (Sudáfrica).

También hace aproximadamente ocho mil años alguien se introdujo en una cueva de Argelia y pintó los arqueros de Tin Aboteka. Sería la evidencia más antigua conocida de radiestesia, la práctica que todavía utilizan los zahoríes para buscar agua subterránea.

Los *wondjina* fueron responsables de la lluvia y de las nubes en la mitología de los aborígenes australianos. Según sus relatos, se pintaron a sí mismos en algunas cuevas y otorgan tal poder a estas pinturas rupestres que hoy sus descendientes tienen que cuidarlas.

Aunque tradicionalmente se asoció el arte rupestre con rituales para invocar la caza, el astrónomo Louis Rappengluck cree que hay una correlación entre este toro pintado en Lascaux, los puntos que rodean su ojo y los que se dibujaron sobre su lomo con la constelación de Tauro y los cúmulos de estrellas de las Híades y las Pléyades, que han sido relevantes en varias culturas en relación con las lluvias.

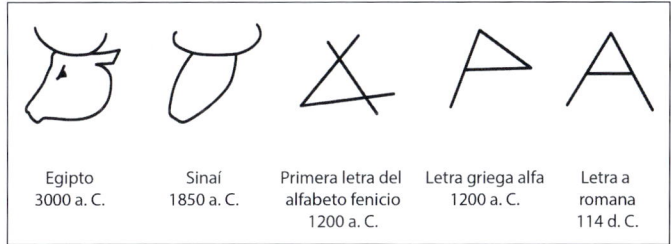

| Egipto 3000 a. C. | Sinaí 1850 a. C. | Primera letra del alfabeto fenicio 1200 a. C. | Letra griega alfa 1200 a. C. | Letra a romana 114 d. C. |

La A de nuestro alfabeto tiene su origen en la cabeza de un buey que representaban los egipcios en sus jeroglíficos. Parece que, al crear su alfabeto, los fenicios se inspiraron en ellos y dieron un lugar preferente a la A, dada la importancia del bóvido en su cultura.

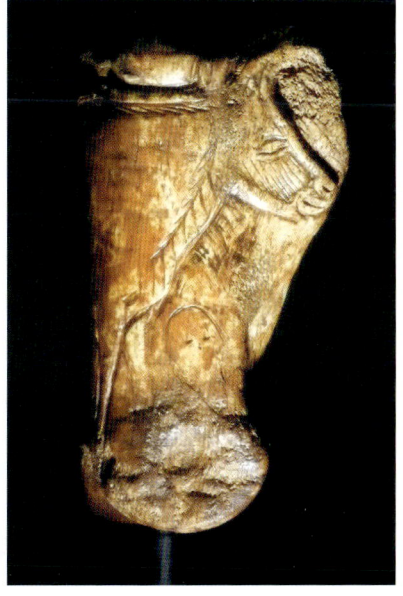

Los bóvidos han estado presentes tanto en peticiones de lluvia de diversas culturas como en el arte prehistórico con significados que todavía no están claros. En la cueva de La Garma (Omoño, Cantabria) se encontró la que podría ser la vivienda prehistórica mejor conservada conocida hasta la fecha. Esta cápsula del tiempo ha guardado objetos desde el Paleolítico que han permanecido intactos gracias a un derrumbe, como una falange de uro (antepasado extinto del toro) de hace aproximadamente catorce mil años donde están tallados un uro herido por una flecha junto a una imagen antropomórfica de aspecto fantasmagórico.

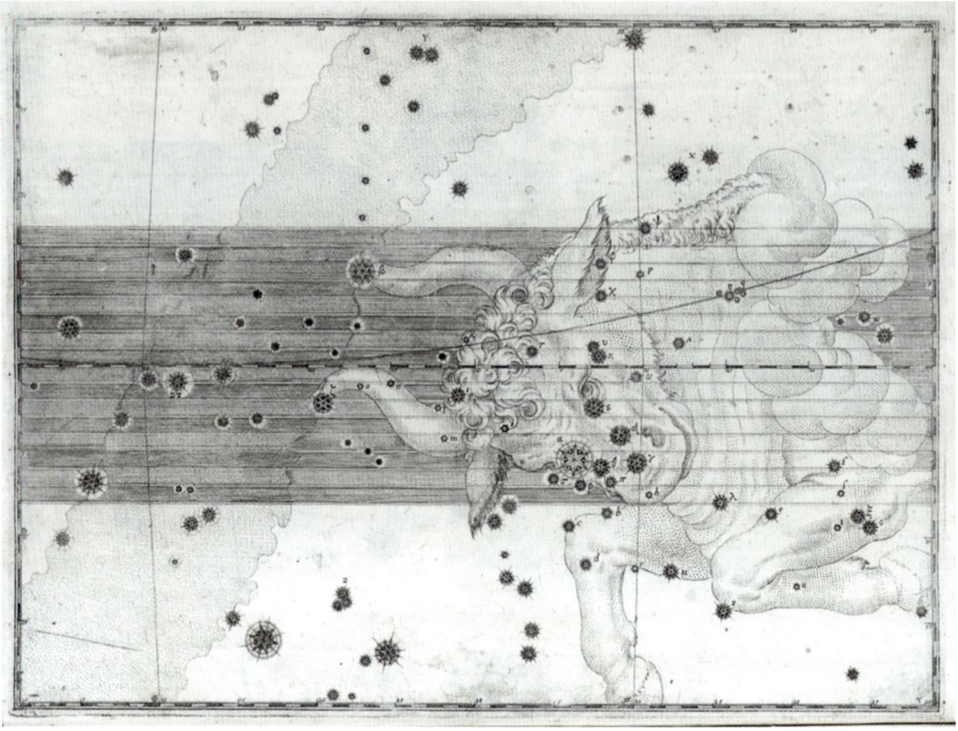

De entre todas las representaciones gráficas de la constelación de Tauro, quizá la que mejor permite apreciar las semejanzas con el toro de Lascaux sea la del escritor y maestro británico Alexander Jamieson, incluida en su *Atlas celestial* (1822). Esta obra estaba inspirada en los atlas estelares del inventor francés Jean Fortin (1776) y del astrónomo alemán Johann Elert Bode (1805).

En algún momento, el dios de la lluvia pasó a ser un hombre que mantenía atributos de bóvido (como la cornamenta). Uno de los más conocidos fue Baal, deidad de la lluvia, los truenos y la fertilidad de varios pueblos, entre ellos amorreos, cananeos, fenicios, cartagineses y babilonios.

Los bueyes son una presencia constante en las representaciones de san Isidro, al que se le atribuyen milagros hidráulicos y al que todavía hoy se le pide la lluvia.

A menudo, san Marcos aparece junto a un león, que además simboliza el desierto. Las representaciones de san Isidro y san Marcos podrían remitir a la lucha entre el toro y el león que ya veían nuestros antepasados en las constelaciones de Tauro y Leo y que asociaban a la sequía y la lluvia.

En India, uno de los rituales propiciatorios de lluvia más conocidos consiste en casar una vaca y un toro en una ceremonia multitudinaria.

También en India se casan ranas para invocar la lluvia en tiempos de sequía.

Los mixtecas creían que Dzahui, dios de la lluvia, volcaba jarros de agua desde el cielo. *Códice Vindobonensis.*

La grave sequía que asoló la cuenca de México en 1454 tuvo como consecuencia hambre, muerte y sacrificios de niños. Antes de que aparecieran evidencias arqueológicas, quedó reflejada en el *Códice Telleriano-Remensis.*

Aunque las rogativas *pro pluviam* eran comunes en La Mancha durante la Pequeña Edad de Hielo, don Quijote creyó que unos encapuchados llevaban a una damisela secuestrada a la que debía salvar. La aventura no terminó del todo bien.

La danza incontenible que protagonizaron frau Troffea y sus vecinos en Estrasburgo en 1518 no fue la única epidemia de baile en aquel tiempo de alteraciones climáticas extremas e impredecibles, hambrunas y epidemias.

La Pequeña Edad de Hielo favoreció el surgimiento de la literatura de terror y tuvo especial relevancia en el arte pictórico. Si alguien destacó en este sentido fue Pieter Brueghel el Viejo, con cuadros invernales como *Cazadores en la nieve* (1565).

Gracias a que el astrónomo Andrew Ellicott Douglass dejó de mirar al cielo para observar el suelo nació la dendrocronología, la ciencia que estudia el crecimiento de los anillos de los árboles. De ella surgió tiempo después la dendroclimatología, que hoy ayuda a estudiar las sequías del pasado.

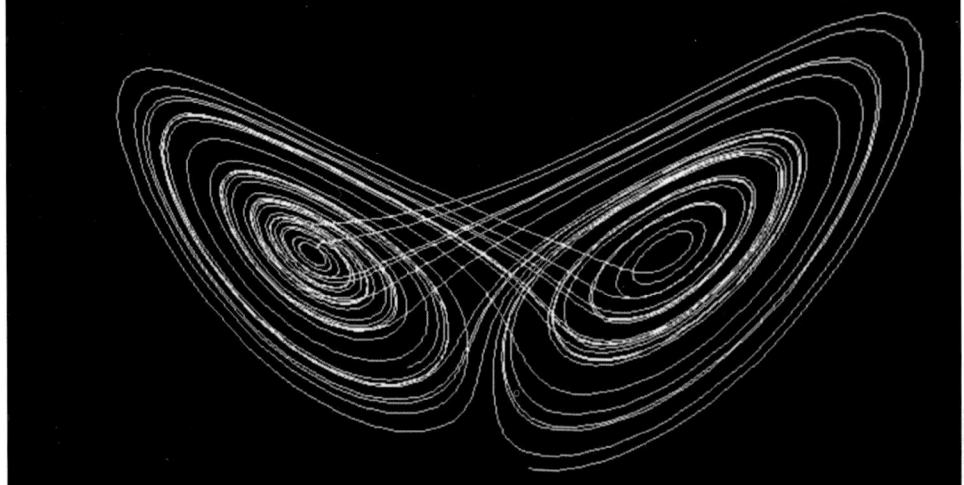

El aleteo de una mariposa puede causar un huracán al otro lado del mundo. Con esta metáfora explicaba el meteorólogo Edward Norton Lorenz su teoría del caos. Pero Norton no trabajó solo para llegar a esa conclusión. Según él mismo escribió, la programadora Ellen Fetter «preparó la presentación gráfica de los cálculos numéricos». Fue esta imagen la que hizo que la metáfora trascendiera primero la meteorología y después la ciencia.

> La pertinaz sequía que estamos esperimentando ha causado daños de alguna consideración al viñedo, mieses, hortalizas y frutales, y á menos que una copiosa lluvia no venga á fertilizar pronto los campos, es segura la completa pérdida de las cosechas. Con el fin de conseguir el agua que tanta falta hace, han empezado en los pueblos inmediatos las rogativas acostumbradas en tales casos.

Aunque Francisco Franco hizo suya la «pertinaz sequía» a base de repeticiones, era ya común en la prensa del siglo XIX.

Como tantas otras veces, en 1923 salió el Cristo de la Expiración de Montiel (Ciudad Real) a la calle para pedir la lluvia, cosa que sólo ocurre en tiempos de sequía y en situaciones extremas. En esa procesión participan tradicionalmente vecinos de Montiel, Villahermosa y Santa Cruz de los Caños, aunque también suelen unirse de otros pueblos, como Terrinches.

MONTIEL (CIUDAD REAL). UNA ROGATIVA

LA IMAGEN DEL SANTÍSIMO CRISTO DE LA INSPIRACIÓN EN LA PROCESIÓN DE ROGATIVA CELEBRADA CON MOTIVO DE LA SEQUÍA
(FOTO SOLERA)

Candido Portinari fue a la pintura lo que John Steinbeck a la literatura. Este pintor brasileño retrató en varios de sus cuadros a los desplazados por las sequías del Gran Sertón.

Las uvas de la ira no fue una ficción. El propio John Steinbeck estuvo con varios *okies* cuando la sequía, las nubes de polvo y los acreedores expulsaron a gran parte de la población de Oklahoma.

Okie, que hasta entonces no significaba más que «persona natural de Oklahoma», adquirió nuevas connotaciones, a menudo negativas, en su llegada a California. Eran los desplazados por la sed, los vagabundos de la cosecha. Eran inmigrantes y tenían hambre.

José Francisco Alonso tenía once años cuando subió al tejado para defender su casa junto a su tío Jesús. Un embalse estaba a punto de inundar su pueblo. Los «tejadistas» no lograron detenerlo. Fotografía de Mauricio Peña.

ríamos usar la palabra «colapso» con cierta precaución, porque a menudo se utiliza confundiendo reinos con civilizaciones. A veces sólo cayeron reinos y la civilización siguió. Colapsó el Antiguo Reino de Egipto, pero la civilización egipcia continuó. Cayó la ciudad de Ur, pero con el tiempo renació; y se vino abajo el imperio de Acad, pero siguió habiendo vida en Mesopotamia. A veces sólo se abandonaron las ciudades por un tiempo al llegar la sequía o el polvo, pero los antiguos pobladores o sus descendientes regresaban cuando el clima les daba una tregua. A menudo también lo que llamamos «colapso» no es más que una pausa o la caída de un gobernante con complejo de Dios que descuidó las cuestiones terrenales y no supo actuar a tiempo.

* * *

Pero en La Mancha no salieron las cosas tan mal, al menos, durante los siglos que duró la sequía devastadora. Los manchegos prehistóricos tuvieron una idea que les permitió seguir en casa y fundar su propia cultura, que fue coetánea de su vecina El Argar y de las civilizaciones hidráulicas de las llanuras aluviales de los pocos ríos que siguieron siendo caudalosos en ese tiempo.

Mientras la sed desataba una serie de catastróficas desdichas en Mesopotamia, Egipto, el valle del Indo y el Caral, en una Mancha que estaba a punto de pasar del Calcolítico a la Edad del Bronce alguien ideó una estructura que permitió extraer agua subterránea y que se reprodujo en varios puntos a escasa distancia. Así surgieron, junto con la Motilla del Azuer, la del Acequión y al menos cuarenta más, los primeros pozos peninsulares, que dieron nombre a la cultura de las Motillas, considerada por los prehistoriadores como la primera sociedad hidráulica del continente capaz de extraer agua subterránea casi dos milenios antes que los garamantes. Aunque la sequía predominaba, hubo algunos incisos en que llovía, e incluso en algunos casos fue preciso construir diques para contener el agua en torno a las motillas.

Esas curiosas construcciones que parecen fortificaciones defensivas servían para gestionar el agua, proteger los pozos, almacenar el grano y, en algunos casos, enterrar a los muertos. Estaban conectadas entre sí, a menudo a escasa distancia, para que no faltara agua en varios poblados. Aquel avance protomanchego seguramente atrajo a gentes sedientas de otros lugares. Pero ni en La Mancha ni en mi pueblo imaginamos que aquí hubiera humanos hace tanto tiempo ni que pudieran venir de tan lejos. Mucho menos que el gran enigma genético peninsular estuviera en una tumba con la que durante tanto tiempo convivimos sin enterarnos.

Ni siquiera sabemos aún si el invento fue verdaderamente autóctono o si se descubrió gracias a los yamnayas, que al parecer llegaron exactamente en ese momento. En Mesopotamia existía ya en ese tiempo el *shaduf*, que permitía levantar agua desde un pozo. En castellano lo llamamos «bimbalete» y sobre todo «cigoñal», porque a los primeros que lo vieron les recordó una cigüeña que introduce su cabeza en el agua. Decía Julio Caro Baroja que el cigoñal lo trajeron los árabes milenios después, pero no sería descabellado pensar que quienes introdujeron la rueda, que ya se usaba en Mesopotamia, y además el caballo como animal de tiro, nos legaran una estructura que requería de ambos. Además, en ese tiempo el *shaduf* ya se usaba también en lugares como Egipto y la India. Es posible también que utilizaran técnicas similares con la ayuda de sogas, ruedas y animales de tiro. El *magrod*, por ejemplo, se usa todavía en algunas zonas de Marruecos. También la *sakia*, que cuando funciona con tracción animal se conoce como «aceña». Con ese nombre aparece en el *Quijote* y todavía se utiliza en algunos lugares.

Las motillas suelen ser circulares y a menudo discurren en torno a un pozo ubicado en el patio central de la construcción. Acostumbran a estar en llanuras aluviales, en zonas de baja salinidad, cerca de ríos y en puntos en los que la capa freática queda lo bastante cerca como para poder alcanzarla a mano con técnicas y herramientas de hace más de cuatro mil años. Se instalaron en lugares que no siempre estuvieron secos. No se sabe si sus artífices habían visto los últimos charcos antes de que desapareciesen, o si conocían la técnica que otros ya empleaban entonces y que el ingeniero Marco Vitruvio extendió casi tres milenios después para encontrar dónde construir un pozo: tumbarse en el suelo al amanecer, pegar la mejilla a la tierra y esperar a que saliera una neblina. Más o menos en ese tiempo es cuando se cree que el ser humano descubrió algo que sabe también el escarabajo del desierto de Namibia:

que puede conseguir agua allí donde hay niebla. O quizá, simplemente, se guiaron por la presencia de algunas plantas que, como sabían nuestros antepasados desde tiempos inmemoriales, podían indicar que debajo había agua. Nunca sabremos cuál de estos conocimientos arcaicos les dio la clave para instalarse en unos lugares y no en otros, pero para los primeros pastores las lagunas de Ruidera habían sido un oasis. A diferencia de otros puntos de La Mancha, ahí el agua solía ser constante, y por eso proliferaron allí las motillas mucho antes del encantamiento del que fueron víctimas en el sueño que tuvo don Quijote en la cueva de Montesinos. Un sueño que, además, aporta una metáfora que remite a un hecho que tuvo lugar en tiempos prehistóricos: las lagunas secuestradas.

Los yacimientos se encuentran especialmente concentrados en las zonas de drenaje natural en superficie del acuífero 23, como son las Tablas de Daimiel, los Ojos del Guadiana, las lagunas de Ruidera y los cursos de algunos ríos. Estas construcciones se extendieron sobre todo por la actual Ciudad Real y también por Albacete, y se han encontrado algunas en Toledo y Cuenca, aunque allí su presencia es testimonial. La mayor concentración se da en la Mancha Occidental I, sobre cinco masas de agua subterránea en la cuenca hidrográfica del Guadiana y parte del Júcar. Sólo en el entorno de las Tablas de Daimiel se han encontrado ya ocho de las cuarenta y cinco que han aparecido hasta la fecha.

Eran más que pozos; allí se enterraban, alrededor del agua, algunos muertos, a menudo con vasos y otros elementos de ajuar. Coexistieron con las morras (poblaciones en altura), silos y centros ceremoniales. De estos últimos, y hasta que viera la luz recientemente Bocapucheros, sólo había pruebas de uno que ya nos resulta familiar: Castillejo del Bonete, que se encontraba entre dos motillas, conectando el sol con el inframundo y la vida con la muerte.

Esta red de aguada estuvo funcionando durante casi un milenio. Logró resistir mientras colapsaban algunas civilizaciones que ya contaban con grandes ciudades y canales de riego y que habían desarrollado la escritura. Wittfogel creía que una de las razones por las que China resistió con menos complicaciones que otras civilizaciones fue que se había basado en estructuras hidráulicas como presas y canales, de modo que no dependía tanto de las lluvias o de las crecidas de ríos que aquellas provocaban. El caso de China es, en ese sentido, comparable a la cultura protomanchega que acudió a los acuíferos, que no se alteran de manera natural, y dependía, por lo tanto, de algo más estable que la lluvia.

Hoy esas construcciones no habrían perdurado; el pozo de la Motilla del Azuer, que contuvo agua durante una sequía de siglos y abasteció al poblado, ahora está seco a pesar de unas lluvias que, aunque tardías, han ayudado a recuperar algunos embalses mientras escribo. El acuífero que discurre bajo las Tablas de Daimiel se encuentra tan sobreexplotado desde los años ochenta que sólo es posible encontrar agua en dos de las tres rutas. Y si se ve agua todavía es porque el humedal ha recibido recientemente inyecciones de emergencia de otros ríos. Junto a la motilla discurre el cauce de un río seco, que se queda sin agua exactamente cuando termina un embalse.

Como ya hemos visto, con aquella megasequía se ha relacionado el colapso del Imperio acadio en Mesopotamia, el abandono de la ciudad de Caral y el fin de la civilización que llevaba su nombre en el actual Perú y que fue la primera de América. El colapso de la civilización Harappa en el valle del Indo y el de Konar Sendal, en el actual Irán, también se han asociado al evento climático del kiloaño 4.2. En la Iberia seca, en ese mismo periodo, la aridez se había prolongado unos seiscientos años, afectando tanto a la vegetación y al paisaje como a la población. Se ha constatado una fuerte pérdida demográfica en el suroeste. Por ejemplo, en Doñana se abandonaron las actividades agrícolas y ganaderas, y la población de las marismas descendió. Mientras, la población aumentaba en el sureste y se estabilizaba en el norte a inicios de la Edad del Bronce de La Mancha que coincide tanto con el comienzo de la sequía como con la llegada de los yamnayas a un lugar en el que ya se habían asentado indígenas del Calcolítico.

Imaginar una red de motillas conectadas para que a varios pueblos no les faltase agua acarrea una tentación: la de asumir que mis antepasados protomanchegos se enfrentaron juntos y en armonía a la sed, así como los gusanos negros de California se acurrucan a miles en una bola cuando arrecia la sequía para retener la poca humedad que logran acaparar. Pero nada más lejos de la realidad; se cree que tenían su «señor del agua», que habitaba en la cúspide del poblado en altura. Ahí parece estar presente ya la desigualdad en la península, puesto que implicaba tanto el control del agua como la acumulación de un grano que se había adaptado a un clima cada vez más seco y era crucial en la supervivencia, y posiblemente también en la jerarquía. En la motilla del Retamar (Argamasilla de Alba) se ha encontrado una alabarda, un objeto que sólo sirve para asesinar, y que demuestra que la vida allí tampoco tuvo que ser la de una comuna hippie. Aun así, es el único ejemplo en decenas de motillas, donde además es posible que hubiera una ambición colectiva, puesto que los pozos no eran personales, independientes o aislados, sino que formaban una red que abastecía a varios poblados y había adquirido una condición especial, incluso sagrada, a partir de creencias compartidas que los empujaban a acudir a Castillejo del Bonete para conectar con los ancestros y los astros y para enterrar a los muertos y reencontrarse con ellos.

* * *

Hace alrededor de cinco mil años, algunos de los descendientes de las tribus de cazadores-recolectores del Cáucaso se dirigieron a Armenia, que era la tierra de sus antepasados, y otros se fueron hacia los Balcanes y Grecia. Durante los siglos siguientes continuaron su expansión hasta la península ibérica y la India. Parece que fueron ellos los que, con su lengua protoindoeuropea, nos dejaron algunas palabras que perduran en varios idiomas. Las que se refieren a las emociones, al menos las que han permanecido, tienden a ser negativas, como el miedo, el horror o el odio. Pero las que aluden al terreno hablan sobre todo del agua.

Me gusta pensar en una peculiar coincidencia: que *yamna* significa 'hoyo' tanto en ruso como en ucraniano. Los yamnayas eran conocidos como la cultura del hoyo o del sepulcro por su forma de enterrar a los muertos; excavaban agujeros profundos en los que los tumbaban boca arriba, con las piernas dobladas a un lado, y los cubrían de ocre. Construían sobre ellos sus *kurganes*, túmulos que con el tiempo parecían montículos naturales. Fantaseo a menudo con la posibilidad de que uno de ellos fuera a enterrar a sus muertos, acabara encontrando agua por accidente y, como si hubiera sido queriendo, dijese: aquí está. Ni me consta que así fuera ni que lo hayan planteado los arqueólogos, pero sus sepulcros parecían pozos, la sed se había adueñado de casi todo y los yamnayas llegaron justo antes de que se construyeran los primeros. Además, la prehistoria está repleta de momentos eureka similares que ayudan a explicar cómo se descubrieron o dominaron por casualidad o accidente el fuego, las plantas, los animales, el pan o la cerveza.

El linaje del yamnaya de Terrinches, que (por lo que sabemos hasta ahora) protagonizó el penúltimo enterramiento en Castillejo del Bonete, llevaba aquí varias generaciones, posiblemente, buscando agua. Puede que no en ese lugar, puede que no en ese momento preciso. Pero el secarral se los estaba comiendo a ellos y casi al mundo entero. Claro que buscaban agua incluso cuando no lo pretendían. El subconsciente a veces tiene sus razones, sus excusas, sus gestos, y cada vez que el ser humano seguía la migración de un animal o buscaba tierra fértil iba, en el fondo, persiguiendo el agua. O puede que alguien interpretara el comportamiento de un animal, la presencia de alguna planta, el lenguaje encriptado del suelo. La supervivencia discurre, a veces —casi siempre—, por caminos inesperados e inexplicables.

Algunas sociedades hidráulicas coetáneas a la de las Motillas creían que sus ríos eran sagrados y, como los manchegos prehistóricos, se enterraban cerca del agua. Tiempo después, los musulmanes, cuya religión nació en el desierto, enterraban a los suyos cerca de ríos, que ellos también consideraban sagrados, y al lado todavía algunos colocan un cuenco con agua para que beban los pájaros del río y se queden así en su buche con el alma de los difuntos para llevarla hasta Alá. De ese ritual, el hadiz de los pájaros verdes, se han encontrado pruebas en un yacimiento de Villanueva de la Fuente, junto al río Villanueva.

La cultura de las Motillas resistió e hizo uso de aquellos pozos durante casi un milenio. Pero nada es casual en el refranero, y hay un proverbio que dice: «A gran seca, gran mojada». Así que en algún momento volvió a llover. Cuando empezaron a regresar las lluvias tras una sequía agónica, en torno al año 1900 a.C., fue preciso construir algunos pequeños diques junto a las motillas para contener el agua. Pero estas finalmente cayeron en desuso. Algunas incluso se inundaron cuando se invirtió el clima y empezó un periodo húmedo porque no estaban hechas para soportar tanta agua. Se habían pensado para extraer las corrientes subterráneas cuando no llovía, pero no para recoger la lluvia, porque ya casi nadie la esperaba. Poco después, alrededor del año 1400 a. C., el Bronce entró en crisis y las motillas se abandonaron. En ese momento, algunas personas optaron por la ganadería y se trasladaron a nuevos poblados en zonas más elevadas que fueron el origen de las posteriores *oppida* ibéricas.

En las motillas también resistió el trigo, que consiguió adaptarse a la aridez extrema de la zona, como atestiguan restos carbonizados de granos en la Motilla del Retamar. La presencia de huesos de oveja entre las ofrendas en torno a los enterramientos ha suscitado dudas sobre el origen de la ganadería ovina manchega. No deja de ser curioso que sus descendientes, los últimos pastores de Terrinches, llevaran allí sus ovejas y se preguntaran si habría agua debajo de las piedras.

Cuando se descubrió Castillejo del Bonete, la primera hipótesis que barajó Luis Benítez de Lugo, el arqueólogo que dirige las excavaciones del santuario solar y de varias motillas manchegas, fue en esa línea: por allí debía de haber agua subterránea, como ocurría con otras motillas cercanas. Pero tanto él como Miguel Mejías, hidrogeólogo experto en agua manchega, falsaron la hipótesis; si la sima que hay bajo las galerías fuera vertical, el agua quedaría a unos cuarenta y seis metros de profundidad. Y parece poco probable que, con los medios de la época, lograran excavar un pozo con la profundidad de un edificio de quince plantas. Los pozos que se han encontrado en otras motillas no superan los veinte metros y se ubican en llanuras aluviales, muy cerca del agua. Atravesaban terreno aluvial, arcillas de baja permeabilidad y margas calcáreas. Si alguien hubiera construido una motilla con pozo allí, lo habría hecho a sus pies, exactamente en el punto que mi abuelo estrujaba miles de años después para regar sus últimos tomates.

Castillejo del Bonete no estaba a una altura adecuada como para pensar en una fortificación, pero tampoco era la mejor opción para buscar agua. Se situaba en la parte alta de la ladera, y se había construido con unas calizas blancas con las que no se buscaba precisamente que pasara desapercibido. ¿Qué hacía ahí? Es muy probable que llamar la atención. Usar a los muertos por bandera y anunciar un mensaje tácito a quienes vinieran de Andalucía y Levante que más o menos decía: esta tierra nos pertenece porque aquí están nuestros muertos.

* * *

Miles de años después, mis padres y nuestros vecinos compraron unos depósitos y los colocaron cada uno en su terraza. Yo solía levantar la tapa porque quería ver cómo flotaba la bola de poliespán. No tanto porque me dieran ganas de estrujarla, que también, sino porque eso significaba que había agua para unos días más. Aquellos depósitos eran algo así como una reminiscencia de las motillas. No dejo de hacer preguntas a mi familia y a mis antiguos vecinos mientras escribo este libro para entender qué nos pasó y qué les pasó a quienes estuvieron antes que nosotros; en qué nos ha convertido la sed. Aunque esta historia no arranca el libro para seguir un orden cronológico, fue en realidad su germen. Partí de dos historias aparentemente inconexas, separadas por más de cuatro mil años, sólo porque el yamnaya y mi abuelo compartían la sed. Ahora las piezas empiezan a encajar gracias a esas conversaciones. Decía antes que mi abuelo exprimía una cueva para poder regar el huerto y no sabía aún qué papel había tenido él mismo en ese lugar que conocí como el Minao, en la Huerta Soriano, que está a los pies de Castillejo del Bonete.

Al principio, el Minao era un orificio. Parece que mi tatarabuelo Norberto, de quien hasta ahora no sabía nada salvo que tuvo que existir y cuyo nombre acabamos de descubrir gracias a un error informático, empezó a abrirlo en busca de agua. El resultado fue la cueva que conocí. O no del todo. Su yerno, que era mi bisabuelo Pedro, y otros familiares que vivían en la misma huerta siguieron profundizando a medida que la tierra se iba secando. Sacaron un poco de agua.

Pero tiempo después el Minao volvió a secarse. Fue entonces cuando mi abuelo Norberto y sus primos empezaron a excavar y lo ampliaron más o menos un metro de profundidad. Ellos sí llegaron al venero que no habrían podido alcanzar, de haberlo intentado, nuestros antepasados en la cueva de Castillejo del Bonete. Pero no fue fácil. Al principio salía cieno. Se encargaban mis tías y mi madre de recogerlo en cubos que su padre había fabricado a base de ensamblar latas y hierros. Pronto salió agua clara y mi abuelo construyó allí una poceta, donde dejó un viejo bote de tomate reutilizado para que bebiera quien quisiera. Sólo los niños nos librábamos de entrar allí en cuclillas. Junto al Minao, construyó una alberca para que pudiera llegar el agua, pero en los tiempos de escasez tenía que arrastrarse por la cueva con un bote para ayudarle a salir de la manera más precaria.

Tengo como soporte de mis recuerdos el diario que escribí de los nueve a los dieciséis años. En las primeras entradas mi gran preocupación era si llovía, si nevaba, si hacía frío y cómo estaría esa condición afectando a mis padres mientras vendían frutos secos y golosinas en algún mercadillo de pueblo. Se repite en esas entradas una alegría, la de acompañar a mi abuelo a la huerta. Luego volvía contando a mi diario lo increíble que había sido ir con él a explorar cuevas o ayudarle a limpiar un camino para que pudieran transitar los coches. Él, que pasó del burro a la carretilla y de la carretilla a la mobilette y a la mulilla mecánica, y que nunca tuvo coche. ¿Por qué me llevaría a explorar cuevas? Seguramente para lo que siempre hacía por allí: recuperar lo que había ido expulsando a su familia, el agua. Siempre llevaba katiuskas. Sólo él sabría por qué calzaba siempre botas de agua en tierra seca. Puede que así quisiera invocar la lluvia.

Hace poco, mi hermano rescató un recuerdo del olvido. Un día fue con mi abuelo a la huerta, cogieron azadas del cortijo en el que guardaba los aperos de labranza y fueron al bancal de abajo, donde mi abuelo cultivaba sandías. En un punto sólo exacto para él e imperceptible para mi hermano, que apenas tenía cinco o seis años, clavó la azada. Siguió profundizando en una búsqueda que mi hermano entonces no entendió. De pronto, empezó a brotar barro. A continuación, el agua salía limpia y a borbotones. Es de esas imágenes que uno guarda para siempre en un cajón, y un día, de repente, se abren aunque no las sepamos contextualizar ni entender del todo. Mi abuelo se puso a cavar porque, al igual que mi hermano, guardaba un recuerdo de la sed de su infancia y sabía que una vez, mucho tiempo atrás y en ese mismo lugar, vio agua.

Hay una película llamada *El maestro del agua* que trata de la búsqueda, del duelo, de la pérdida, de la guerra. De casi todo menos del agua. Pero O'Connor, el personaje que interpreta Russell Crowe, está basado en la historia real de Joshua O'Connor, un granjero y zahorí (que en árabe significa algo así como 'mago del agua') de Monbulk, en Victoria, Australia. Andrew Anastasios, escritor y guionista, tenía entre manos un proyecto que abordaba la historia de este país. En pleno proceso de documentación, dio con una carta que decía: «Un tipo logró llegar aquí desde Australia en busca de la tumba de su hijo». La firmaba Cyril Hugher, de la Comisión Imperial de Tumbas de Guerra. O'Connor fue a Galípoli en busca de sus hijos dieciocho meses después de que acabara la Primera Guerra Mundial y logró dar con Patrick.

De la historia verdadera ya casi no quedaba información, así que Anastasios escribió una novela con esos escasos datos, que luego se convirtió en la película. Hay una escena al principio en la que O'Connor se pone a picar en un punto exacto, y va hundiéndose en una profundidad que va apuntalando. Primero brota el barro y luego el agua. El pozo acaba convirtiéndose en un pequeño lago en mitad del desierto. La mujer de O'Connor describe a este (y suponemos que esto es una licencia de la ficción) como un hombre capaz de encontrar agua en mitad del desierto pero incapaz de encontrar a sus hijos. En algún momento, el protagonista cuenta que viene de un país en el que apenas llueve tres o cuatro veces al año, por lo que es fundamental vivir buscando agua. Sobre cómo la encuentra, dice: «Tienes que sentirla». En eso consiste exactamente la radiestesia, la técnica que emplean los zahoríes; se trata de la capacidad de sentir el agua que ya se utilizaba hace unos cinco mil años en Mesopotamia y Egipto con la ayuda de una rama de avellano, y que puede verse en una pintura rupestre de Tin Aboteka (Argelia), aunque la primera mención escrita apareció en 1568 en la *Vida de santa Teresa*. Ella, que no había oído nunca hablar de la radiestesia ni encontró cómo explicarla, cuando vio a un zahorí asumió que se trataba de un milagro; sin embargo, a la Iglesia le pareció una práctica supersticiosa y satánica y consideró brujos a los zahoríes.

Hoy los científicos consideran la radiestesia una pseudociencia basada en el puro azar. Pero en los pueblos todavía existen zahoríes y también aficionados que aseguran «tener sensibilidad», que han ido heredando en su familia a lo largo de varias generaciones. Por ejemplo, en algunos pueblos de Aragón como Sos del Rey Católico era una creencia extendida hasta hace poco que si un niño nacía durante la noche de Navidad sabría encontrar el agua porque le temblaría la pierna izquierda o porque perseguía mosquitos. Otro caso lo cuenta Vázquez Figueroa, que creció con la escasez de agua en pleno desierto del Sáhara. Allí conoció a Manolo, el que sería para él su maestro. El hombre tenía una especie de don, decía el escritor, que llamaba «oler el agua».

Como O'Connor y Manolo, mi abuelo era un hombre capaz de encontrar agua en el desierto. Podía sentirla y olerla, pero ya no sabré nunca cómo lo hacía. Puede que las sandías que plantaba justo ahí, el modo en el que crecían, le enviaran mensajes que sólo él reconocía. Quién sabe si también se tumbaba en el suelo a esperar el vapor al amanecer, si le temblaba una pierna, si perseguía mosquitos o si tenía algún instrumento con el que buscar. Hace poco pregunté a mi madre si había conocido en el pueblo a algún zahorí, alguien que fuera capaz de encontrar agua con un péndulo o una rama de olivo en forma de Y. Las dos pasamos por alto la posibilidad de haber tenido en casa a nuestro propio maestro. No sabía, cuando empecé este libro, que el agua que mi abuelo buscaba y extraía del Minao pertenece a la misma vena que detectó años después un sondeo cerca del yacimiento de Castillejo del Bonete. No sabía tampoco, hasta ahora, que mi abuelo no sólo abría y cerraba el depósito municipal en tiempos de sequía. Trabajó en las obras que abovedaron el arroyo en el que alguien creyó ver una ballena cuando el agua estaba aún a la vista.

En *El Imperio*, habla Kapuściński de un anciano que conoció en Turkmenia (actual Turkmenistán) que sabía de pozos secos y abundantes, del desierto y del oasis, de la desesperación y de la alegría. De los que como él son capaces de sobrevivir en el desierto, decía el periodista polaco: «Ellos sí saben dónde están los pozos, lo que significa que conocen el secreto de la salvación y de la supervivencia. Desprovisto de escolasticismo y de doctrinarismo, su conocimiento es grande, porque sirve a la vida». Hace tiempo que no dejo de preguntarme de dónde viene ese conocimiento que tanto sirve a la vida y que a mí se me escapa.

Hoy no queda agua en el Minao. Mi abuela Francisca ha saltado otra generación, y dice que fue el padre de mi tatarabuelo Norberto, cuyo nombre no conoce (aunque los registros eclesiásticos dicen que se llamaba Rogelio y que fue el único arriero en un linaje de jornaleros), quien empezó a excavar allí. No sé cuántas generaciones estuvo mi gente heredando la sed y horadando la tierra en busca de agua. Sólo sé que allí hoy no queda nada y no hay quien siga buscando en el fondo de la tierra.

Aquella búsqueda no fue una novedad para ellos, como no lo fue para quienes habitaron esa tierra hace miles de años ni para los que llegaron mucho antes de lugares más secos. Desde los tiempos de Lucy, la abuela de la humanidad, hasta mi abuela, que reza a un santo para pedir la lluvia, hay toda una serie de hitos que ayudan a entender la sed que arrastramos hasta hoy.

II

Controlar la lluvia

La lluvia caía cuando yo tenía sed. Por eso soñaba con la lluvia: porque me moría de sed. Entonces llovía y yo podía beber porque la lluvia solía acceder [a mi ruego].

| | Kabo, chamán bosquimano,
La niña que creó las estrellas

El taxista que me lleva a Ayerbe pregunta si me molesta que conecte la radio y le digo que no. Un sindicalista dice que la sequía, además de crear problemas en la siembra del cereal, también pone en peligro la cosecha del año próximo.

—Qué le parece. Como ya no vamos en romería a ver al santo o a la santa para pedir lluvia, pues no nos llueve.

—¿Es usted creyente?

—No, pero qué se pierde por probar.

Arturo San Agustín,
Pluma de buitre

6

Los cuernos del cielo

Desde la primera huella de una mano humana en la pared
de una cueva, somos parte de algo continuo.

BASIL BROWN (Ralph Fiennes),
en *La excavación*

El agua lo es todo —dice Ogotemmêli, el sabio del pueblo
dogón que habita en Malí—. La Tierra procede del agua.
La luz procede del agua. Y la sangre.

RYSZARD KAPUŚCIŃSKI,
Ébano

Ogotemmêli disparó a un puercoespín y acto seguido le explotó el
fusil en la cara. Al quedarse ciego, el cazador recordó el contundente
mensaje que ya había recibido a través de la adivinación: «Es un
trabajo de muerte, atrae a la muerte». Cuando el fusil estalló, Ogotemmêli había perdido dieciséis hijos, así que interpretó el accidente
como una última advertencia. Se encerró tanto en su propio mundo
desde entonces que alcanzó fama de sabio en los roquedales de Ban-
diágara (Malí) y más allá. Tras muchos intentos por parte del antropólogo francés Marcel Griaule, el sabio dogón se decidió a compartir las
creencias de su pueblo. Ogotemmêli se acercó a él y dijo primero:

—Saludos a los que tienen sed.

Los antropólogos llevaban ya quince años merodeando por su
tierra en busca de las historias de los dogones, que se autodenominan

habe ('no creyentes'). Han vivido durante siglos en acantilados de difícil acceso a lo largo de una falla de doscientos kilómetros. No está claro cuándo llegaron exactamente, desde dónde ni por qué. Tan misterioso es su origen que se llegó a hablar de antepasados extraterrestres. Ellos, en cambio, creen que proceden de Sirio, la estrella que, como la garza mitológica Bennu, anunciaba a los egipcios las crecidas del Nilo. Precisamente, se piensa que podrían descender de antiguos egipcios y que llegaron a su actual territorio huyendo en el siglo XIV o XV. ¿De qué huían? Según unos, de convertirse al islam, una religión que, por otra parte, se había expandido hacía siglos, en gran medida, con la ayuda de la sequía, como ha expuesto un estudio reciente sobre el crecimiento de las estalagmitas. Según otros, de una sequía que sólo fue la culminación de varios desplazamientos sucesivos por distintos países a lo largo de los siglos. La proximidad del río Níger, así como la de un riachuelo que rebrota en la temporada de lluvias, habría sido la razón para elegir ese lugar hace apenas unos siglos. Son varios los investigadores que han encontrado en la sed la causa de los desplazamientos de los dogones. El propio Griaule pensaba que este pueblo tenía cinco mil años de antigüedad y que los dogones que conoció eran, en realidad, los últimos guardianes de la sabiduría egipcia. Su hija, Geneviève Calame-Griaule, estuvo estudiando su lengua y su tesis cayó en manos del filólogo Jaime Martín. Allí había palabras y estructuras que le resultaron familiares. Empezó un estudio comparativo de más de una década que le llevó a estudiar miles de palabras del dogón y del euskera. Tras hallar semejanzas de hasta el 70 por ciento en el léxico analizado, además de similitudes estructurales, emparentó ambas lenguas. Martín está convencido de que el euskera proviene del dogón y que el parentesco se debe a la desertización del África subsahariana, que habría expulsado a algunos dogones hacia la península ibérica mucho tiempo atrás.

Como fuera, el testimonio de Ogotemmêli dejó claro que la historia de los dogones había estado siempre ligada a la sed. A lo largo de treinta y tres días, Ogotemmêli contó a Griaule que las estrellas eran bolitas de tierra que lanzaba su dios al espacio. Amma, que era alfarero y había cocido el Sol y la Luna, un día extendió barro como una alfombra y creó la Tierra, un cuerpo femenino que pronto despertó su deseo. Cuando se acercó a un termitero que representaba el clítoris de la Tierra, este se elevó y el dios descubrió que ella era en realidad como él. Entonces se alejó decepcionado. Pero volvió. El agua apareció en el mundo como semen divino y el dios creador dejó la Tierra desnuda y muda. De esa violación primigenia nació el chacal. Amma creó dos Nommo, seres de agua mitad persona y mitad serpiente. La palabra, de hecho, significa en su idioma 'hacer agua'. Ambos Nommo, que eran dos y uno, espíritus del agua, anfibios y hermafroditas, estaban ahí donde estuviera el agua.

—La fuerza vital de la Tierra es el agua. Dios ha amasado la Tierra con agua. Además, hace la sangre con el agua. Incluso en una piedra existe esta fuerza, ya que la humedad está en todas partes —dijo el anciano.

Nommo, desde el cielo, lanzó el lenguaje a través de los hilos que conformaban el vestido de su madre Tierra. Trajo la primera palabra, la segunda y la tercera para poner orden en el caos que había provocado el creador. El chacal, al ver el vestido de su madre, intentó quitárselo. Y la Tierra, por más que trató de esconderse dentro de sí misma, no logró evitar el incesto que dotó de palabras al chacal. Los Nommo bajaron un día del cielo a la tierra para presentarse a su descendencia y se creó un lago alrededor de su nave. Quizá, por eso, se buscó un origen extraterrestre a los dogones. Creían que la invención de la azada había permitido la creación de la agricultura, pero no bastaba sólo eso para ponerla en marcha: faltaba la lluvia, de la que se encargarían los Nommo.

—Llegaron las primeras lluvias y arrasaron todo lo que era impuro. Los campesinos empezaron a sembrar —añadió Ogotemmêli.

Nommo, que envió la lluvia, tenía el aspecto de un carnero de oro, tocado con una calabaza que simbolizaba el Sol. Flotaba en un lecho de estrellas y a veces se desdoblaba en toro. No se lo representaba nunca como un carnero a las claras, porque retratarlo equivalía a mancillarlo o nombrarlo. Era como forzar su presencia. Decía Ogotemmêli que, durante la estación de lluvias, antes de cada tormenta, se lo podía ver desplazándose por la bóveda celeste.

Los dogones concebían el mundo como un granero, comparaban la sangre con la lluvia, usaban la misma palabra para referirse a madre y a vaca, y entendían las nubes como el aliento de la vida. Por ello, orientaban sus santuarios en función de la lluvia y allí colocaban ganchos de nubes, que servían para atraerlas y retener el agua. En la entrada de estos santuarios, entre otras imágenes, pintaban cuernos. Casualmente o no, en el dibujo de un santuario que hizo Griaule, aparecen seis puntos que rodean uno más grande bajo unos cuernos. Griaule interpretó la imagen como un cielo lluvioso.

Los dogones han estado íntimamente ligados a los astros, sobre todo desde que la antropóloga Germaine Dieterlen difundiera unas nociones astronómicas que transmitió Ogotemmêli a Griaule. Sus conocimientos sobre Sirio eran tan avanzados que varios estudiosos quisieron saber cómo habían podido ver Sirio B sin telescopios, mucho antes que los astrónomos occidentales. Finalmente, llegaron a la conclusión de que el discurso de Ogotemmêli estaba contaminado por su contacto con aficionados a la astronomía como el propio Griaule, que estaban al tanto de los avances de su tiempo y pudieron compartirlos con un hombre al que también le interesaban las estrellas. Algunos de estos estudiosos detectaron que incluso cometió los mismos errores que astrónomos europeos de su tiempo. Pero, aun así, es inevitable pensar en la posibilidad de que un pueblo tan conectado con los astros y el agua no estuviera representando con ese dibujo la constelación más asociada con la lluvia, puesto que esa imagen se repite en otros lugares, en los que se ha relacionado con las Pléyades.

Otros científicos cuestionaron a Griaule, ya que, al entrevistar a varios dogones tiempo después, estos no parecían conocer su supuesta cosmogonía. Tanto si eran creencias compartidas como si el anciano Ogotemmêli había hecho alarde de su creatividad, Griaule había dejado claro que sólo unos pocos iniciados poseían tales conocimientos. En realidad, ya nunca sabremos qué pasó. Pero Griaule nos muestra en su libro *Dios de agua* que, a pesar de nuestras diferencias y prejuicios, hay algo en el fondo del ser humano que siempre parece lo mismo. Y puede que lo sea.

Ogotemmêli murió poco después de la última entrevista. De nuevo en Francia, Griaule recibió una carta que sugería que Ogotemmêli pudo ser además el hacedor de lluvia de su pueblo. Entre otras cosas, la carta decía: «Antes de su muerte una pequeña sequía empezaba a marchitar nuestro mijo; el mismo día, antes de su entierro, hubo una lluvia mediana que salvó nuestro sembrado. Ya sabe por qué. Él poseía una "piedra de lluvia" que usted debe de conocer bien».

Griaule aprendió la lengua secreta y todo cuanto pudo de los dogones. Se propuso darlos a conocer al mundo alejados de los prejuicios que los tachaban de salvajes y violentos, y siguió escribiendo sobre ellos hasta el día de su muerte. Cuando falleció, celebraron un funeral dogón para él, ya que lo consideraban uno de los suyos. Con las ropas que allí había dejado, crearon un maniquí funerario a su imagen y semejanza y lo colocaron junto a una presa para conmemorar que él les había ayudado a canalizar el agua. Los dogones solían romper una azada cuando alguno de ellos moría, en señal de que ya no cultivaría la tierra. En vez de una azada, ese día partieron un lápiz.

Los Nommo contienen casi todos los elementos de los otros dioses, espíritus y seres mitológicos asociados a la lluvia que conoceremos en las próximas páginas y tuvieron equivalentes en lugares de los que ya hemos hablado. Los apkallu de Mesopotamia, creados por Enki, eran muy similares. Concretamente, Oannes solía aparecer vertiendo agua como el Hapi de los egipcios y el Dzahui de los mixtecos. Otros pueblos nativos de África, y también de América, todavía atribuyen a los gemelos la capacidad de atraer la lluvia cuando están felices y la sequía o la tempestad si se enfadan, y creen que seres anfibios se encargan de que llueva. «Cálmate, aliento de los mellizos», dicen los tsimshian de la Columbia británica cuando quieren conjurar una tormenta.

Por otra parte, la asociación que hacen los dogones del agua de lluvia con la sangre está presente también en nuestro vocabulario. No en vano, la sangre formaba parte de los rituales antiguos para pedir la lluvia, y sólo unos elegidos poderosos podían invocarla mediante sacrificios rituales. En la mitología griega, la sangre de los dioses tenía un componente especial que los dotaba de inmortalidad. Ese elemento se llamaba *ikhor*. Paradójicamente, era una sustancia asesina que liquidaba a los mortales cuando entraban en contacto con ella. Tiempo después, *icor* se unió a *petros* ('piedra') y dio lugar al término «petricor», que nos permite nombrar el olor que deja la lluvia sobre la tierra seca. La palabra «petricor» (*petrichor* en inglés) la acuñaron a mediados del siglo XX unos geólogos australianos tras estudiar cómo surgía gracias a la geosmina ('aroma de la tierra'). Para que se produzca el olor a tierra moja-da, es preciso que justo antes se haya dado una prolongada sequía. Será la primera lluvia o su proximidad la que arranque el aroma a la tierra incluso antes de que las nubes descarguen. En esos años ya se intentaba retener el petricor para elaborar perfumes en Uttar Pradesh, India, donde lo conocían como *matti ka attar*.

El petricor es quizá uno de los olores que con más adeptos cuenta, y la ciencia tiene una explicación. Nuestros antepasados, que sufrieron sequías catastróficas, lo asociaban con la vida misma y la supervivencia. Fue para ellos, y sigue siéndolo para nosotros, la señal de que la vida sigue, a pesar de todo. Quizá por eso se decía en Al-Ándalus que sólo el tintineo de las monedas y la voz de la persona amada calman tanto como el sonido del agua. Por la misma razón, cuando los protagonistas de la novela *Mies roja* de Jorge Amado lo perciben, se tranquilizan y sonríen. La novela empieza con los últimos coletazos de una lluvia: «Un poderoso olor a tierra lo invadía todo, entraba por las casas, subía en el aire. Brillaban gotas de agua sobre las hojas verdes de los árboles y de los mandiocales. Y una silenciosa calma se extendió sobre la hacienda, sobre los árboles, los animales, los hombres». Hablaba el escritor brasileño de lo mismo que los geólogos australianos: «El temor de la sequía, temor que se renovaba cada año, había desaparecido ahora. […] Artur aspiró el aroma que llegaba de la tierra y sonrió de nuevo». Por algo los chimpancés tienen su propia danza cuando llegan las primeras lluvias. La geosmina atrae a algunos insectos y lombrices y guía a los camellos mientras buscan agua en el desierto. Algunas plantas han aprendido que dispersar ese olor manda a los insectos despistados un mensaje: aquí hay agua. Así que lo usan para atraerlos y que polinicen en ellas.

La cosmogonía del pueblo dogón sigue siendo un misterio, pero no es ni tan distante ni tan extraña como para pensar en extraterrestres. También el islam, que surgió en el desierto, ve el origen del ser humano y de todo lo vivo en el agua. Sólo hay que mirar al cielo y retroceder en el tiempo para constatar que la historia que contó Ogotemmêli es la de la sed de aquellos a los que saludó y a los que no. Es la de los bosquimanos y jienenses que pasean un toro para invocar la lluvia el día de San Marcos, como si emularan el relato mítico de la tauroctonía del dios Mitra, y está en el culto a los bóvidos que proliferó por todo el Mediterráneo y en los mitos de los aborígenes australianos, porque seguramente viene de mucho tiempo atrás, y puede que del mismo lugar. Es asimismo la sed de los primeros pobladores de Egipto, la de los amorreos y la de los natufienses; la de aquellos que se refugiaron en cuevas franco-cantábricas con vistas al agua y se pusieron a pintar durante la Edad de Hielo; la de la Eva mitocondrial y la de Lucy.

Los primeros protolenguajes, ideados por personas que quizá no se conocieron, representan la lluvia con tres rayitas verticales paralelas. En mitos y representaciones de África, Europa y parte de Asia, divinidades de la lluvia que son bóvidos u hombres cornudos que portan un martillo a lomos de un bóvido se repiten por doquier. También en lugares alejados entre sí una serpiente tiene sed y sube al cielo a buscar la lluvia. Y en mitos posteriores, alguien golpea una roca y brota un manantial. Con variaciones, esta historia la han compartido aborígenes australianos, antiguos romanos y madrileños sedientos. Es la historia de la niña que sale a buscar agua con un cazo en la mano y sube al cielo, y que reaparece en distintos lugares mientras se observa la Osa Mayor. O un hombre que intenta cazar un animal, pero este se eleva y se salva convertido en constelación. ¿Cómo es posible que se repitan relatos tan parecidos en lugares tan distantes? Podemos deducir que se ha dado un contagio, que la psique humana funciona igual en todas partes, pero también que estos mitos pudieron tener una base común porque compartían lugar de origen. Un profesor de Antropología, Julien d'Huy, estudió estos relatos que se asemejaban a pesar de la distancia sirviéndose de los métodos con los que se estudia el ADN. Eliminó los elementos que los diferenciaban y se quedó con la esencia de los mitos sobre la caza cósmica, en los que un héroe subía al cielo persiguiendo una presa que se convertía en constelación. La filogenética le reveló que la narración de la caza cósmica habría hecho prácticamente el mismo viaje que hicieron los agricultores de Oriente Próximo. Llevamos decenas de miles de años contando las mismas historias, viene a decir D'Huy, que dio con el «tronco» de estos relatos en Eurasia septentrional hace unos quince mil años. Encontró también historias sobre serpientes de la lluvia que habían viajado desde África unos cuarenta mil años atrás. La serpiente con cuernos o plumas, que vuela o es arcoíris y trae la lluvia, persiste en mitos y creencias andinas, bosquimanas, australianas y yorubas. Del mismo modo, las civilizaciones antiguas creían en dioses del agua y de la lluvia que adoptaron primero la forma de un toro y después se convirtieron en hombres con cuernos a lomos de este animal cuando los reyes alcanzaron una categoría divina. Quizá haya que retroceder más para encontrar su origen, porque puede que algunas de las cuevas y abrigos rocosos en los que se refugiaron nuestros antepasados contengan las primeras pistas de una historia que empieza con el intento de comunicarse con un toro celeste para pedirle la lluvia y termina con el castigo al hacedor de lluvia que no logra el favor del cielo. A medida que *Homo sapiens* se expandía por el mundo, pudo extender tanto las historias que hablaban sobre los primeros conocimientos astronómicos como las creencias religiosas y el chamanismo. Según Mircea Eliade, este último lo compartieron todas las culturas de cazadores-recolectores. Quizá la respuesta a todo esto esté no sólo en África, sino en la sed que desde allí hemos arrastrado con nosotros. Hace siglo y medio, empezó a revelarla una cueva europea.

* * *

En el verano de 1879, María, una niña cántabra de ocho años, se adentró candil en mano en las profundidades de una cueva mientras su padre, aficionado a la arqueología, buscaba herramientas de sílex en la entrada. Durante mucho tiempo, Marcelino Sanz de Suntuola no prestó atención a esa cueva de la que ya le había advertido un vecino. Le parecía una más de tantas de esa zona, pero su reciente visita a la Exposición Universal de París le empujó a buscar objetos prehistóricos similares a los que allí vio. La niña alzó la vista y gritó:

—¡Mira, papá! ¡Bueyes!

Sobre su cabeza se disponían bisontes, ciervos, caballos de tonos ocres que flotaban en el techo. Y huellas de manos que parecían humanas. Una de las huellas pertenecía a un niño de la misma edad que ella. Pero allí no había entrado nadie en unos trece mil años. El padre reaccionó primero con una carcajada descontrolada. Luego llegó el asombro. Finalmente, el silencio. Poco después, escribió unos *breves apuntes* sobre el hallazgo. Lo hizo desde la prudencia y la humildad, reconociéndose aficionado, cuestionando sus propias ideas y sin más ambición que la de informar a una eminencia de la arqueología, Émil Cartailhac, de la posibilidad de haber encontrado algo único antes de publicarlo. Tardó mucho en plantear, muy sutilmente, su verdadera convicción: que eran pinturas prehistóricas. Pero en aquella época resultaba impensable que la gente del Paleolítico superior, tuviera motivaciones artísticas. Recordemos: estamos refiriéndonos a los tiempos en los que Darwin acababa de empezar a cambiar la forma en la que el ser humano se veía a sí mismo y pocos estaban dispuestos a aceptar una idea que se les antojaba disparatada. Es más, el propio Darwin había descrito recientemente a los prehistóricos como salvajes sin capacidad artística a los que se les caía la baba. Así los veía también Cartailhac, que apenas envió a Marcelino un acuse de recibo. Sólo al comparar a los cromañones con los neandertales, que les parecían todavía más rudos, los científicos de la época concedieron algún tipo de reconocimiento a nuestros antepasados. Aunque así acortaron las distancias, hablar de arte era ir demasiado lejos. Pero Sanz se atrevió, tras dar muchos rodeos, a defender que esas pinturas las habían hecho ellos. Le costó muchas páginas —en las que incluso llegó a afirmar que era poco probable lo que iba a decir— llegar a este planteamiento: «Se ha comprobado que ya el hombre, cuando no tenía aún más habitación que las cuevas, sabía reproducir con bastante semejanza sobre astas y colmillos de elefante no solamente su propia figura, sino también la de los animales que veía».

Pagó un alto precio por aquellas palabras. Bastante tuvo ya una sociedad obsesionada consigo misma con escuchar que eran todos unos monos, primos de gorilas y chimpancés. Para los que aceptaron la evolución, y precisamente por eso, no podía ser tan sofisticada una gente tan antigua, pensaban de manera casi unánime los prehistoriadores de aquella época. No era posible que un cavernícola que vestía harapos, balbuceaba y comía con las manos fuera predecesor de Matisse. A pesar del interés que generó al principio en España, Marcelino fue desacreditado y condenado al ostracismo por la comunidad científica, por la Iglesia y por la prensa. Los primeros, sobre todo desde Francia, creían que se trataba de una farsa. Unos lo acusaron directamente de falsificación y otros no dudaron de sus buenas intenciones, pero creyeron que era víctima de un boicot clerical orquestado por los jesuitas españoles para desacreditar las ideas evolucionistas. Al fin y al cabo, los científicos lo consideraban un abogado tan rico que, en vez de ejercer, exploraba cuevas por aburrimiento. Un aficionado que, bajo su punto de vista, no sabía lo que decía, y además se atrevía a lanzar una hipótesis que contradecía tanto a creacionistas como a evolucionistas cuando el debate estaba en pleno apogeo. Pero los católicos españoles tampoco estaban dispuestos a aceptar las ideas de Marcelino. Los únicos apoyos públicos que consiguió en su país fueron los de un periodista y también los de Juan Vilanova y Piera, un paleontólogo y geólogo que, a pesar de sus ideas creacionistas, estaba convencido de la autenticidad de las pinturas de Altamira. En Francia sólo un arqueólogo, Édouard Piette, se atrevió a defenderlo públicamente. Defenestrado y ridiculizado por unos y otros, no quiso saber nada más de las pinturas durante los últimos años de su vida.

Pero, a finales del siglo XIX y principios del XX, algunas cuevas y abrigos rocosos del sur de Francia empezaron a revelar dibujos muy parecidos a los de Altamira. A raíz del hallazgo de La Mouthe, el prehistoriador y abad Henri Breuil dio validez públicamente a las pinturas de esta cueva en 1902. Cartailhac, que una vez había abandonado con desprecio una sala mientras Sanz de Suntuola y Vilanova y Piera hablaban sobre Altamira, que había publicado artículos en su propia revista que exponían al cántabro al escarnio público y había rechazado la invitación a visitar Altamira, no tuvo más remedio que retractarse. En realidad, hizo lo que se espera de un científico: dudar. Se dejó llevar por un rumor que lo asustó poco antes de recibir el texto del cántabro, cuando le habían advertido de que los clérigos españoles preparaban una trampa al evolucionismo. Pero su miedo y su escepticismo le llevaron a perder las formas y su elitismo dejó que escapase la oportunidad de abrir una puerta que un aficionado había entornado. Con el fin de enmendar sus errores, firmó un artículo en el que se reconocía culpable de la injusticia que había sufrido un hombre que estaba en lo cierto. Finalmente, fue hasta Altamira con Breuil y allí creyó estar en «la más hermosa, la más extraña, la más interesante de todas las cavernas con pinturas». Dicen que pidió disculpas a María, que ya no era una niña. Pero llegó tarde: su padre había muerto.

Así pues, se encontraron pinturas muy parecidas esparcidas tanto por el sur de Francia como por el norte de España, y quienes las pintaron estuvieron allí hace entre treinta y quince mil años, resguardándose de un mundo gélido y seco. Más o menos de ese tiempo data la palabra «fluir». En ese lapso, *Homo sapiens* quizá se cruzó con los últimos neandertales, que ya se habían extinguido en el resto del mundo. Pero pronto se quedó definitivamente solo, cuando la península ibérica y el sur de Francia se convirtieron en los últimos refugios de quienes huían tanto del frío como de la aridez del último máximo glacial. Allí los recién llegados se pusieron a dibujar, aunque un arte muy similar se produjo casi a la vez en Australia e Indonesia y mucho antes en África. ¿Quiénes decoraron las cuevas? ¿Se adentraron en ellas porque tenían frío y empezaron a dibujar por aburrimiento? ¿Quisieron representar el movimiento de los animales, mostrarles gratitud por permitirles seguir vivos, o era su forma de invocar las piezas de caza? Todo eso y algo más se fueron preguntando los científicos. Paradójicamente, serían clérigos como Breuil quienes promovieron el estudio de unas pinturas que en aquel momento se oponían tanto a las ideas creacionistas como a las ideas imperantes en la comunidad científica, que apenas dotaba a los sapiens prehistóricos de la capacidad de mantenerse en pie cuando estaban despiertos y poco más.

* * *

En Montignac, un pueblo del sur de Francia perteneciente a la Dordoña, ocurrió más o menos como en Terrinches. Alguien se paró a escuchar a los mayores, que hablaban de un tesoro oculto bajo tierra, y se preguntó qué habría de cierto en esas historias heredadas. Se trataba de una cueva próxima al castillo, de la cual se decía que brotaban sonidos. Las leyendas y la curiosidad estuvieron especialmente presentes a partir de 1920, cuando una tormenta derribó un árbol y sus raíces dejaron abierto un espacio tan amplio que un burro se precipitó por él. Los pastores de la zona lo cubrieron para salvaguardar su ganado. Veinte años después, Marcel Ravinat, un adolescente del pueblo aprendiz de mecánico, fue hasta allí con su perro, llamado Robot. Este empezó a escarbar exactamente donde había quedado un pequeño orificio y su humano lo imitó. Pero estaba a punto de anochecer y, como Marcel descubrió que aquello era mucho más profundo de lo que esperaba, decidió volver a casa.

Regresó días después con tres amigos. Con una navaja y una linterna casera, retiró zarzas, horadó la tierra, se arrastró, cayó al fondo y se quedó sin luz. Tras él fueron sus amigos. Allí cabían los cuatro y muchos más. Estaba incluso el cadáver del burro desaparecido. Cuando Marcel recuperó la linterna, en las paredes y el techo aparecieron figuras cada vez más definidas: caballos, ciervos, uros. Acababan de descubrir, con la inestimable ayuda de Robot, que en la leyenda había algo de verdad, porque la cueva en la que supuestamente se escondió un abad tras la Revolución francesa existía, y el tesoro también.

Cuando al fin se decidieron a compartir su descubrimiento, los jóvenes avisaron al antiguo maestro del pueblo, que a su vez escribió a un maestro, abad y arqueólogo que en ese momento estaba por la zona. Era Henri Breuil, que había dejado París huyendo de la guerra apenas cinco meses antes. Parecía haber llevado una vida paralela a la del abad de la leyenda, y además era ya una eminencia en arte rupestre del Paleolítico; no había descubrimiento en España o Francia en el que aquel hombre no estuviera presente. Por todo eso, Breuil, la misma persona que había dado validez a Altamira, que había estado allí dibujando bisontes y que entusiasmó a Pablo Picasso, recibió el sobrenombre de Papa de la Prehistoria. Cuando el antiguo maestro de Montignac le habló de Lascaux, él ya estaba allí, apenas a veinticinco kilómetros, en el momento exacto.

Hace alrededor de diecisiete mil años alguien se introdujo en el fondo de una cueva. Con pinceles de plantas o hisopos de pelo, con minerales de hierro manganeso y arcilla de carbón, dibujó un enorme uro, un toro salvaje de perfil orientado hacia el lado izquierdo de la sala. Alrededor de su ojo, pintó varios puntos. Salvo por la orientación de los cuernos, ofrece un dibujo casi idéntico al del santuario dogón en el que Griaule creyó ver la representación de un cielo lluvioso. La cueva de Lascaux, como la de Altamira, puede que sean algunos de los testimonios que tenemos de nuestra relación atávica con el cielo desde el Paleolítico. Aunque nadie lo vio al principio, puede que estos testimonios hablaran también de nuestro lugar de origen.

Algunos investigadores creían que todo era fruto del aburrimiento. Ahora sabemos que, mucho antes, incluso los neandertales tenían ya un sentido estético. Pero en ese tiempo algunos científicos concedieron que el toro podía ser como mucho una expresión artística sin valor simbólico o ritual. Demasiado les había costado aceptar que los primeros artistas de la humanidad fueron aquellos a los que habían tildado de salvajes incapaces de contener la baba. Sin embargo, Henri Breuil encontró en el arte rupestre un sentido religioso y fue quizá el primero en intuir el valor espiritual de aquellos animales que se repetían a un lado y otro de los Pirineos. Salvo un puñado de arqueólogos, como Alexander Marshack, que hablaba de astronomía paleolítica ya por entonces, casi nadie se planteaba la posibilidad de que a nuestros antepasados tan lejanos les importasen las estrellas y las reprodujesen en alguna parte, o que tuvieran cualquier tipo de ambición más allá de pintar. La palabra «arqueoastronomía» ni siquiera existía todavía.

Pero cuando algunos investigadores que estudiaban la Sala de los Toros empezaron a tener en cuenta el tiempo, les pareció que aquello se asemejaba demasiado a la bóveda celeste y que los dibujos de cada animal se habrían realizado en su época de apareamiento. Era una hipótesis controvertida. Alguien había pintado animales en el cielo y no sólo en la piedra, posiblemente estableciendo una correspondencia entre la aparición de algunas constelaciones que les habían permitido conocer las estaciones al tiempo que se ganaban el sustento. Y el astrónomo alemán Michael Rappenglück sabía de qué constelaciones se trataba. A partir de los años ochenta, no podía dejar de hacerse una pregunta que se convirtió en la base de su tesis doctoral y búsqueda vital: ¿y si los dibujos de Lascaux eran mapas estelares? Comparó los puntos que había sobre el lomo del toro con el cúmulo estelar de las Pléyades no como es ahora, sino como habría sido en aquel tiempo. En la actualidad se pueden apreciar desde abril hasta octubre y, aunque no han cambiado demasiado, Rappenglück determinó con exactitud cómo era su ciclo hace veinte mil años. Las Pléyades alcanzaban su punto más elevado al inicio de la primavera y, tras unos meses de esplendor, desaparecían con la puesta de sol del 26 de agosto y volvían a reaparecer el 11 de octubre, después del equinoccio de otoño. Rappenglück siguió buscando y encontró uros asociados a las Pléyades en otras cuevas de ese tiempo. No sólo recurrió a la astronomía, sino que también estuvo recogiendo mitos sobre esta constelación en culturas de todo el mundo que dividían su año en base a este cúmulo de estrellas porque creía que el uro gigante de aquella cueva era parte de un calendario elaborado a partir de las Pléyades. Llegó a la conclusión de que las pinturas de Lascaux conforman un planetario paleolítico y que seguramente lo pintaron para anunciar la llegada de la primavera, de las lluvias, de la caza. ¿Y qué hay de los puntos que bordean el ojo del toro? «Si es correcta la hipótesis de que el primer conjunto de puntos que flotan sobre el animal representa las Pléyades, uno puede asumir que el segundo indica el otro cúmulo de estrellas en Tauro, las Híades, distribuidas alrededor de la estrella principal de la constelación, Aldebarán», escribió. La creencia milenaria que asocia en todo el mundo la aparición de estas estrellas con la llegada de la época de lluvias pudo originarse en el Paleolítico, según el astrónomo alemán. Creía, además, que pudieron marcar el inicio del año desde entonces, y que este estaba íntimamente relacionado con la época de apareamiento de los uros, puesto que también los nativos pies negros de Montana y Alberta sincronizan las fases pleyadianas con las de los búfalos, y también el ciclo de los bisontes era la base que permitía a los siux y los cheyenes nombrar los meses. Sin embargo, Rappenglück detectó que asociar las Pléyades y el bóvido no siempre fue frecuente, sino que pudo haberse extendido mucho después desde Mesopotamia por todo el Mediterráneo y el subcontinente indio.

Algunos investigadores siguieron buscando las estrellas en las rocas. En la cueva de Lascaux incluso detectaron otras constelaciones y hasta lo que pudo ser el aviso de una lluvia de cometas. Estas ideas que conectaban el arte rupestre con el cielo fueron más allá de las cuevas francesas. La artista española Luz Antequera expuso la posibilidad de que los bisontes de Altamira también guardaran un mensaje sobre las estrellas y el tiempo, que no estaba exactamente oculto pero que nadie había percibido. Era arriesgado afirmar algo así, vistos los precedentes, pero el hecho de que estuviesen pintados en el techo y de que compartiesen algunos atributos con la representación del Sol que hacían los antiguos egipcios le llevó a plantear la posibilidad de que se tratase de una imagen prehistórica de la bóveda celeste. Nada extraño si tenemos en cuenta la antigua creencia de que las piedras venían del mismo lugar que el agua y que los sacerdotes y astrónomos babilonios veían en las Pléyades y las Híades el pelo del lomo y el maxilar del toro celeste. ¿Serían esas pinturas las primeras rogativas? ¿Estaría en Lascaux o Altamira el origen de la pluviomagia?

* * *

Algunas personas miramos al cielo y en las nubes vemos dragones y dinosaurios, y hasta secuencias. Nuestra mente dibuja sin lápiz. Las puertas y las ventanas de una casa pueden conformar un rostro al que dotamos incluso de emociones. Por lo visto, nuestro cerebro procesa igual esas formas que no existen y también las de verdad. Por eso es posible que hayas visto a la Abuela Sauce de perfil en la portada de este libro donde en realidad sólo hay un tronco de olivo. El fenómeno tiene un nombre a la altura de su belleza: pareidolia. Ahora sabemos que así ocurría también con nuestros antepasados más lejanos. Algunas noches alzaban la vista al cielo. ¿Qué les parecerían aquellas luces? Carl Sagan creía que fuegos de campamentos lejanos. Habían visto que la lluvia, la luz, el calor y hasta los rayos que posiblemente habían permitido descubrir el fuego venían de allí. Por eso empezaron a prestar más atención a las estrellas, que durante mucho tiempo les siguieron pareciendo luces en vez de astros.

Observarlas tuvo que ser como ver el hogar a lo lejos y no poder volver. Es posible que fuera entonces cuando dejaron de deambular y miraron tranquilamente al cielo, cuando sintieron la nostalgia por primera vez. Ellos no sabían que, mucho tiempo atrás, la Tierra recién formada quemaba tanto que habría sido imposible que albergara agua en estado líquido. Tuvieron que morir las primeras estrellas antes para que al fin llegara el agua a nuestro planeta y de allí pudieran surgir ellos mucho tiempo después. Aquellas personas que observaban una casa arrasada en la que había quedado una luz encendida seguramente heredaron de las estrellas algo tan profundo e invisible como la calma que da el olor a tierra mojada. Quizá sean otras formas de la sed la astronomía, la religión y el calendario que aún rige nuestras vidas. No siempre los puntos luminosos de la bóveda celeste les presentaban un dibujo idéntico o estático. Con la ayuda de armas arrojadizas y a base de observar un cielo cambiante, fueron conscientes de la distancia, del tiempo y de su propia muerte. Se hicieron algunas preguntas esenciales: ¿de dónde ha surgido todo esto? ¿Cómo hemos llegado hasta aquí? ¿Qué es eso que cae del cielo a veces? Para responder, nacieron los primeros mitos. Muchos de ellos creían que todo había empezado con un diluvio o con una sequía primordial. Los cultos primigenios, orientados a los muertos y la fecundidad, estarían inevitablemente conectados con el cielo y con las innovaciones que venían de la tierra. Crearon un sistema de notación del tiempo que grabaron en huesos. Había nacido el calendario, posiblemente en la Dordoña. Allí mismo, muy cerca de Lascaux, alguien agarró una piedra caliza y talló una mujer desnuda que sostenía un cuerno de bisonte. La Venus de Laussel, también conocida como Dama del cuerno, se relacionó con los ciclos lunares y con la fertilidad. En su mano estaba ya presente una asociación que mostraba los cuernos de la abundancia.

* * *

Todo esto en realidad fue un proceso lento. Desde la creación de aquellas armas arrojadizas hasta la elaboración del calendario lunar más antiguo del que hay constancia, transcurrió alrededor de un millón y medio de años.

La imaginación de aquella gente unió destellos, trazó líneas siderales, dibujó animales en el cielo. Al principio, identificaron principalmente las figuras de un toro y un león. Esas fueron las primeras constelaciones, aunque no quedaría constancia escrita de ellas hasta que los astrónomos babilonios las describieran en el *Mulapin*, que era el texto que hablaba del zodiaco y de astronomía, donde Taurus era «las estrellas». Pero *mulapin*, además, significaba 'arado', que era el nombre de la constelación que marcaba el año nuevo babilonio y que daba nombre a la gran innovación que sustituyó la labranza manual.

Con la ayuda de los bueyes, aquel invento facilitó la vida a unos seres humanos que habían elegido el camino más difícil y laborioso por razones que todavía se debaten. El arado y el bóvido estarían presentes desde entonces en estrellas, mitos y creencias religiosas. ¿Y por qué el bóvido? Para Mircea Eliade, desde el Neolítico hasta la Edad de Hierro era habitual que cada innovación tuviera su eco religioso. Podemos deducir de sus palabras que el bóvido fue importante por la aparición del arado y no al revés. Pero ¿cómo se explica entonces el uro de la cueva de Lascaux, mucho antes de la invención de la agricultura? En ese tiempo, el primer protocalendario había quedado ya obsoleto porque los seres humanos necesitaban saber con más detalles cómo funcionaban los engranajes de la renovación periódica del mundo, en la que reposaba su sustento y los albores de su fe. Si querían garantizar algo tan volátil como una cosecha, tendrían que aprender a controlar la lluvia: invocarla o pedírsela directamente a quien correspondiera y, a poder ser, predecirla y retenerla.

Por eso, si la Venus de Laussel ya portaba un cuerno de la abundancia mucho antes, la lógica incita a preguntarse si la simbología del uro llevó de la abundancia a la lluvia, en ese orden, a partir del Neolítico, cuando la presencia o ausencia de lluvia significaba abundancia o escasez, vida o muerte. Para los cazadores-recolectores del Paleolítico, el uro era un símbolo de la fertilidad y de la abundancia, posiblemente porque su alimento aparecía en el cielo cuando en la tierra se reproducía. Puede que ya se dieran cuenta de que su presencia también traía las lluvias, pero fueron sus descendientes, los agricultores sedentarios del Neolítico, los que miraron a este bóvido, convertido en toro, vaca y buey con otros ojos, porque desde entonces, además de carne, les daban leche, queso, cuero y les facilitaban el trabajo en el campo como animales de tiro y los desplazamientos. Y, por si fuera poco, también les enviaban señales desde el cielo que les informaban de las lluvias que fertilizaban la tierra y aseguraban sus cosechas.

Con la agricultura, llegaron también los mitos que explicaban su origen. Inventar esas historias y transmitirlas habría sido fundamental para salir adelante, porque permitió entender y superar las crisis que acechaban constantemente en forma de sequía o inundación, al tiempo que favorecía una cooperación cada vez más necesaria, al tratarse de historias que compartían. Así que la sed se refugió en los mitos y en los ritos durante miles de años. Y muchos de ellos estuvieron protagonizados por un bóvido.

A medida que observaban cada noche el firmamento, los habitantes del Creciente Fértil, muchos de ellos refugiados climáticos, veían que los dibujos que habían pintado allí se movían y que los movimientos se repetían. A aquella pareidolia cósmica pronto la acompañaron las tramas que le daban sentido. El cielo albergaba una historia que servía como calendario agrícola y base de creencias religiosas a partes iguales. Mientras observaban el firmamento, asistieron a la que quizá fue la primera película de la humanidad. La sinopsis —¡alerta, *spoilers*!— era más o menos esta:

Hace cinco o seis mil años, la historia comenzaba cuando las constelaciones de Tauro y Leo alcanzaban posiciones inversas. Tauro, que había dominado el cielo durante el invierno, dejaba de verse con el ocaso del 10 de febrero, mientras que Leo se elevaba hacia su posición más alta. En la bóveda celeste podía verse un toro y un león que estaban claramente enfrentados. Cuando el félido vencía y se adueñaba de todo, el bóvido moría y desaparecía. Entonces los humanos, que creían que su sangre fertilizaba la tierra, aprovechaban para arar y sembraban con la esperanza de que les diera un año de abundancia. Pero el toro misteriosamente resucitaba después de cuarenta días y en su venganza vencía al león. Llegaba entonces la lluvia. Y abajo, en la tierra, crecían los primeros brotes de nuevo.

Mientras, en las estrellas, el toro y el león indicaban los momentos más importantes del ciclo agrario en una trama muy parecida a las historias que enfrentaban a Seth y Osiris, a Baal y Mot, a Tur e Iraj y a Huang Di y Chiyou. Más allá de ellos, no parece casual que Jesús pasara cuarenta días en el desierto sin comer ni beber y que esa sea una de las razones por las que la Iglesia prohibiera la carne durante determinadas jornadas de la Cuaresma, un periodo que, aunque ha ido variando, tradicionalmente tenía cuarenta días que abarcaban más o menos las fechas en las que el toro celeste estaba ausente. Las otras razones también aluden a la sed y al mismo número: los cuarenta días que duró el diluvio universal y los cuarenta años del éxodo de los israelitas. Además, Jesús no fue el único ni el primero que estuvo cuarenta días ayunando en el desierto, también lo hicieron los profetas del Antiguo Testamento Moisés y Elías. Algunos teólogos, de hecho, creen que ese número cuarenta, que aparece de manera reiterada en la Biblia, simboliza el cambio. Curiosamente, cuarenta son también los días que permanecía aislado de la vista de casi todos, salvo de algunas mujeres que se desnudaban ante él, el toro que elegían los antiguos egipcios para representar a Apis cada año. Pasados esos días y coincidiendo con la luna llena, lo trasladaban a Menfis para coronarlo.

La película del cielo, en la que el toro es agua y vida y el león es sed y muerte, quedó inmortalizada en la primera historia épica que conocemos, la *Epopeya de Gilgamesh*. Gilgamesh era un rey despótico que recibió a Enkidu, enviado para acabar con él. Contra todo pronóstico, se hicieron íntimos amigos y partieron en busca de aventuras. La diosa mesopotámica Ishtar (también Inanna para los sumerios) se obsesionó con Gilgamesh y le pidió que fuera su esposo, pero él sabía cómo había tratado a anteriores parejas y le dedicó el gran «contigo no, bicho» de la historia. Entre una retahíla de lindezas, la describió como «brasero que se apaga con el frío», «escarcha que no cuaja en hielo», «puerta de lamas que no resiste brisa ni sequía» o «calzado que oprime el pie de su propietario». Le recordó lo que había hecho con cada uno de sus amantes y le preguntó: «¿Cuál de tus novios te duró para siempre?». Tal fue el enfado de Ishtar al escuchar aquello que subió al cielo y pidió a su padre, Anu, que le dejara el toro celeste para acabar con Gilgamesh, con Enkidu y con todo. Era Gugulana, una deidad de la mitología sumeria que representaba la constelación de Tauro. Su nombre significa 'el gran toro del cielo' en sumerio: *gu* ('toro'), *gal* ('gran'), *an* ('cielo'), *a* ('de'). Anu se negó al principio, pero no logró calmar la furia de su hija y finalmente cedió para acallar sus gritos infernales. Lo que Ishtar quería era matar a Gilgamesh de sed y a todo el que se pusiera por delante. Y le dijo Anu:

> *Si lo que de mí quieres es el Toro Celeste,*
> *que las viudas de Uruk reúnan la paja de siete años,*
> *[y los labradores de Uruk] cultiven el heno*
> *de siete años.*

A Ishtar le dio igual. Incluso sabía que así ocurriría y ya había advertido a las viudas y a los labradores de la sequía que se avecinaba. Cuando Ishtar agarró al Toro Celeste y se encaminó con él hacia la Tierra, ocurrió lo previsto:

> [Descendió] Ishtar, guiándolo hacia delante:
> cuando el toro llegó a la tierra de Uruk,
> secó los bosques, los cañaverales y las marismas,
> descendió hasta el río, hizo bajar su nivel siete codos.

Esto dio lugar a siete años de sequía devastadora. Cada vez que el Toro Celeste bufaba a su paso por Uruk abría una fosa en la que caían cien o doscientos hombres, entre los cuales estaba Enkidu, que logró salir en el último momento. Gilgamesh y Enkidu lucharon con el toro que trajo la sed a Uruk, y finalmente Gilgamesh lo mató clavándole un cuchillo mientras su amigo lo sujetaba del rabo. Enkidu le arrancó una pata y la arrojó contra Ishtar. Cuando dejaron Uruk, Gilgamesh gritó a las mujeres que lo miraban que él era el más guapo de todos y se marchó a regocijarse en su palacio.

* * *

Cuando la agricultura dio paso a su primera gran innovación, el arado, el bóvido se reveló como uno de los primeros amigos del ser humano, que apenas había domesticado lobos para convertirlos en perros, gramíneas que daban cereales y muflones que más tarde serían ovejas. Al elegir el buey para arar, y a pesar de que se distingue del toro porque está castrado, seguramente el bóvido reforzó su carácter sagrado que ya había adquirido desde los tiempos en los que todavía existía el uro, que se asociaba a la fertilidad y la abundancia al igual que lo haría también la vaca como diosa-madre en algunas culturas. La película del cielo además le dio una nueva connotación: frente al león que representaba la muerte, el toro era símbolo de la vida.

Quizá porque era uno de los seres más importantes para ellos, alcanzó la condición de divinidad tiempo después en los países mediterráneos. Proliferaron altares con forma de piel bovina, representaciones de toros en las cuevas (normalmente de perfil, mirando hacia la izquierda, en la misma posición que la constelación de Tauro). Todo aquello ocurría tanto en Anatolia (actual Turquía), en el norte de la península ibérica o en el sur de Francia como en algunas zonas de África.

Cuando los fenicios inventaron el alfabeto que nos legaron, representaron el buey que ya dibujaban los egipcios en sus jeroglíficos, quienes veneraban al dios-toro Apis y consideraban sagradas a las vacas. Tan importante era en sus vidas que lo colocaron al principio de su alfabeto, como ocurría también en el proto-sinaítico. Si ponemos la A del revés, vemos los cuernos, aunque en su origen la letra 'ālep (𐤀) más bien parecía un toro de perfil. Alp era como llamaban al buey, y esa es la razón por la que nuestro alfabeto, aunque variase sutilmente la forma, empieza por esta letra.

En Anatolia la domesticación del toro supuso un cambio radical. Seguramente, desde allí se extendió el culto a la divinidad que representaba, que fue dejando un rastro desde Anatolia hasta Tartesia (actuales Huelva, Cádiz, Sevilla y Badajoz) y que también perdura en algunos lugares de África. Así que el ser humano puso a los bóvidos en el centro de su mundo físico y espiritual; los domesticaba y les rogaba abundancia y agua a medida que los empezaba a utilizar, les dio un lugar predominante, pero se le escapó uno tan especial que quizá quiso creer que no existía. Mientras que a un bóvido lo convirtió en Dios, a otro lo transformó en leyenda mucho después, a partir de la Edad Media: el unicornio.

A medida que los seres humanos iban huyendo del desierto, el órice de Arabia (*Orix leucoryx*) se adentraba en lugares cada vez más inaccesibles, labrándose con sus incursiones en la nada el surgimiento de su mito. Desarrolló cambios morfológicos y metabólicos para resistir en lo más profundo del desierto: se hizo más blanco, aprendió a abrir el suelo con su cornamenta (de dos cuernos, aunque de perfil parece uno) allí donde detectaba que alguna vez hubo un camino de agua, extraía raíces más suculentas, orinaba menos. Todas estas adaptaciones le permiten vivir hasta tres años sin agua. Es difícil que una persona sobreviva más de tres días sin agua. En el desierto, en verano, lo más probable es que muriese en menos de quince horas. Un día de 1972, cuando este animal ya vivía en peligro de extinción, sonó un disparo entre las dunas. Aunque a partir de entonces se le dio por extinguido, el unicornio ha vuelto al desierto. El biólogo alemán Joseph H. Reichholf no tuvo dudas: el unicornio existe porque el origen del mito estaría, en realidad, en el órice de Arabia y en su misteriosa incursión en parajes inhóspitos. Para lo de la cornamenta tenía explicación: pierden un cuerno con facilidad y puede que los naturalistas que escribieron sobre él lo vieran a lo lejos de perfil. ¿Sería el unicornio un ser mitológico si hubiéramos logrado domesticar al órice como a otros bóvidos y si no se hubiera adentrado en lugares de difícil acceso para el ser humano?

* * *

Durante varios días del siglo v a.C., quienes vivían en Casas del Turuñuelo (Guareña, en la provincia de Badajoz), en la cuenca del Guadiana, celebraron un gran banquete, prendieron fuego, rellenaron y sellaron todo con adobe hasta convertirlo en un túmulo. Poco después, partieron hacia el norte casi de repente. Antes del viaje, allí se produjo una hecatombe: en el patio se sacrificaron decenas de animales, especialmente caballos, pero también algunos toros, cerdos y un perro. Las hecatombes se realizaban para calmar a los dioses en la Antigua Grecia, primero, sacrificando cien bueyes, aunque con el tiempo se incluyeron otros animales que no necesariamente tenían que alcanzar la cifra de cien. ¿Por qué intentaban apaciguar a los dioses? Seguramente, por inclemencias climáticas como una prolongada sequía o una inundación, aunque los investigadores de Casas del Turuñuelo se decantan cada vez más por lo segundo. Parece que el sacrificio no obró efecto, y al final se fueron.

Junto a los restos del sacrificio y del banquete (alrededor de doscientos platos, una veintena de copas de vino, cuencos, fuentes y semillas de cebada que nadie recogió), miles de años después los arqueólogos encontraron altares tauriformes.

Se creyó que Tartesia no era más que pura mitología. Algunos filólogos fueron los primeros interesados en averiguar si existió, aunque pensaban que fue una ciudad y no una cultura. Hasta que a me-

164

diados del siglo xx apareció el Tesoro del Carambolo, cerca de Sevilla, y después Cancho Roano. En 2015 se halló en Casas del Turuñuelo una sala que contenía un altar tauriforme de barro que se asoció con el dios Baal, de origen cananeo pero compartido por varios pueblos como el fenicio. Allí había, además, una escalera. Dos años después, se descubrió, al final de la escalera, un patio con los restos de la hecatombe.

Aunque no hay una idea clara sobre la identidad de los tartésicos, los investigadores suelen coincidir en que serían fruto del mestizaje entre fenicios e indígenas locales. Como cultura, sabemos de su existencia en el valle del Guadalquivir a partir del siglo IX a.C., con la llegada de los fenicios a la región. Sin embargo, una fuerte crisis, al parecer provocada por una grave sequía, los habría expulsado al norte, sobre todo hacia el Guadiana, en la actual Extremadura, en el siglo VI a.C. Esta etapa final no se prolongaría mucho más de cien años. A finales del siglo V, Tartesia ya no existía.

Alrededor del siglo VII a.C. proliferaron desde Fenicia (actual Líbano) hasta Tartesia representaciones en las que se enfrentaban un toro y un león tal como ocurría en el cielo. Varios hallazgos arqueológicos en el sur de España, Portugal y Turquía han sacado a la luz nuestra antigua relación con el toro en los tiempos en que su imagen era la de la divinidad que se sacrificaba en altares que tenían la forma de su piel, en los cuales se derramaba su sangre para atraer la lluvia. En yacimientos turcos, tanto en Göbekli Tepe como en Çatal Hoyuk, y en la península ibérica, en el Carambolo, Coria del Río y Cancho Roano proliferaron estos altares tauriformes, asociados con santuarios fenicios, así como los cuernos colgados en las paredes. También en el Cerro de la Encantada, un yacimiento manchego de la cultura de las Motillas, apareció un altar que han denominado «cuernos de la consagración», que fueron muy habituales en la cultura minoica de la antigua Creta y se basaban en un toro sacrificado. En cuanto a los cuernos de Çatal Hoyuk, se les ha encontrado posibles significados asociados a las estrellas y a peticiones de lluvia. La cultura cananea ya contaba aquella historia que todos veían en el cielo. Baal, como dios de la tormenta, y Mot, como dios de la sequía, se enfrentaban en un ciclo sin fin. Baal era el toro y Mot el león. A veces, se representaba la victoria del toro para forzar los asuntos del cielo e invocar la lluvia. Hace cinco o seis mil años, las noches en las que el toro celeste estaba en todo su esplendor coincidirían aproximadamente los días en torno al 15 de mayo actual. No es una fecha irrelevante para la sed.

Ishkur, Adad, Hadad, Baal (o Bel para los acadios) y Teshub eran dioses de lo mismo. Todo apunta a que el culto al toro, o más bien a la divinidad que representaba (lluvia, trueno, fecundidad), tiene un origen oriental. La tormenta y la lluvia se encarnaron en divinidades sumerias, acadias, sirio-palestinas, cananeas, fenicias e hititas. Por su asociación con la fertilidad, estos dioses solían estar emparentados con la correspondiente diosa madre o diosa agraria, como Inanna/Ishtar, Astarté y Khepat. Es una idea muy presente en las antiguas religiones del Creciente Fértil y en gran parte del Mediterráneo. Para Frazer, estas creencias representan la reproducción, siendo el agua el poder masculino y la tierra el femenino. Marija Gimbutas, mientras tanto, veía en el culto al toro en la vieja Europa una relación entre la cornamenta y la Luna, por lo que era común destacar sus cuernos. Estos serían entonces un símbolo lunar y el sacrificio primordial del toro daría lugar a una nueva vida, o eso se creía. A través de ese bóvido, se pedía lluvia o fecundidad. El toro a menudo representaba también al dios de la tormenta. Puede que la razón esté en que sus mugidos les recordaban el sonido de los truenos. Lejos de ahí, es más común encontrar creencias que asocian las serpientes con el agua, la lluvia y las nubes. Sin embargo, el relato de Ogotemmêli demuestra que, al menos en algunos puntos de África, convivieron y se fusionaron ambos conjuntos. Hay constancia de que ha sido y sigue siendo así.

* * *

En el pasado, sacrificar un bóvido para acabar con una prolongada sequía tampoco habría sido una sorpresa en otras partes del mundo. Para los egipcios, cuenta Frazer, los bueyes «fueron los que ayudaron a los descubridores de las gramíneas en las siembras, consiguiendo los beneficios universales de la agricultura». En Ática, según él mismo recogió, los sacrificaban, comían su carne, rellenaban la piel del animal con paja y ponían el muñeco a arar el campo seco para que atrajera la lluvia. Luego se celebraba un juicio para determinar quién había matado al ser sagrado. La culpa iba pasando de unos a otros, que finalmente acusaban al instrumento que le había dado muerte, ya fuera un hacha o un cuchillo, que lanzaban al mar. En Gran Bassam, Guinea, se provocaban las lágrimas a los bueyes cantándoles: «¡El buey llorará! ¡Sí, llorará!». Le forzaban las lágrimas echándole a los ojos harina y vino. Y entonces, si el animal lloraba, se interpretaba como la señal de que llovería.

Para los bosquimanos |Xam, !khwa es Lluvia, un ser vivo que a veces se convertía en un toro. Vivía en charcas profundas, pero cuando salía de allí por voluntad propia la charca se secaba porque el toro de la lluvia se había ido. Era trabajo de los chamanes salir a capturarlo para atraer el agua en momentos de necesidad. Luego lo paseaban por la tierra seca y después los chamanes lo sacrificaban. Tras pisotear su carne, lanzaban sus pedazos allí donde querían que lloviera. Pero sólo era posible capturar a !khwa en los momentos precisos. Uno de sus relatos míticos cuenta que un cazador alcanzó a !khwa por error, bajo el aspecto de un eland. Intentaron comerlo, pero el fuego consumía su carne y todos los miembros de la comunidad acabaron convertidos en ranas.

Desde el siglo XVI, en algunos pueblos del sur de la península ibérica, tanto españoles como portugueses, un hombre sale al campo a capturar un toro en la víspera de San Marcos. Lo convence con palabras específicas, una suerte de conjuro, para que venga a él y lo lleva hasta el pueblo. Los vecinos, que creen que el toro ha sido milagrosamente amansado, trasladan al bóvido en procesión con el santo, le ponen flores, lo introducen en la iglesia y acude a misa como un feligrés más después de que el sacerdote le eche agua bendita. En algunos lugares, este ritual coincide con las rogativas para pedir la lluvia. Entonces, siempre ocurre algo para nada imprevisto: el toro recupera su bravura y finalmente vuelve al campo. En realidad, el milagro no es tal, como relataba Vicente Moreno tras presenciarlo en 1927: «El becerro trata de escapar, pero los que le hacen corro le hacen desistir con sus garrotes, hasta que siguiendo al sacerdote penetra en el templo y por una calleja que forman los fieles sube hasta el altar mayor, volviendo enseguida a salir a la calle por el mismo sitio». En esencia, el rito del toro ensogado es muy similar al de los bosquimanos y podría tener su origen en el Neolítico.

||Kabo era un chamán bosquimano de la lluvia y la invocaba en sueños. Un día sintió el dolor de sus brazos y pecho y pidió a la lluvia que viniera. Luego se quedó dormido y habló con ella.

En mitad del Kalahari, ese desierto del que tal vez todos venimos y en el que todavía viven algunos bosquimanos, existe un lugar llamado Tsodilo al que nuestros parientes lejanos siguen acudiendo. Son rocas sagradas en las que, dicen los bosquimanos, viven los espíritus de los dioses. A principios del siglo XXI se encontraron dentro de esas cuevas unas cuatro mil quinientas pinturas rupestres más antiguas que las de Lascaux y Altamira. Todas ellas comparten elementos en común, como si se tratara de artistas de la misma escuela. El protagonismo lo tienen animales, a veces cornudos; las personas, si es que aparecen, figuran como poco más que siluetas. Era un tiempo en el que los dioses de la fecundidad y de la lluvia eran animales cornudos, y no hombres con barba y cuernos. Los bosquimanos llaman a aquel lugar «montañas de los dioses y rocas que susurran». El resto del mundo, en cambio, conoce el primer museo de la humanidad como el «Louvre del desierto», como si lo justo no fuera llamar al Louvre el «Tsodilo de París». De allí, al fin y al cabo, un día salieron quienes fueron recalando y dejando su huella a lo largo de decenas de miles de años en cuevas de todos los continentes. Cuando la comunidad científica dio por válidas las pinturas prehistóricas del sur de Francia y el norte de España, el arte rupestre quedó prácticamente relegado a esa zona. Al menos, el más conocido. Aunque aparecieron otras pinturas en lugares como Australia e Indonesia, hasta hace poco se creía que *Homo sapiens* había tenido que empezar a dibujar en Europa. Pero, al tiempo que unos pintaban en la cornisa franco-cantábrica, también lo hacían quienes se quedaron en África, como demuestran las pinturas de los bosquimanos de hace veinticinco mil años. Recientemente conocimos la faceta artística de los neandertales. En Sudáfrica han aparecido después pinturas y grabados que alcanzan incluso los setenta y tres mil años de antigüedad. Si rebobinamos la historia, acabamos donde todo empezó. Si buscamos lo que une a sapiens y neandertales desde mucho antes de su encuentro, regresamos a África, donde estaba su antepasado común. Si ambos pintaban paredes, no podemos tener la certeza de que *erectus* careciera de esa capacidad antes de salir de ese continente. Decenas de miles de años después, sus descendientes todavía consideran sagradas unas cuevas abarrotadas de animales pintados que son para los bosquimanos los espíritus de sus dioses. Nuestros antepasados africanos seguramente ya observaron el cielo y los animales en busca de respuestas a sus primeras preguntas trascendentales. Si el etnocentrismo y el antropocentrismo no nos cegasen, a veces tardaríamos menos en encontrar las respuestas a ciertas preguntas que nos hacemos y quizá alguna clave para salir adelante cada vez que se repiten las situaciones que ellos ya superaron.

7

Dios bajó a la tierra

We walk into the flames but dance for rain.

IRON MAIDEN, «Lost in a Lost World»

En otro tiempo, no había lluvias. La gente vivía en una
tierra árida. Sólo la tierra seca, sólo la roca dura, la tierra
dura. Las plantas, los animales y los hombres que necesitaban la lluvia rogaron a una ciénaga (*no'yo*), y comenzó a
elevarse un vapor de un peñasco, llamado *nu ñu'un no'yo*
(dios de la ciénaga) o san Marcos. [...] De este vapor se
formaron las nubes, que «maduraron» para caer en forma
de lluvia.

Anciano mixteco, en *We are the people who eat tortillas*
(John Monaghan)

Até los cuernos al diablo cada 25 de abril de mi infancia. La historia
carece de la épica que promete, porque atar los cuernos al diablo no
es más que agarrar un manojo de sembrado, de trigo o cebada todavía
verde, y anudarlo. Ese día, los del pueblo íbamos al campo en familia
y culminábamos el ritual comiendo el hornazo, que es una torta con
huevo a la que mi abuela, cómo no, le añadía chorizo, aunque fuera
dulce. Yo no sabía lo que estábamos haciendo y me imaginaba a un
señor del inframundo con pelo verde atrapado en la tierra que ya no
podría brotar por mi culpa. Pero los mayores decían que eso era bueno, y yo, como niña, los imitaba sin cuestionar demasiado, porque lo
que me interesaba en realidad era el hornazo. La finalidad del ritual,

lo he sabido de mayor, era impedir al diablo que malograra la cosecha, que es como pedirle a la lluvia puntualidad pero también contención. Que llegue justa y a tiempo y que se lleve la muerte lejos. San Marcos ha sido, junto con san Isidro, el santo al que más lluvias se le han pedido, porque su festividad coincide con el principio del calendario agrícola. Él es posiblemente la encarnación del león en el ciclo celeste del que ya se ha hablado, mientras que san Isidro sería la del toro. De hecho, a menudo se les ha representado con un león alado (y el león simboliza el desierto) al primero y con bueyes al segundo. En el refranero popular, san Marcos se ganó el apodo de rey de los charcos antes o después de cruzar uno inmenso: el océano Atlántico.

Hoy, en algunas zonas de México, al santo lo conocen como *savi*, que significa 'lluvia', y es como llamaba también el pueblo mixteca a su principal dios. Merece la pena detenerse en él por sus similitudes con Hapi y Enki, pero también porque pocos pueblos encarnan las creencias a las que empujó la sed en tierras de lluvia escasa como los mixtecas y sus descendientes.

Al principio todo era caos. No había nada en la Tierra, ni siquiera tiempo. Uno Venado Serpiente de Jaguar y Uno Venado Serpiente de Puma vivían volando en la oscuridad. Hasta que un día Serpiente de Jaguar bajó a la Tierra y se hizo hombre y Serpiente de Puma cayó en forma de mujer. Esta pareja primordial engendró a los *ñuhu*, que fueron los primeros habitantes del planeta; eran deidades de la lluvia, del aire, de la Tierra, de la Luna y las predicciones y de los montes y animales. Se quedaron junto a un río y allí se afanaron en dar forma a las primeras personas. Cuando el Sol apareció en el firmamento, los *ñuhu* huyeron a las cuevas y allí la luz los dejó petrificados. Un día, Dzahui abandonó la cueva en la que vivía, subió al cielo y regresó con un cántaro en la mano; entonces empezó a derramar agua sobre el futuro rey.

Por eso los mixtecos creen que Dzahui vive en una cueva, es artífice de la lluvia y se manifiesta a través de las piedras que tienen forma de gotas. Tallan estas piedras tal como imaginan su rostro: con anteojeras, bigotera y colmillos. Cuando encuentran una piedra aparentemente desubicada, le piden permiso para moverla y, si esta accede, la trasladan al corral de las piedras, situado en lo alto de un «cerro de lluvia», que es un lugar específico al que acuden a pedir el agua cuando la necesitan, y la convierten en una piedra de adoración. Allí suben a invocar el agua cuando escasea, porque creen que el viento acude a esas cuevas en busca del vapor que transforma en nube. Luego, el viento carga la nube, la traslada mientras esta madura por el camino y la libera en forma de lluvia.

El pueblo que veneraba a Dzahui se autodenominaba *ñuu savi* ('el pueblo de la lluvia') y habitó en la Mixteca histórica, en el sur de México (parte de lo que hoy son los estados de Oaxaca, Guerrero y Puebla). En su lengua, el territorio se llama Ñu Savi, la 'tierra de la lluvia', pero los aztecas la renombraron a partir del siglo XIV como Mexicapán ('tierra de las nubes'), y después los españoles la transformaron en Mixteca y llevaron a san Marcos.

En su propia cultura, además, Dzahui comparte culto con Nieve viento, que es Serpiente lluvia, es decir, huracán. En algunos pueblos mixtecos se cree que la serpiente emplumada vive en las nubes, mientras que en otros se piensa que sale de las nubes en el mes de mayo y las eleva, las transporta y trae la lluvia. La serpiente emplumada es precursora de lluvias cuando cambia de casa, al igual que el remolino de polvo cuando se forma. A los mixtecos las nubes y el humo les parecían idénticos, así que en tiempos de sequía los chamanes invocaban la lluvia fumando tabaco en lo alto de un cerro.

Cada 31 de diciembre, a medianoche, los mixtecos esperan la primera nube y observan su dirección. Sólo si va del sur al norte augura la bonanza del año que entra. Si va desde el norte hacia el sur, habrá sequía. Lo peor será que la primera nube ni siquiera llegue. No es una superstición: allí son las nubes del sur las que transportan la lluvia, mientras que las del norte vienen secas. Quienes habitan en el sur de la Mixteca tienen que enfrentar el exceso de lluvias, pero el norte es semiárido. Por eso, en el norte, donde viven de la agricultura de subsistencia, predominó el culto a Dzahui a partir del siglo V a.C.

Los mixtecos dividen su tiempo basándose en la alternancia de lluvia y sequía, es decir, vida y muerte. Creen que las aves traen lluvia, como lo pensaban también los chumash cuando migraban los cuervos y los egipcios cuando regresaban las garzas. Por san Marcos, arranca la estación de las lluvias hasta el Día de Todos los Santos, que es cuando regresan la estación seca y los muertos. Para ellos los difuntos son semi-llas, y algunas se convertirán en divinidades de la lluvia, puesto que llaman a las plantas «hijos de la lluvia».

La conexión entre la sed y la muerte a través de mitos y creencias religiosas se ha dado en lugares tan distantes que tal vez sea universal. «Sed» viene del latín *sitis*. Un lingüista checo, Julius Pokorny, encontró palabras como «muerte» y «destrucción» cuando buscó su origen etimológico. Aunque su teoría se desestimó, los dioses de la lluvia suelen vivir por doquier en una batalla constante con los dioses de la muerte, que suelen ser los de la sed, por lo menos desde que alguien miró al cielo y vio un toro y un león. Morir, al fin y al cabo, se parece mucho a secarse. El agua se va reduciendo a medida que pasan los años, y también la sed se apaga al final de la vida. Somos poco más que una gota que se evapora antes de convertirse en otra gota. Arraigado en nuestro inconsciente, el miedo a morir de sed o que los muertos tengan sed ha estado siempre con nosotros. En Mesopotamia era importante cuidar a los difuntos para que no salieran de la tierra y se convirtieran en un peligro para los vivos. Incluso cargaban con ellos cuando había que migrar. Eran especialmente temidos aquellos difuntos que no tenían tumba ni cuidados. Entre ellos estaban los que murieron de sed, de hambre, ahogados o ajusticiados.

«Tengo sed» fueron las penúltimas palabras del moribundo más famoso de la historia. No era agua, en realidad, lo que Jesús quería. Pero es otra de las peticiones más comunes en las últimas horas de la vida, aunque, a menudo, la piden más bien del entorno del moribundo. Parece que morimos con la misma necesidad con la que nacemos, pero el cuerpo de quien se está muriendo, en realidad, ya no necesita ni quiere agua. Como es una obsesión de los vivos, poner una vasija con agua a los muertos ha sido una tradición ancestral presente en tumbas milenarias, como ya vimos. Por ejemplo, en algunas zonas de México en las que se rendía culto a Dzahui y a su homólogo Tláloc, todavía se coloca un vaso lleno de agua junto al difunto durante el velorio por si de pronto despierta con sed.

* * *

Aunque existieron distintos dioses de la lluvia en México y en el mundo, pocos ocuparon un lugar tan elevado como Dzahui, que era la deidad principal de los mixtecos. Quizá Baal, que compartía culto con otros dioses de varios pueblos de Asia Menor y se terminó autoproclamando rey de los dioses en Mesopotamia. Entre los parientes de Dzahui y los de Baal, que son inabarcables, suele haber similitudes.

Es posible que todo empezara, en realidad, con el toro celeste en Mesopotamia y con Apis en Egipto. Los egipcios veneraban a bueyes sagrados porque estos les habían ayudado a domesticar las gramíneas. Destacaba Apis, que al principio estaba asociado a Osiris y finalmente se convirtió en dios y llegó a griegos y romanos con otros nombres. Pero, en algún momento, el bóvido empezó a ceder espacio al hombre, y los dioses de la lluvia, como el propio Apis, fueron por un tiempo mitad hombre y mitad bóvido. El Baal de los cananeos tenía cuerpo de hombre y cabeza de toro, aunque en representaciones posteriores de distintos pueblos aparece como un hombre con cuernos. A Aleyin, su hijo, los fenicios lo representaban con cuernos finos. Él, como su padre, se encargaba de atraer la lluvia a los campos. Cíclicamente, Aleyin tenía que enfrentarse a Mot, que calentaba la tierra tanto que a veces era necesario pedirle que la humedeciese. Pero, cuando acababa la estación más seca, Aleyin siempre vencía a Mot con la ayuda de su hermana, Anat, diosa de la guerra y del amor, que repartía el rocío sobre la tierra seca. Mot moría, pero sólo durante unos meses. Aunque siempre resucitaba, era el dios de los muertos y de la esterilidad. Aleyin tuvo un equivalente celta, Candamius, que pasaba la mayor parte del tiempo en las montañas cántabras, seguramente cerca de los *nuberus* de la mitología local. Los *nuberus* eran una especie de duendecillos con sombrero que controlaban las nubes y las lluvias. Tenían un homónimo en Las Hurdes (Extremadura) llamado Entiznáu, aunque este era más bien un gigante que llegaba hasta las nubes y provocaba la lluvia removiéndolas con su sombrero. Entiznáu tenía, además, la capacidad de invocar los rayos con un eslabón y pedernal como el que usaba mi bisabuelo para hacer fuego y que guardé como recuerdo mucho antes de conocer el conjuro de este gigante.

Dioniso, el dios griego de la agricultura y del cereal, nació con cuernos y ya de bebé lanzaba rayos desde el trono de Zeus. También su padre, responsable de la lluvia, tenía una extraña relación con los bóvidos, pues se disfrazó de toro para seducir y raptar a Europa. Como con el tiempo los hijos se parecen más a los padres, después Dioniso ya no sólo se representaba como un hombre con cuernos, sino que a veces tomaba prestado el disfraz de su padre y aparecía bajo el aspecto de un toro. Puesto que decían que murió de esa guisa, en los rituales dionisiacos fue común sacrificar un toro en su honor. Sus seguidores atribuían al bóvido al menos el mérito de haber facilitado la vida en el campo al ser humano durante la labranza. Pero, rápidamente, el animal que había sido dios de la lluvia se convirtió en poco más que un medio de transporte para el nuevo encargado de las precipitaciones, que ahora era un hombre con ínfulas de deidad. La historia de amor con el toro, así como con otros animales primordiales a los que dimos un valor especial, acabó como siempre: tras la idealización de lo indómito, la domesticación trajo la monotonía, y el ser humano que lo había adorado empezó a otorgarle menos importancia. A los animales primordiales del Paleolítico los empezaron a sustituir los hombres del Neolítico. Quisieron ser al mismo tiempo el mismísimo león del cielo y decidieron ser ellos quienes sacrificasen a los toros para invocar la lluvia.

¿Y qué hay de las mujeres? Aunque han sido menos conocidas, es posible que en algunos lugares estuviesen ellas primero. Gimbutas creía que en la vieja Europa imperaban las creencias en torno a una diosa madre que acabó relegada por el dios del trueno. Este tenía el aspecto de un toro y había llegado desde Oriente Próximo. Al igual que en Mesoamérica le pedían la lluvia a una serpiente emplumada, en la vieja Europa la responsable de la lluvia era la diosa serpiente-pájaro. Pero, con la llegada del toro y su tronido, la diosa madre se convirtió en poco más que la esposa del dios de la tormenta y de la lluvia. Astghik era la deidad armenia del amor y la fertilidad, pero también se encargaba de las cuestiones acuáticas y fue la esposa del dios del trueno. Igual ocurría con la balcánica Dodola y otras homólogas suyas, que se casaron con dioses de la tormenta y acabaron encargándose de la lluvia. Pero algunas lograron quedarse aquí incluso a pesar de ciertas adaptaciones.

Paparuda (en rumano) o *perperuna* (en eslavo) es la danza de la lluvia que protagonizan mujeres que caminan y bailan con el cuerpo cubierto de ramas y hierba en honor a Paparuda, diosa de la lluvia en la mitología rumana, que perdura en los Balcanes. En Rumanía no sólo ha sobrevivido esta tradición que se celebra el jueves de la tercera semana después de Pascua y también en verano, cuando la sequía arrecia. También se ha mantenido el juego de las ranas, un baile en el que se lanza agua a mujeres y bebés para atraer la lluvia mientras un niño hace de sapo.

En Castrotierra, un cerro de León cercano a Astorga, todavía tienen a su «diosa de la lluvia» y le piden el agua cuando esta se retrasa. Es una imagen románica que sale en procesión rodeada de pendones cuando se intensifica la sequía. Aunque al parecer la tradición se remonta a tiempos precristianos, se trata de una virgen que a su vez se ha asociado a un santo. Cuentan que santo Toribio, que era entonces obispo, se enfurruñó con los de Astorga en plena sequía y se marchó de allí diciendo que de aquel lugar no quería «conservar ni el polvo». Se fue a Tierra Santa dejando atrás siete años de escasez. A la vuelta regresó y se retiró a un cerro con un pedazo de madera que, decían, había pertenecido a la cruz de Cristo. Vinieron a buscarlo vecinos de Astorga para pedirle ayuda, pues sabían que no había vuelto con un souvenir cualquiera. Toribio volvió a la ciudad que se había negado a pisar, y fue entonces cuando llegó la lluvia. Pidió a los vecinos que se dirigieran a Castrotierra (que viene de «Castro de la diosa Tierra»), pues allí encontrarían una virgen con la que lograrían combatir sequías futuras. Hoy la Virgen de Castro sigue recibiendo sus peticiones y, cuando los «procuradores de la tierra» deciden que ha llegado el momento, solicitan al obispado una procesión especial que los lleva hasta Astorga para pedirle agua.

Gimbutas encontró evidencias arqueológicas de que antiguamente los europeos recurrían a incisiones a las que daban forma de V como parte de los rituales para invocar la lluvia. Esta coincidencia invita a pensar que no fue casual, ya que los cuernos de la constelación de Tauro no tienen exactamente la forma de una cornamenta, sino que se parecen más a una V tumbada. ¿Y si todas esas creencias tenían como punto de partida las mismas estrellas?

En la mitología griega, las Pléyades y las Híades eran hermanas, hijas de Atlas. Un día, las Pléyades subieron al cielo en forma de estrellas y se colocaron sobre el lomo de Tauro en busca de protección. Sus hermanas tenían un lugar reservado junto a ellas. El nombre de las Híades viene del verbo «llover» en griego. Son conocidas como ninfas hacedoras de lluvia y también como las lluviosas. Un día, mientras su hermano Hias estaba cazando, un león lo mató. Las hermanas empezaron a llorar hasta morir de pena. Agradecido porque habían criado a su hijo Dioniso, Zeus las convirtió en estrellas que colocó en la cabeza de Tauro. Formaban la V, los cuernos del toro. Aldebarán, el ojo, era la más luminosa. Su aparición en el cielo se consideraba entonces precursora de las lluvias, en referencia a las lágrimas derramadas por la muerte de su hermano. Pero era, ya entonces, una historia muy antigua inspirada en las propias estrellas que se convirtieron en actrices secundarias.

* * *

Nandeshwar y Nandini estaban a punto de darse el «sí, quiero» en el pueblo indio de Kalara, en Madhya Pradesh. Contra todo pronóstico, a él no le sorprendió el vestido de la novia, porque apareció sin él. Apenas vestía un manto amarillo y además iba ataviada con guirnaldas, flores, una campanilla y un maquillaje tan colorido que deslumbraba a los asistentes. Él también llevaba un manto encima y una rama de helecho en la cabeza, dejando al descubierto el resto de su cuerpo. Había que lucirlo, ya que iba todo pintado de amarillo. Además, le habían colocado unos puntos rojos alrededor de los ojos, lo que le daba cierto parecido con las Híades en la cabeza de Tauro. Como era una boda peculiar, los novios no incluyeron en la invitación el número de cuenta, sino que sus vecinos se dedicaron a reunir el dinero necesario para la celebración antes de que tuviera lugar. Algunos de los que acudieron con sus mejores galas todavía recordaban la multitudinaria boda de Ganga y Prakash, primos lejanos de los novios. La boda de Nandeshwar y Nandini fue, en cambio, más íntima, a pesar de que asistieron cientos de invitados, unos cien sacerdotes, una banda de música y hasta un DJ para amenizar la tarde. Las mujeres, ataviadas con coloridos y preciosos saris, se quedaron con la novia, mientras que los hombres hicieron lo propio con el novio. Faltaron algunos pequeños detalles que cualquiera esperaría de una boda. Los novios ni siquiera se prometieron amor hasta la muerte. O no, al menos, en lenguaje humano. Porque no se trataba de un enlace entre humanos. Nandeshwar era una vaca y Nandini un toro. Se casaron un lunes de verano por la tarde. No llovió. Hacía tiempo que no llovía. Por eso estaban ahí.

La finalidad del enlace no era consolidar una historia de amor, sino pedir al dios Indra la lluvia en plena sequía, como lo habían hecho en otras ocasiones. En esa zona de la India no sorprenden las bodas de ranas o de bóvidos para atraer la lluvia, aunque en alguna ocasión también se han celebrado para que cesara cuando estaba ahogando los cultivos. Parece ser que su dios de la lluvia tenía antaño la estrafalaria costumbre de esperar que los humanos casaran ranas o bóvidos para decidirse a enviarles el monzón cuando más lo necesitaban.

Durante los últimos años se han repetido varias de estas curiosas bodas por el rito hindú. En muchos casos, la finalidad no es sólo que llueva o deje de llover, sino evitar todo lo que puede venir después de la sed: pobreza, hambre y suicidios masivos en zonas rurales. Se estima que veintiocho campesinos se suicidan cada día en India. Sólo en los últimos veinte años, la cifra alcanzó los trescientos cuarenta mil. La principal razón no es que no llueva o que llueva en exceso, aunque ese sea el precedente. Se suicidan porque pierden varias cosechas sucesivas en mitad de una deuda con banqueros y prestamistas y con facturas de electricidad que no pueden afrontar. En los últimos años, el pueblo ha tomado dos vías: ha vuelto a casar vacas y ranas y se ha rebelado contra el Gobierno.

También el catolicismo sigue organizando rogativas a su modo; *pro pluviam*, cuando necesita la lluvia, y *pro serenitate*, cuando necesita que cese. San Isidro y san Marcos son los protagonistas por antonomasia de las rogativas con las que se invoca la lluvia en primavera, pero en otros muchos pueblos se ofrecen también a la virgen local. Aunque la de la Virgen de la Cueva (Asturias) es la canción más famosa, también la Virgen de la Casita (Alaejos, Valladolid) tiene la suya: «¡Oh, Virgen de la Casita, / tú que tienes el poder, / quita el candado a las nubes / para que empiece a llover!». La Virgen de Bótoa (Badajoz), la Virgen de la Montaña (Cáceres), la Virgen de la Blanca Paloma (Valencia) y la Virgen de la Fuensanta (Murcia y Teruel) son algunas de las que congregan a sus vecinos sedientos, como ocurre con la Virgen de Castro. Y luego está santa Bárbara, a quien se le pide precisamente lo contrario, que deje de llover con rezos y conjuros a través de las velas. La de la Montaña salió en rogativa por primera vez a raíz de la sequía de 1641. Y, entonces, llovió. Siempre ocurría. ¿Era realmente un milagro o, como dicta la experiencia, el momento de más desesperación es el que se acerca al final? En 2023, por ejemplo, la mayoría de las rogativas en pueblos españoles se repitieron durante el mes de mayo y fueron a más a medida que pasaban los días y las semanas. La lluvia llegó tarde, pero poco después, a principios de junio, al fin cayó. Ese hecho ha permitido justificar históricamente rituales propiciatorios. Al final siempre llueve y, si recurrimos a ellos cuando la sequía lleva tiempo asfixiándonos, si no son los propios feligreses sino las autoridades eclesiásticas quienes deciden la fecha y si disponemos, como hoy, de las predicciones meteorológicas, que aunque no pueden predecir el tiempo a largo plazo pueden hacerlo a unas dos semanas vista con más o menos probabilidad, es fácil que la lluvia esté más cerca el día que se sale en rogativa.

Las rogativas *ad pretendam pluviam* o *pro pluviam* son el equivalente cristiano de las danzas de la lluvia y otros ritos propiciatorios que han existido en todo el mundo, y que perduran en algunos lugares tan dispares como México, Rumanía y algunas partes de África. Los cherokees tenían su propia danza para atraer el agua y la buena cosecha, como se hacía ya en el Antiguo Egipto. Creían que esta danza ceremonial no sólo atraía la lluvia, sino también a los espíritus de los antiguos jefes, que con su ayuda llegaban al suelo para combatir los malos espíritus. También los zuñi de Nuevo México (Estados Unidos) tenían especial devoción por el dios de la lluvia. *Viko lavi* es la fiesta del agua o de la lluvia que todavía se celebra en Mixteca Alta, Oaxaca. Los protagonistas ese día son los *Ña tanjna*, hombres que se eligen para interceder entre la tierra y los dioses cuales hacedores de lluvia. En México, además, todavía existen tanto el ritual de las peleas de tigres como los tiemperos, graniceros y misioneros del temporal, que son, en realidad, magos del clima con distinto nombre según la región.

También los musulmanes tienen sus propias rogativas, que se llaman istisqâ, con las que piden la lluvia a su walí. Algunas han tenido lugar junto a la tumba de Yahya ibn Yahya, nacido en Algeciras y de

180

origen bereber, conocido en su tiempo como «el inteligente de Al-Ándalus». Precisamente en Algeciras, donde se construyó la primera mezquita de Al-Ándalus, acudía la población a pedir la lluvia ya en el siglo XIII, según las fuentes escritas. Cuando al fin cae la lluvia, los musulmanes recomiendan quedarse y mojarse, «pues así lo hizo el profeta». Este año, en España, algunas de sus istisqâ se cruzaron con las rogativas de los católicos. Separados por una religión, pero unidos por el mismo motivo. También hindúes y budistas tienen sus propias rogativas en honor a Indra y Machhendranat. Kumari, diosa viviente de Nepal, asiste cada año a esos rituales en el festival Indra Jatra, que tiene lugar en septiembre. Pero la diferencia es que ellos no piden la lluvia al principio, sino al final de la temporada lluviosa. El ritual comienza elevando una columna en honor a Indra, hecha a partir de un tronco que traen de un bosque cercano. Desfiles, bailes de máscaras y más celebraciones se suceden a lo largo de una semana en Katmandú. La finalidad del acto no es pedir agua sin más; si lo celebran al final de la temporada lluviosa es porque piden la lluvia buena para las cosechas, es decir, que no sea ni tacaña ni excesiva al despedirse.

El budismo, además, cuenta con los monjes del buen tiempo. En Japón hacen unos muñecos de tela que cuelgan en las ventanas para lanzar su súplica a la diosa de la lluvia, pero estos en realidad representan la calva de los monjes budistas. Sin embargo, su petición es distinta: los *Teru teru bōzu* aparecen en las ventanas en días lluviosos como una forma de pedirle al cielo que no derrame en exceso. Se popularizaron en el siglo XVII y los niños los colgaban mientras repetían: «Curandero del buen clima, por favor, deja que el clima sea bueno mañana». En caso de que quieran pedir la lluvia, los cuelgan del revés y entonces los llaman *sakasa bōzu*. Pero no es lo común. Curiosamente, parece que los japoneses han desarrollado algún tipo de aversión a la lluvia, puesto que también su mitología incluye a Ameonna (雨女?), *yōkai*-espíritu femenino que al parecer se inspira en una deidad china capaz de atraer la lluvia para las plantas con sólo lamerse la mano. Por la mañana, Ameonna adopta la forma de una nube y durante la noche se convierte en lluvia. Por eso dicen que algunos pueden verla en noches lluviosas. Ameonna tiene un equivalente masculino que se llama Ameotoko, pero ambos términos se utilizan también para nombrar la mala suerte de personas a las que les sigue la lluvia allá donde vayan.

Japón no es el único lugar en el que la lluvia se interpreta como un mal augurio. En España, tradicionalmente se ha creído que la lluvia el día de la boda traería un matrimonio infeliz y que la novia se pasaría el resto de su vida llorando. Por eso, desde la Edad Media hasta hoy las novias llevan huevos a los monasterios de las clarisas, para pedirles que los ofrezcan a santa Clara con el fin de que impida la lluvia el día del enlace. En los últimos años esta tradición no sólo no se ha perdido, sino que su uso ha ido más allá. Cualquiera que no quiera que llueva un día en concreto por la razón que sea irá con una docena de huevos a un monasterio de clarisas.

* * *

Desde que el ser humano sabe de dónde cae el agua, en casi todas partes se han marcado piedras, se ha danzado, se ha cantado, se han vestido plumas, ramas y colores intensos, y se ha recurrido a ganchos de nubes o piedras de lluvia como la de Ogotêmmeli con una misma finalidad: pedir a los dioses que, en su ajetreo, no se olviden del asunto de la lluvia. Desde los petroglifos en forma de cazoletas y canalillos, y que fueron quizá junto con algunas pinturas rupestres los inicios de la pluviomagia, hasta las rogativas *pro pluviam*, las peleas de tigres en Guerrero (México) o el *sakvari* que cantan los brahmanes para atraer la lluvia, por todo el mundo se han dado rituales propiciatorios de las precipitaciones. Cuando arrebataron a los dioses y espíritus protectores su poder, los reyes se convirtieron primero en dioses de la lluvia y después, a medida que la sociedad se volvía más compleja, delegaron esa tarea en sacerdotes, chamanes y hechiceros. Entonces aparecieron los hacedores de lluvia. Eran hombres de carne y hueso dotados con poderes especiales, a veces porque los había alcanzado un rayo y otras veces porque habían compartido nacimiento y placenta con otro maestro del agua. En España y América Latina se invirtieron los papeles, y algunos hombres se convirtieron en santos que al morir siguieron favoreciendo al ser humano desde el cielo.

No todos se convertían en santos. Varios pueblos como Cepeda y Cadaqués, así como otros de Menorca, hasta hace poco tenían su propio hacedor de lluvia, que en el ámbito mediterráneo llamaban «trencador de les aigües». Fue famoso el *trencador* de Cadaqués, que el martes de Carnaval zapateaba, se tiraba al suelo y recitaba conjuros mientras lanzaba tierra hacia el cielo para que las lluvias de ese año fuesen favorables. Algunas tribus africanas creían que la sequía la provocaban las guerras de los hombres y que un hacedor de lluvia, neutral y políglota, sería el responsable de traer la paz. Entre Rodesia del Sur (hoy Zimbabue) y algunos pueblos de Valladolid se dio otra curiosa conexión: mientras que las mujeres de esta zona de África vestían de negro por similitud con las nubes negras que querían atraer, las madres vallisoletanas se ponían de luto cuando no llovía para buscar la compasión de Dios.

Si mi abuelo disparaba a las nubes y mi abuela se encomendaba a santa Bárbara, otros antes lanzaron flechas e inventaron un sonido para que las campanas espantaran las tormentas, se aferraron a la cruz de Caravaca que se abre en dos, y se refugiaron en enconjuraderos, y en la Antigüedad ya intentaban alejarlas con las «piedras de rayo», que eran, en realidad, bifaces fabricados en la prehistoria y que fueron algo así como las navajas suizas de su tiempo.

* * *

Hay un capítulo del *Quijote* en que los protagonistas tienen sed y siguen un rastro de hierba verde para llegar al agua, que debe de estar próxima. Pero de pronto escuchan un ruido espantoso. A Quijote le revienta el pecho de pasión por acometer una nueva aventura, pero Sancho, por miedo de encontrarse con una bestia fabulosa, trata de evitar que el caballero dé con sus huesos en otra de sus peripecias, por lo que, aprovechando la oscuridad de la noche, inmoviliza a Rocinante.

Lo que tanto aterra a Sancho, en realidad, es el ruido de un batán movido por el agua. Porque si algo tememos tanto como la sed es el agua, como muestran los mitos de origen que en varios lugares comienzan con una inundación. En los años cincuenta del siglo pasado, Dorothy Martin, una ama de casa de Illinois, contaba que Sananda, una extraterrestre, se había comunicado con ella para decirle que el fin del mundo estaba cerca, pero que podía enviar un ovni a recogerla a ella y a quienes se le uniesen. Con esa premisa, Dorothy fundó una secta llamada The Seekers («los buscadores»), cuyos integrantes creían que sólo ellos eran los elegidos para salvarse de una inundación que acabaría con el planeta. Cientos de personas vendieron sus casas, y el 21 de diciembre de 1954 fueron a esperar la nave que las llevaría al planeta Clarion. Entre ellas había tres psicólogos infiltrados que querían saber cómo reaccionarían esas personas al ver que el mundo no se acababa tal como creían. En efecto, no vino nadie. Tampoco el agua. Pero, a pesar del frío, los buscadores no se rindieron y se quedaron allí hasta la víspera de Navidad. Aunque la profecía no se cumplió, encontraron una explicación; decían que Sananda tenía un amigo muy influyente en la Tierra que intercedió para que no llegara la inundación: Jesucristo. Contra todo pronóstico, y aunque Dorothy Martin tuvo que encerrarse en su casa y después huir de su país, aquel fracaso reforzó la secta, de modo que su creadora se aferró a la idea de que era una elegida porque gracias a ella el mundo no se inundó. La secta creció. Esta respuesta contradictoria se debió a lo que los psicólogos infiltrados después llamaron disonancia cognitiva. Pero hubo algo más: Dorothy tenía en sus manos uno de los miedos más antiguos y universales: la antlofobia. Incluso en el desierto, donde menos llueve, existe un miedo atroz a morir a causa de una inundación. Y tiene sentido: cuando llueve en una tierra seca y sin árboles, el agua tarda tanto en filtrarse que su efecto puede ser catastrófico.

Además de en varios mitos fundacionales, los diluvios también están presentes en las historias escritas más antiguas que conocemos. La *Epopeya de Gilgamesh* contó el diluvio universal mil años antes que la Biblia. Según algunos pueblos de Chile, descendemos de ballenas que el agua dejó varadas en una montaña cuando subió de nivel. Por su parte, el agua daba la vida a los bosquimanos |Xam, pero también se la quitaba. Así lo reflejaron sus relatos míticos, en los que poner en remojo a un muerto podía resucitarlo, y en los que era preciso mirar hacia el punto en el que surgían los relámpagos para que las lluvias no los mataran.

Pero, además de con danzas, cantos y procesiones, tradicionalmente se ha intentado atraer la lluvia mediante sacrificios que no siempre estaban protagonizados por los bóvidos o las ranas: a veces eran humanos. A mediados del siglo xv, los mexicas y los chimú sacrificaron niños y llamas casi a la vez en el Templo Mayor de Tenochtitlan, actual México, y en Huanchaco, en la costa norte de Perú, con dos finalidades opuestas: que lloviera de una vez y que parara de llover. Los arqueólogos concluyeron que los primeros, acompañados de jarras de Tláloc, 'el que hace brotar', pudieron ser sacrificados para pedir la lluvia a este dios. Precisamente, frente al Templo Mayor se encontraba el dedicado a Ehécat, el dios mexica del viento, que también atraía la lluvia. La sequía de 1450-1454 trajo la muerte a algunos y empujó a otros a venderse a cambio de maíz. Fue tan extrema que desembocó en el sacrificio de 1454, el año 1 Conejo, que posiblemente se corresponda con el hallazgo arqueológico que muestra estos rituales en Tenochtitlan y que aparece incluso ilustrado en el *Códice Telleriano-Remensis*.

Por su parte, los chimú, que creían descender de un ser llegado del mar para fundar la ciudad de Chan Chan, suplicaban, seguramente a una divinidad marina, que se llevara la lluvia de vuelta al cielo. Para ello fueron en procesión los niños y las llamas (normalmente se recurría a las marrones cuando se quería contactar con el dios del trueno) hasta la costa y allí les abrieron el esternón, posiblemente para arrancarles el corazón. Enterraron a los niños orientados hacia el mar, cada uno con una llama mirando a tierra firme.

* * *

El Gran Espíritu de la Vida comenzó a soñar. Llegaron el fuego y el aire. Y vino al fin la lluvia. Una larga batalla dio lugar al cieno, a la tierra y al mar. Al Gran Espíritu de la Vida le gustó y decidió quedarse. Que soñaran por él, dijo a los espíritus creadores. Enlazando sueños, aparecieron en el mundo los peces, las tortugas, los lagartos, las águilas, las zarigüeyas y los canguros; después, cuando el canguro empezó a soñar con música y risa, cedió el sueño a los hombres.

En la mitología aborigen australiana, los sueños y las canciones contienen la fuerza creadora. Ellos creen que la serpiente arcoíris fue la que provocó la lluvia primordial, pero se quedó a vivir en la cascada Kakadu. Es allí donde invocaban la lluvia. De entre sus espíritus creadores, no podían faltar los de las lluvias y las nubes, que eran los *wondjina*. Surgieron de las nubes, crearon el mar y llevaron la civilización al norte de Australia. Eran seres antropomorfos sin boca que se pintaron a sí mismos en cuevas y regresaron a las nubes. Uno de ellos, Walagonda, se convirtió en la Vía Láctea. Una vez habían tenido boca, pero cuando la abrieron el mundo se llenó de agua. Por eso, los aborígenes australianos creyeron desde entonces que no tener boca espantaba las inundaciones.

Existen pinturas rupestres que refuerzan los mitos y representan a los *wondjina* en rojo, negro y amarillo. ¿Se representaron a sí mismos como contaba aquella historia? No se sabe muy bien cuándo las pintaron, pero gracias a nidos de avispa fosilizados se han conseguido datar en doce mil años. Habitaban en una zona de Kimberly que quedó bajo el agua, lo que obligó a la población a huir cuando terminó la Edad de Hielo. Parece que, por esa razón, quienes las pintaron se enfocaron en las ceremonias. Desde que se descubrieron, las pinturas se han relacionado con hombres, con búhos y hasta con extraterrestres. Mientras tanto, la población ha asumido que, para no hacerlos enfadar, para que no envíen inundaciones y relámpagos, hay que cuidar sus pinturas.

Entre los *wondjina* destaca especialmente Atain-Tjina, un hacedor de lluvia con mito propio entre el pueblo aranda del desierto central. Cuentan que se instaló en la costa con otros hacedores de lluvia a los que lanzó al mar porque le traicionaron. Atain-Tjina pidió a la enorme serpiente de agua que los había engullido que los vomitara días después, pero se los devolvió convertidos en humo. Uno de ellos le había arrancado una escama y, tras frotarla contra una roca, él mismo se hizo nube y desde el cielo dejó caer su melena. Era la lluvia.

Como tantos mitos australianos, este transcurre en los sueños. Así que Atain-Tjara finalmente despertó, subió al cielo, se convirtió en arcoíris y se unió al chico nube. Partieron juntos, rumbo al oeste, y escampó. Pero entonces llegó una prolongada sequía, que es, en realidad, la sequía que sufre cíclicamente Australia fuera de los sueños y fuera de los mitos.

8

Hacedor de lluvias

Era el caso que aquel año habían las nubes negado su rocío a la tierra, y por todos los lugares de aquella comarca se hacían procesiones, rogativas y disciplinas, pidiendo a Dios abriese las manos de su misericordia y les lloviese; y para ese efecto, la gente de una aldea que allí junto estaba venía en procesión a una devota ermita que en un recuesto de aquel valle había.

MIGUEL DE CERVANTES

La gente, arrodillada, ruega a san Isidro que envíe la lluvia que tanto necesitan estos campos resecos. Algunas personas cogen puñados de tierra y la besan y hasta se me hace a mí que la riegan con sus lágrimas.

ÁNGEL LERA DE ISLA

Cuando mi abuelo se fue a la mili, mi abuela le negó un beso. Él nunca olvidó aquel desplante. Al regresar al pueblo, le dijeron que su novia estaba en el campo y fue a buscarla. Allí un chico vestido de uniforme encontró a una chica que arropaba una liebre pequeña con las manos en una tierra agreste. Siempre me intrigó saber qué le dijo en ese reencuentro, así que un día se lo pregunté. «Pos na», me contó ella. «¿Cómo que na?», quise saber. «¿Qué le iba a decir?». Y, sin embargo, recuerda la escena con precisión, y tampoco ha olvidado cómo le agarró la chaqueta al marchar, qué tenía en las manos cuando regresó y qué decía un poema que le envió cuando estaba ausente y que posiblemente escribiera otro en su nombre. Casi todo lo que ella recuerda rima.

Aquellos fueron tiempos difíciles para la tierra y la gente en La Mancha. La sequía regresó en los años cuarenta del siglo pasado y se afincó en España durante años. La escasez de lluvias provocó tales estragos que un día los vecinos decidieron sacar en rogativas a su patrona. Mi abuela, que era entonces adolescente, fue con los mayores del pueblo. Caminaron con la virgen en volandas, para que viera cómo la tierra se estaba resquebrajando, por si desde su ermita no estaba al tanto del padecimiento de su pueblo. Recorrieron el camino que llevaba a Puebla del Príncipe y, más o menos donde mi abuela no dijo nada a mi abuelo liebre mediante, donde yo pasaba las tardes rebuscando en la tierra mientras mi abuelo exprimía una cueva en la Huerta Soriano, a los pies de Castillejo del Bonete, justo allí, se dieron la vuelta y regresaron al pueblo. Supongo que la sequía era lo bastante grave como para salir en rogativa hasta otra localidad, pero no lo suficiente como para llegar. O que empezó a llover.

Mi abuela tiene fijados en la memoria esos dos recuerdos que transcurren en el mismo lugar, como tiene grabada una canción que entonan a san Isidro cada 15 de mayo y cuando no llueve. En un acto que es puro anacronismo, me la ha cantado en un audio de WhatsApp. Se trata de un romance de ciego, de los que se distribuían en pliegos de cordel desde el siglo XVIII en las romerías. Los ciegos de los romances eran hombres errantes que iban de pueblo en pueblo, acompañados de un lazarillo, cantando o vendiendo historias y estampas que parecían cómics en las romerías a cambio de un poco de dinero. «Si quieres que el ciego cante, la paga delante», dicen aún en Aragón. La población memorizaba lo que oía y lo transmitía oralmente. Aunque parecía que había llegado a esfumarse, la literatura de cordel revivió en la España rural y allí perduró hasta mediados del siglo XX, cuando mi abuela era todavía joven y su tierra atravesaba la enésima sequía. No extraña, por tanto, que existan varias versiones de *San Isidro Labrador*, aunque con ligeras variaciones, recogidas en distintos pueblos manchegos y también jienenses. Dice así la versión que llegó a mi abuela:

San Isidro Labrador
labraba en su quintería
y cuando iba a labrar
era más de mediodía.
Los gañanes de «alredor»
todos le tienen envidia
por ver que sus gananciales
sin comparación crecían.

La historia continúa relatando la vida y milagros de san Isidro, con las exageraciones y detalles característicos de este tipo de literatura popular y oral que se prodigaba en las pequeñas grandes hazañas. Finalmente, hay un punto en el que mi abuela llega a la sed. Tras omitir unos versos (Isidro, ¿no hay por aquí / ningún arroyo ni fuente / para calmar esta sed / que la traigo muy ardiente?), remata así la canción:

Qué quiere usted, mi amo,
qué quiere usted que le diga,
que en lo alto de aquella roca
sale el agua cristalina.

Las niñas y los niños de mi generación ya no memorizábamos romances de cordel, pero teníamos nuestra propia canción para estas cuestiones. «Que llueva, que llueva, la Virgen de la Cueva», cantábamos, y en un claro gesto de egoísmo infantil, añadíamos al final: «Que se rompan los cristales de la estación / y los míos no». Puesto que en mi pueblo no había estación, yo imaginaba que reventaban los cristales de la escuela. Era como esa niña de Móstoles a la que le pregunta un reportero cuál es su sueño y ella responde que su mayor deseo siempre ha sido que una bomba destruya su colegio. «Que llueva», decíamos, pero lo cierto es que cantábamos cuando ya llovía, mientras pisoteábamos los charcos y, seguramente, después de que mi abuela hubiera rezado y se pusiera a hacer gachas.

El día que mi abuela me cantó la canción de su santo hacedor de lluvia, vi por casualidad *El niño que domó el viento*. William Kamkwamba, un niño que quiere estudiar, no puede seguir en la escuela. Sus padres se ven acorralados por la sed, el hambre y la pobreza: inundaciones por un lado y una prolongada sequía por otro cuartean su tierra y matan sus cultivos. Por eso, no pueden seguir pagando la cuota de la escuela. Mientras en el pueblo están desesperados, William consigue acceder a la biblioteca en busca de inspiración y allí encuentra un libro que abre su imaginación. Si construye un molino, se dice, con el viento podrá activar una bomba de agua para extraerla de un pozo y así recuperar el regadío para su pueblo. William no encuentra más que objeciones, pero nunca se rinde. Sólo necesita un objeto de su padre, pero es lo único que le queda a una familia que ha tenido que vender el tejado de su casa para poder comer una vez al día.

Esta vez no me disculparé por los *spoilers* porque la historia de William Kamkwamba es real y reciente. La ha escrito y la ha contado él mismo en sus charlas y en un libro que inspiró la película. Ocurrió en Malawi en pleno siglo XXI. Aunque no aparece en el libro, hay un momento en el que la madre de William, como si horas antes hubiera escuchado a mi abuela, dice: «Aunque rezaran para que llueva, nuestros ancestros sobrevivían porque estaban unidos». Y me digo si no habré pecado de soberbia durante todos estos años en los que no he entendido que los rezos constantes de mi abuela esconden algo más que palabras y fe.

Ella reza a diario. Por la hija que está trabajando, por el yerno que está en la carretera, por el nieto que se ha quedado sin trabajo, por la nieta que está de viaje, por el vecino que espera la lluvia, por la vecina que ha enfermado y por la que acaba de quedarse viuda. Mi abuela rezando por todos nosotros es más que una experiencia religiosa; es una anciana dedicando su tiempo a cuidar a los otros sin tocarlos. Si reza ahora a san Isidro para que traiga lluvia a los campos, lo hace por la misma razón por la que mi abuelo limpiaba caminos a pesar de no tener coche. Ella no tiene ya cosechas que perder, salvo un puñado de olivos (que ella, como sus vecinos, llama «olivas») cuyo aceite consumimos nosotros y ya sabemos que escaseará. Además, ha pedido a mi madre que la maquille, «porque un muerto con manchas no está bonico». Siempre ha estado obsesionada con su muerte, pero ahora ya habla como si estuviera muerta y pide a quien sale de casa que le deje la mortaja lista. Así que pide la lluvia como quien planta un olivo para sus nietos, porque para sí misma ya no espera más que irse maquillada y con la ropa bien planchada.

No por rezar aferrada a un rosario conseguirá que venga la lluvia, pero sí sentirse parte de algo que trasciende su persona. Cuando reza, lo que hace es meditar y, a la vez, desear el bien a otros, reforzar vínculos mentalmente. Porque ese es el verdadero significado del rosario, que se perdió cuando los cristianos hicieron una traducción errónea del rosario de los sarracenos. Como escribe Mario Satz en *Pequeños paraísos*: «De hecho, el rosario o *mala*, como se dice en sánscrito, procede de la India y ya en el *Gita* se dice que su hilo es el alma o *atma* que enhebra todos los mundos y seres». El término «religión», en realidad, tiene su origen en *re-ligare*, que es 'reunir'. Quizá la gran paradoja de la humanidad sea que lo que nació para unirla se convirtiera en un arma de control social y que hoy la divida. Antes de ser un asunto privado e individual, antes de ser el opio del pueblo, la religión fue su pegamento. Por eso, salir en rogativa es mucho más que creer que el santo logrará mediar realmente entre la tierra y el cielo: es una forma de compartir el miedo y conjurarlo tan válida como cualquier otra danza de la lluvia.

En una frase, la madre de William resumió casi todo lo que algunos gestos de mi abuela han representado en los últimos tiempos y lo que me había propuesto contar en este libro: que la sequía que ahora nos aterra siempre estuvo aquí con nosotros, y que nunca acabó con el mundo ni con la humanidad. Pero sí hizo colapsar civilizaciones en las que se construyeron muros, en las que se llevó a cabo una gestión injusta del agua y en las que unos pocos acaparadores expusieron a las clases populares al hambre. Resistieron quienes se adaptaron a los cambios de su entorno y lo hicieron los que dijeron aquellas primeras palabras: tú, yo, nosotros, vosotros, dar, fluir. Con esas palabras construyeron historias. Poco importa si fueron creencias religiosas, mitos o leyendas; lo que importa es que las compartían. Y de ellos aún estamos a tiempo de aprender. Sólo recuperando la cohesión social y alimentando la conciencia de especie podremos salir adelante o, como mínimo, amortiguar a los que vendrán un golpe que ya parece inevitable.

* * *

Isidro tenía fama de vago. De él se decía que llegaba tarde al trabajo, que empezaba a labrar el último y que era proclive al absentismo laboral en los momentos más inoportunos. Sus excusas siempre estaban relacionadas con el enriquecimiento espiritual, y no tenía reparos en reconocer que se ausentaba para rezar o para no perderse una misa. Aunque era el último en trabajar, terminaba el primero, y entre el inicio y el fin de sus cortas jornadas siempre encontraba un rato para trabar amistad con su Creador. Una vez le preguntaron quién le ayudaba, a lo que él respondió que el mismísimo Dios. Pronto circularon los rumores de que sus bueyes araban solos, de que dominaba el agua sólo con hablarle y de que podía obtener una fuente golpeando únicamente una piedra. Aquel extraño Mayrit (Madrid) del siglo XII pertenecía a la taifa de Toledo y acababa de conquistarlo Alfonso VI en 1083. Isidro era uno de tantos mozárabes que habían llegado allí con sus familias para repoblar la zona. Un límite muy difuso separa la admiración de la envidia. Isidro despertó ambas a partes iguales, y eso hizo que lo delataran.

Iván Vargas, su amo, alertado por los otros labradores, estuvo espiando a Isidro un día y quiso reprenderlo. Pero entonces, decían, tuvo sed, e Isidro clavó su aguijada en una piedra e hizo brotar un manantial. Cuando empezó a reescribirse la vida del labrador, sus bueyes ya no araban solos, sino que tiraban de ellos los ángeles. Se difundió también una historia que hablaba tanto de su pereza como de su poder sobre el agua. Contaba que el día que su hijo cayó a un pozo, Isidro se dirigió al agua y le pidió que subiera y se lo acercara. Y el hijo se salvó.

Por su relación con el agua, se convirtió en un reconocido zahorí y hacedor de lluvia. Tal era la ojeriza que despertó el labrador que Envidia es un personaje más en *San Isidro Labrador*, de Lope de Vega. Entra en escena cuando Isidro y María, cuya belleza los labradores comparaban con la nieve en diciembre, se van a casar, y clama:

> *Un labrador envidio*
> *porque pretende alzarse*

con los estados que perdí por guerra.
[...]
cuanto veneno encierra
mi pecho ardiente, salga,
¡Isidro muera, muera!

Pero Isidro llegó a los noventa años de edad. Aunque alcanzó cierta fama en vida, su enterramiento fue tan humilde que no había tumba, lápida, letras, ni nada que hiciera pensar que allí estaba él, enterrado en la iglesia en la que a veces se libraba de trabajar. Era un lugar húmedo y por debajo de su cuerpo circulaba el agua. Su tumba, decían, se inundó varias veces.

La biografía de Isidro se engloba dentro de lo que se ha conocido como Óptimo Climático Medieval, una especie de primavera de tres siglos que, aun con interrupciones, se enmarcó entre las sequías de los tres siglos anteriores y las de los posteriores. Entre el año 900 y el 1200, aproximadamente, la península ibérica vivió un clima estable, caracterizado por veranos e inviernos suaves y una lluvia que casi siempre llegaba puntual y en su justa medida. Las heladas de mayo escasearon, los veranos siguieron siendo secos y cálidos, pero en primavera las precipitaciones ya habían caído en cantidades razonables. Después de más de dos siglos de buenas cosechas y a pesar de las guerras, Europa triplicó su población y por doquier proliferaron catedrales en construcción y puentes de lomo de asno para poder cruzar los ríos que habían aumentado su caudal. Fue también un tiempo de grandes peregrinaciones. Dios, les parecía, estaba contento. Pero, si querían que siguiera así, había que continuar alimentando su alegría, ya fuera con ofrendas, peregrinaciones o catedrales.

En ese tiempo los vikingos se expandieron por los mares del norte y llegaron a lugares que hasta entonces el hielo había hecho inaccesibles, como Groenlandia e Islandia. España exportó su lana y dio un lugar primordial a los pastores con la creación de la Mesta, una medida con la que Alfonso X el Sabio quiso poner paz entre ganaderos trashumantes y campesinos sedentarios, de la que nos quedan las cañadas reales. En Europa los cultivos cada vez crecían más en extensión y en altura. La ausencia de frío extremo favoreció su crecimiento, así como la fundación de aldeas y pueblos en zonas de montaña que se adaptaron a la agricultura y el pastoreo talando sus bosques. En aquella larga primavera las sequías fueron escasas, pero hubo excepciones que asolaron algunas zonas de España en momentos puntuales, como ocurrió en Galicia el año en que murió Isidro.

Un día de 1212, cuando la sequía arreciaba en la Meseta Sur y empezaba a helarse el norte de Europa, Isidro fue exhumado. Para sorpresa de todos, el cuerpo había permanecido incorrupto. Su piel seguía pegada al hueso, y detectaron incluso cierta flexibilidad en su cuello. Hasta decían que desprendía una fragancia agradable. Se contaba que el rey había vuelto de la batalla de las Navas de Tolosa agradecido a un campesino que le había guiado hacia la victoria sobre los almohades y que, cuando vio el cuerpo expuesto, aseguró que era él y le encargó una urna de lujo. El cadáver empezó a generar tanto interés como los milagros hidráulicos que se le atribuían tanto en vida como a título póstumo. Al ver su cuerpo incorrupto, decidieron por unanimidad que aquel hombre era un santo, y entonces se extendió la creencia de que podía seguir atrayendo la lluvia después de muerto y también curar a los reyes enfermos. En ese momento empezó a reescribirse su historia. Isidro ya no era el labrador vago y envidiado al que espiaba su amo, sino un ser de luz que le calmó la sed golpeando una roca de la que brotó una fuente. ¿Cómo iba a reprender al santo, si lo que hizo ya lo relataban los mitos de los antiguos, con Neptuno como protagonista? En esta nueva versión, del siglo xv, Vargas fue corriendo a contar a su esposa que su labrador era un santo capaz de lograr que los bueyes arasen solos. Aún no habían entrado los ángeles en acción.

Si nada mediaba entre él y el cielo, sería más fácil la comunicación. Por eso, abrieron la urna para evitar interferencias y lo dejaron expuesto para que hablara con la lluvia. Pero no les pareció suficiente, así que decidieron sacarlo en procesión y que pudiera ver el campo seco. La sequía que asolaba España en 1231 sólo fue un aviso de lo que estaba por venir y llevó a los madrileños a pasear el cadáver de aquel labrador que atraía el agua según su creencia compartida. Pronto empezó a llover. Había tenido efecto, se dijeron. Comenzó así una serie de exhibiciones del santo y viajes *post mortem* que dura ya novecientos años, y que tuvo su punto álgido durante los siglos de la Pequeña Edad de Hielo.

* * *

El frío hizo su aparición en Groenlandia, Islandia y el Ártico después del año 1200. Continuó su camino por Polonia y las llanuras rusas. Necesitó más de un siglo para llegar al sur de Europa. Desde entonces, a principios del siglo XIV, y durante más de cinco siglos, lo que se ha llamado Pequeña Edad de Hielo vino acompañada no sólo de hielo, sino de tormentas devastadoras, veranos fríos, sequías extremas y vendavales. El tiempo variaba sin descanso. En ríos como el Támesis hubo inviernos en los que fue posible patinar, bailar y hasta instalar ferias. Durante varios inviernos sucesivos, se cruzaba el Ebro caminando en algunos puntos. Ese contexto dio lugar a un género pictórico en el que destacó Pieter Brueghel el Viejo y a un género literario: el terror. Algunos veranos nunca llegaron. Se desconocen las causas de estos cambios repentinos e impredecibles que llegaron a tener alcance global a partir del siglo XVII y que convivieron con nuestros antepasados hasta mediados del siglo XIX. No obstante, las hipótesis más aceptadas hablan del desplazamiento del eje de rotación de la Tierra y de cambios periódicos en la actividad solar. Pero estas teorías llegaron después. En ese tiempo, lo que la mayoría de la población pensaba era que su dios estaba furioso.

En 1315 empezó a llover sin descanso durante meses en el norte de Europa. El exceso de agua destrozaba los cultivos. En 1316 el mismo episodio se repitió, pero la mala cosecha esta vez se acumuló a la anterior. Fue la producción más baja de cereales de toda la Edad Media. Los campesinos, cada vez más débiles, habían perdido cosechas y animales y ya no podían asumir el precio del pan. Fueron de pueblo en pueblo pidiendo ayuda y llegaron a las ciudades. En *Los caballeros de la mesa cuadrada* de los Monty Python, un hombre pasea recogiendo moribundos con una carretilla. Ese hombre existió.

En 1317, un año de hambruna, las enfermedades afectaron al ganado, lo que resultó en una reducción en la cantidad de cabezas y abono en un continente eminentemente campesino que, salvo alguna excepción, dependía de una economía de subsistencia basada en los cereales. Fue entonces cuando el cerdo ganó protagonismo en la alimentación humana. El verano de 1317 fue tan lluvioso como los anteriores, y se organizaron procesiones especiales en algunos lugares para pedir, cada cual a su dios, que se cerrara el grifo del cielo. Asumieron que se trataba de un castigo divino por los años de bonanza previos, en los que además habían acabado con casi la mitad de los bosques para ampliar los cultivos. Hasta entonces, la dula de sus respectivos pueblos, el terreno comunal, había permitido a los campesinos más pobres sobrevivir en sus aldeas y pueblos. Pero hasta ese derecho empezaron a perder.

En 1322 se invirtió el índice de la oscilación del Atlántico Norte, más conocido como índice OAN. Suena lejano, pero cuando el índice está alto, se produce sequía en el sur de Europa y, si está bajo, llegan fríos intensos. Suelen ser ciclos de alrededor de siete años. Puede que en ellos esté la razón por la que la sequía de la *Epopeya de Gilgamesh* arrasa Uruk durante siete años y por la que la Estela del hambre habla de siete años de sequía en Egipto. Al invertirse el índice OAN acabó la desesperación. Por poco tiempo. Llegaron, en realidad, diecisiete años de sequía. Los cambios bruscos que ocurrieron durante ese siglo sólo habían sido un aviso.

Por si fuera poco se cree que los inicios de aquel periodo coincidieron con la partida de mongoles que dejaban el desierto de Gobi huyendo de la sed en un momento del siglo XIV en el que había humedad en Europa y sequía en Asia. Parece ser que, sin saberlo estaban viajando con ratas infectadas por *Yersinia pestis*. Aunque todavía no se conoce con exactitud el origen de la Peste Negra, dos científicos encontraron por casualidad un cementerio en Kirguistán en el que se dieron más entierros de los habituales entre 1338 y 1339. Algunas lápidas llevaban una inscripción lo bastante reveladora como para intuir lo que los análisis confirmaron: «Pestilencia». Tras analizar los huesos y encontrar restos de *Yersinia pestis*, el origen de la Peste Negra se adelantó una década y cambió de lugar. Este estudio nos interesa aquí porque concluyó que la sequía habría reducido repentinamente la capacidad de aquel ecosistema para mantener a los roedores, lo que habría obligado a las pulgas que los habitaban a buscar un nuevo hogar en camellos, ovejas y pastores. Cuando llegó la peste a Europa, casi una década después, encontró las mejores condiciones para expandirse entre una población que vivía asediada por sequías, inundaciones y hambrunas que contribuyeron a propagarla. La debilidad de la población se lo puso fácil a la recién llegada. La primera epidemia de peste estalló en 1351. Luego, reincidió cada diez años.

El agua del mar del Norte cubrió gran parte de las islas británicas, Países Bajos, Dinamarca y el norte de Alemania el 16 de enero de 1362, en lo que se ha llamado *Den Store Manddrukning* en danés y *Grote Mandrenke* en neerlandés. En ambos idiomas significa lo mismo: 'el gran ahogamiento de los hombres' (también llamada Segunda Inundación de San Marcelo). Supuso la muerte de entre cuarenta mil y cien mil personas, la destrucción de varios pueblos y ciudades y la inundación definitiva de Rungholt, una especie de Atlántida germana rodeada de tantos misterios y leyendas que durante mucho tiempo se creyó que no había existido más allá de la mitología. Cuentan que las campanas todavía repican a veces bajo las aguas.

El exceso de lluvia y la guerra de los Cien Años se alinearon con un objetivo común: alimentar el hambre de la población durante la primera mitad del siglo xv. Entre 1433 y 1438 el hambre se convirtió en hambruna. Tras ella, el abaratamiento del grano empujó a muchos agricultores a convertirse en ganaderos.

Tres siglos después del *Grote Mandrenke*, el panadero londinense Thomas Farryner echó un último vistazo al fuego antes de irse a dormir. Estaba todo en orden y apenas quedaban algunos rescoldos, que removió en una chimenea pavimentada con ladrillo con la intención de apagarlos del todo. Apenas unas horas después, Jane, criada de los Pepys, fue a despertar a sus amos: el centro de Londres estaba ardiendo. Algunos londinenses empezaron a lanzarse al río y otros esperaron en sus casas lo que les parecía inevitable. Aun así, cuando el alcalde recibió la noticia, le quitó importancia. «Una mujer podría acabar con las llamas de una meada», cuentan que dijo. Pero la sequía del año anterior y el viento habían creado el caldo de cultivo necesario para que una ciudad hecha a base de paredes de madera reseca, tejados de paja y calles estrechas ardiera casi al completo entre el 2 y el 4 de septiembre de 1666. A la sequía y el viento se unieron el desprecio inicial del alcalde y sus posteriores dudas, así como la búsqueda de culpables entre los vecinos. Se acusó a los extranjeros, principalmente franceses y holandeses, y contra ellos se desató la violencia. Se encontró también a una clara culpable a la que perseguir: una mujer que corría sujetando un delantal cargado. Su lógica les dijo que era una pirómana y que llevaba explosivos. Pero no era más que lo que parecía: una mujer que corría escondiendo comida: los explosivos eran pollos. Todo aquello permitió que el fuego avanzara y se tragara las casas de unas ochenta mil personas. La cifra de fallecidos se desconoce porque apenas se registraron siete. Los pobres no contaban.

* * *

No era común que un labrador se convirtiera en santo. Ni que un santo estuviera casado y, mucho menos, que su esposa se convirtiera también en santa. Pero tampoco era normal lo que estaba ocurriendo en el mundo. Ni que aquel labrador fuera reverenciado por igual entre cristianos y musulmanes. San Isidro, y lo que se contaba de él, bebía mucho de los milagros asociados a santos musulmanes agraciados por poderes hidráulicos que procedían de lugares semidesérticos. En aquel tiempo, en la península bastaba con que un grupo de personas considerara a alguien santo para que lo fuera. Su obispo correspondiente lo aceptaba, porque la santidad aún no dependía del papa. El sincretismo religioso de san Isidro tuvo su eco a otros niveles, puesto que unió también a religiosos y laicos, urbanitas y campesinos, nobles y plebeyos, casados y solteros, porcófilos y porcófobos. Fue un santo pacificador y aglutinador cuya fama siguió creciendo durante los siglos posteriores y hoy, convertido en protagonista de rituales propiciatorios, trasciende lo religioso.

Las exhibiciones de su cadáver fueron cada vez más pintorescas y tétricas en un país que todavía no había expulsado la muerte de sus pueblos y ciudades, ni siquiera de sus casas. Si no fue suficiente con arrancarle un mechón para invocar la lluvia, se extendió la idea de que el santo también podía curar a los reyes, y se instauró la tradición de llevárselo a la cama. Cuentan que, cuando el cuerpo de san Isidro llegó por primera vez a un rey, le faltaban tres dedos de un pie. Al parecer, también había perdido un diente. Tal era el fervor que el muerto despertaba que el cerrajero de Carlos II se lo había arrancado y se lo había guardado quién sabe por qué. El rey descubrió la artimaña y el cerrajero no tuvo por más que entregárselo. Como si esperara a un funesto Ratoncito Pérez, el rey cosió el diente a su almohada. La reina doña Juana, esposa de Enrique II, le descuajó un brazo. Una dama de Isabel la Católica fingió que le besaba los pies, pero lo que hizo en realidad fue pegarle un bocado tan fuerte que le arrancó el dedo gordo de un pie. Pero tuvo tan mala suerte al hacerlo que las aguas del Manzanares subieron imparables e impidieron, o eso se contaba, que su carrocería avanzara. La mujer entendió lo que estaba pasando, confesó, y las aguas volvieron a su cauce. Incluso se dice que con un dedo de san Isidro se elaboró una pomada. Y no le bastó a Carlos III la presencia del cadáver del labrador. Le trajeron también el cráneo y las canillas de santa María, esposa de san Isidro, que el rey besó con tanta devoción y ternura que desde entonces la conocen como santa María de la Cabeza. A menudo aparece representada con un jarrón de agua en las manos. Las historias se parecen tanto que cuesta creerlas; más bien hacen pensar en leyendas aleccionadoras, o quizá los verdaderos interesados en que se difundieran eran los reyes.

Sólo un monarca se negó a dormir con el santo. La respuesta de Felipe IV, cuando quisieron introducir a san Isidro en su cama, parece evidenciar que quizá el cadáver no olía tan a rosas como algunos difundieron. El rey dijo que, si el santo podía obrar el milagro, seguramente también podría hacerlo guardando cierta distancia.

La sed, unida al culto de san Isidro, tuvo un papel fundamental en el hecho de que Madrid se convirtiera en capital de España. Desde los Reyes Católicos, la corte se fue acercando a Madrid, en gran parte por su agua, pero también por los poderes curativos que se le atribuían, especialmente relacionados con san Isidro. Asentada sobre un acuífero, en Madrid proliferaron las fuentes supuestamente milagrosas. Los Reyes Católicos comenzaron a multiplicar y alargar sus visitas. Así lo hicieron también los sucesivos monarcas. Un día, el pequeño príncipe Felipe y su padre, Carlos V, sufrieron de calenturas. Como en ese tiempo los milagros de san Isidro ya no eran sólo hidráulicos, sino también curativos y relacionados concretamente con las calenturas, el pequeño se salvó, decían, gracias a la mediación del santo, puesto que bebió del agua de la fuente milagrosa. Tiempo después sería rey. Felipe II trasladó la corte de Valladolid a Madrid, que convirtió en capital, en 1561. Creía, de alguna manera, que tanto él como su padre estaban en deuda con el santo. Así que removió cielo y tierra para conseguir que fuera canonizado, porque además con eso se buscaba convertir la Real Corte y Villa de Madrid en centro del mundo hispánico. Felipe II tenía una extraña obsesión con los cuerpos de los santos, no sólo con san Isidro. Al parecer, El Escorial está especialmente protegido de tormentas con más mediación de huesos que de santos. Cuando estaba agonizando, Felipe II se aferró a la vida con la ayuda de reliquias. Pensó que varios cráneos de santos y santas, junto con la mandíbula de santa Inés, la rodilla de san Sebastián, un brazo de san Ambrosio y otro de san Vicente Ferrer y la costilla de un obispo, lograrían hacer frente a la muerte que le llamaba desde el otro lado. No lo consiguió.

* * *

Varias iglesias de más allá de Madrid aseguraban contar con reliquias de san Isidro en su haber. En Argentina tampoco quisieron quedarse sin su parte. El 12 de octubre de 1928, el mismo día que Hipólito Yrigoyen juraba como presidente de Argentina por segunda vez, en una localidad cercana alguien redactó una curiosa carta. En ella, un pueblo llamado San Isidro solicitaba un pedazo del santo de su topónimo. Según recoge el blog de la Biblioteca Nacional de España, a partir de artículos de su hemeroteca digital, se trataba de un pueblo fundado por un capitán español junto a una capilla dedicada a san Isidro, muy cerca de Buenos Aires. Quisieron los vecinos un recuerdo y lo pidieron. Pero la urna que recibieron se abría con diez llaves, y quien las tenía era el rey de España. Así que un día Alfonso XIII recibió una extraña misiva que firmaba Ramiro de Maeztu, entonces embajador español en Argentina, en la que se le pedía, tanto a él como al obispo como al alcalde, un pedazo del cuerpo de san Isidro.

Tras largas deliberaciones, dijeron que sí. Abrieron la urna y un médico rezó, bisturí en mano, antes de extraerle un pedazo de tibia.

El pueblo argentino se engalanó para recibirlo. Así inició el cuerpo de san Isidro su aventura trasatlántica *post mortem* en una época en la que los labradores de la España seca raras veces podían permitirse conocer el mar.

Convertido en protagonista de rituales propiciatorios en tiempos de sequía, canonizado en 1622 y a menudo representado con bueyes, san Isidro pasó a ser el sucesor del toro celeste y del dios de la lluvia de aquellos antepasados que dibujaban animales en el cielo uniendo estrellas para saber a quién pedirle el agua. No en vano, su día es el 15 de mayo, día en el que el sol brilla sobre Tauro y en el que en Madrid se siguen sacrificando toros en su honor.

* * *

El culto a san Isidro no se inició hasta finales del siglo XIII. Sus milagros póstumos por invocación se han relacionado siempre con curaciones de enfermos, afianzamiento del culto y, muy especialmente, peticiones de lluvia. Una década después de la exposición de 1231, el cadáver volvió a ver la luz con el mismo fin. En 1261, la exposición fue más allá y se le sumó una rogativa *pro pluviam*. En 1272, salió ya en procesión hacia la basílica de Nuestra Señora de Atocha. En 1426, de nuevo en plena sequía, el cadáver de san Isidro volvió a la calle. Hasta entonces, eran los reyes y terratenientes quienes rendían culto a san Isidro, y no humildes campesinos. Cuando entró en escena el famoso manantial, a mediados del siglo XV, el culto se extendió a las clases populares y comenzaron las romerías. Estas al principio consistían en ir a beber agua de la fuente para curar calenturas y, de paso, entrar a la ermita a pedirle al santo que enviase la lluvia cada 15 de mayo. En 1709, a la procesión por la lluvia se sumó la imagen de santa María de la Cabeza. Ambos fueron trasladados hasta la parroquia de Santa María. La rogativa *pro pluviam* de 1780 fue aún más lejos. No sólo lo acompañó su esposa, sino que ambos permanecieron en el convento de monjas del Sacramento con la idea de no devolverlos a su sitio mientras no lloviese. Once días después al fin pudieron volver a casa.

San Isidro tuvo especial relevancia en 1896 porque al exponerlo se le pidieron dos favores: que enviara precipitaciones y que parara la guerra de Cuba. El 4 de mayo empezó a llover durante la procesión y los asistentes lo interpretaron como un milagro del santo labrador, del que los periódicos se hacían eco al día siguiente. Llovió en casi toda España y no escampó hasta varios días después. A esta rogativa volveremos porque fue crucial en un episodio más reciente de nuestra sed. Como el agua llegó, el 15 de mayo, volvió a ser expuesto, y era ya tal su fama que recibió la visita de trescientas mil personas. Se habían realizado otras exhibiciones por distintas razones (enfermedades de reyes, invasión francesa, aniversarios), pero ya en el siglo xx no hubo más procesiones para pedir la lluvia al cuerpo de san Isidro hasta 1947, que fue cuando mi abuela aprendió su canción.

Las fechas de todas estas exhibiciones y peticiones no son casuales, así como no lo es el modo en el que fueron variando. La mayoría se concentran del siglo xiv a finales del xix. Los investigadores no se ponen de acuerdo en cuanto a las fechas y las causas de la Pequeña Edad de Hielo, pero ya hemos visto que se extendió como mínimo cinco siglos. Por otro lado, las rogativas *pro pluviam* cambian en función de la gravedad de la sequía, lo cual nos ayuda a entrever las peores sequías de España durante varios siglos. Las rogativas varían por niveles: leve (una oración simple), medio (exposición del interceptor), grave (misas y procesiones con el intercesor de la iglesia), muy grave (procesión con el intercesor fuera de la iglesia) y crítico (peregrinación a otro santuario). Con esa guía es fácil deducir que las sequías de 1709 y 1780 fueron especialmente devastadoras, al menos en el centro de España. El miedo a la sequía y sus consecuencias, es decir, la pérdida de cosechas y el hambre, hicieron que la popularidad de san Isidro creciera de manera imparable, saliera de Madrid, llegara a los pueblos, atravesara fronteras y lo convirtiera en 1960 en patrón de los agricultores.

Sea como fuere, desde que el mundo empezó a enfriarse por el norte a principios del siglo xiii expulsando a los vikingos de Groenlandia, y tuvieron lugar las inundaciones que de 1315 a 1317 sumieron a Europa en la hambruna, ya nada volvió a ser igual. La situación se fue recrudeciendo y llegó a su culmen entre los siglos xvii y xviii, hasta que cedió aproximadamente a mediados del siglo xix. En ese tiempo el fenómeno tuvo ya alcance global. De la sequía que asolaba

Argentina dejó constancia Darwin. «El periodo correspondiente entre los años 1827 y 1832 se llama "el gran seco" o la gran sequía. Durante ese tiempo fue tan escasa la lluvia caída que no creció ninguna planta, ni siquiera cardos; los arroyos se secaron y todo el país tomó el aspecto de un polvoriento camino carretero», escribió en su diario.

Cuesta entender que un mundo que dependía de la lluvia para salir adelante no contara con registros sistemáticos de las condiciones climáticas y dependiera de la memoria. Pero algo había empezado a cambiar: de esa época data el primer documento sobre las cabañuelas que se conserva.

* * *

Hay diversas razones que ayudan a entender por qué el culto a san Isidro aumentó más en siglos posteriores y por qué surgieron o crecieron los de otros intercesores climáticos como la Virgen de la Cueva, santa Bárbara, san Marcos y homólogos de san Isidro en los demás países de Europa, como san Medardo en Francia, que en el siglo xv se convirtió en el protector de la realeza francesa. No obstante, su culto es anterior, y siglos antes ya se contaba que cuando era niño un águila lo protegió bajo sus alas de una fuerte tormenta. La lluvia en el día de su festividad, además, se suele interpretar como un anuncio de lluvias que durarán cuarenta días. Hasta Cervantes hablaba en el *Quijote* la proliferación de rogativas para pedir la lluvia a principios del siglo XVII en una novela en la que apenas empieza a llover dos veces. Cuando Quijote y Sancho se encontraron con un grupo de disciplinantes que trasladaban una virgen para que lloviera, el caballero andante creyó que se trataba de una damisela secuestrada y quiso salvarla. Salió de ahí tan apaleado como de otros trances, y de no haber sido la escena ficticia, se le habría culpado de malograr la lluvia que estaban a punto de conseguir y que, por otra parte, casi nunca llegaba.

Cervantes no sólo experimentó la sed de lo más árido de la Pequeña Edad de Hielo. Si se cree que murió de diabetes, no es precisamente porque esta enfermedad se diagnosticara en su tiempo, sino porque, además de un cansancio constante, siempre tenía sed. Una sed que ni el agua podía calmar. Qué mejor descripción de la polidipsia que sufría que la de sus propias palabras: «que todo el mar en él [el vientre] cabía». Los médicos le recetaron aire del campo y vino manchego, concretamente de Ciudad Real, para combatir su sed constante. Seguramente aquel médico era también publicista de la sed: en ese tiempo, el campo que rodea el lugar en el que nací, empezaba a estar abarrotado de vides. Dicen que el año en que murió Cervantes (1616) dejaron de llevar agua todas las fuentes en varios puntos de la España seca, donde proliferaron las rogativas y se perdieron las cosechas.

Nuestros antepasados estaban preparados para soportar la pérdida de una cosecha, pero difícilmente saldrían adelante si se sucedían dos. En un país que todavía dependía de la agricultura de subsistencia y de secano, el pueblo respondió de dos formas. Mediante la fe y el levantamiento. La primera fue preventiva, a través de rogativas para invocar la lluvia. La segunda era la reacción habitual cuando la sed y el abuso de poder confluían.

Puede, incluso, que la respuesta religiosa fuera un intento de evitar la rebelión, puesto que las rogativas no eran espontáneas. Aunque tradicionalmente solían ser los agricultores quienes las solicitaban, tenían que seguir un proceso que los llevaba al obispo, que sería quien finalmente decidía la fecha. Cuando no seguían el protocolo, los rogantes se exponían a la excomunión, como ya ocurrió en varias ocasiones en el siglo XVII. Las rogativas fueron, a fin de cuentas, mucho más que una petición desesperada: eran también una forma de controlar y evitar la rebelión de una población sedienta, hambrienta y descontenta en un tiempo en el que las sequías se alargaron y se agravaron.

Ambas respuestas a la sed suelen coincidir en primavera, concretamente en mayo. Algunos investigadores han buscado la relación entre el calor de finales de la primavera y el comienzo del verano con el inicio de revoluciones y guerras. La han encontrado, y es que al parecer el dicho «La primavera la sangre altera» tendría una base real. Pero puede que ocurra algo más: rogativas y motines coincidieron en gran medida en un tiempo en el que el precio del pan subía porque estaba a punto de agotarse la última cosecha, y los cereales, por tanto, se volvían inaccesibles para las clases populares. Ese momento es, además, la última oportunidad de que llueva si no ha ocurrido todavía, y así se pueda salvar parcialmente la siguiente cosecha.

En ese tiempo resulta más fácil unirse, tanto para acudir a la fe de manera desesperada como para perder la esperanza y buscar culpables. Pocas cosas han unido tanto a una comunidad como sus santos patronos, su hacedor de la lluvia, sus gobernantes o vecinas demasiado libres que conocen los secretos de las plantas y de los nacimientos. De la misma manera, cuando han necesitado la lluvia se han aliado para llevar a cabo rogativas, amotinamientos o sacrificios. A menudo, en ese orden.

Aunque no hubo una única razón para todo ello, su coincidencia en el tiempo, a menudo tras varias cosechas perdidas por sequías o inundaciones, parece evidenciar que detrás de ellas tuvo que haber un factor común que estuviera por encima de pueblos, creencias, naciones, imperios, continentes y la humanidad entera.

* * *

El día que nací coincidió con el aniversario de la canonización de san Isidro. Por alguna razón, quizá porque vengo de una familia pegada a la tierra, en la que al menos siete de las últimas nueve generaciones fueron jornaleros; una tierra tan seca que hasta su topónimo lleva impresa la sed de su gente, siempre he sentido cierta familiaridad y fascinación por ese hombre que imaginaba tal como lo tenemos representado en el pueblo: pelo castaño largo, perilla, apoyado sobre una azada y con cara de buena persona. Hace poco reconstruyeron el rostro de Isidro y era más o menos así. Me reconforta en cierto modo que un labrador famoso por vago y bondadoso siga teniendo una masa de admiradores casi un milenio después de su muerte. Y me produce también ternura imaginar sus ratos de absentismo laboral para alimentar el espíritu, porque casi nadie más le diría a su jefe que tiene que irse a meditar y que unos ángeles se encargarán de su trabajo sin perder el puesto.

Mientras que los madrileños siguen yendo cada 15 de mayo a beber de la fuente de San Isidro y a pedirle la lluvia, en algunos pueblos se ha seguido celebrando ese día en el campo. «San Isidro Labrador, pon el agua y quita el sol», le piden algunos con la esperanza de que los escuche todavía. Este santo, que ha trascendido las creencias religiosas, continuó sus andanzas y en 2022, con motivo del cuarto centenario de su canonización, volvió a ser expuesto. En 2023, después de beber agua de su fuente, escuché a un sacerdote pidiendo la lluvia para los campos en su ermita mientras los feligreses (que pronto olvidaron la última pandemia) besaban sin descanso una reliquia del santo.

En Terrinches hay una ermita en lo alto de una loma en honor a san Isidro. Cada 15 de mayo de mi infancia lo pasé allí. Tengo una foto en la que estoy feliz, subida en la Mobilette de mi abuelo. Mi hermano está conmigo sobre la moto y llevamos el mismo chándal o pijama. Mi abuelo nos vigila alegre, mientras que el resto, al fondo, aparece con la boca llena porque ese día era en realidad para comer, beber y bailar. Tengo otras fotos en las que aparezco con mi hermano entre los riscos. No recuerdo mucho de esa festividad, aparte de esa sensación de alegría compartida, comida y riscos. Eso es lo que ha quedado en las fotos, en realidad. El santo no era más que una excusa para reunirnos, con la esperanza de que nos concediera algo que todos necesitábamos. Pero eso los niños no lo sabíamos y, además, al santo lo eclipsaba otro maestro del agua en la religión que comparto con mi hermano, que no es otra que la infancia.

Poco después de la muerte de mi abuelo, guardé un objeto suyo como recuerdo. Era una ramita en forma de Y. Un tirachinas a medio hacer, me dije. No me gustó la idea de matar pájaros, pero sí que se quedara a medio hacer, porque esa es la esencia de la muerte: todo aquello que ya no terminaremos y que a otros les gustaría que completásemos da sentido a la partida. Un tirachinas, un libro, un gesto, una respuesta. Tras años conviviendo con el supuesto tirachinas, tuve que avanzar muchas páginas de este libro para rescatarlo de la última casa que dejé atrás, y finalmente contemplarlo con una mirada distinta y preguntarme si no había creído que era un tirachinas a medio hacer únicamente porque lo parece. Ya sólo podía darme la respuesta mi abuela. Pero era casi madrugada. Luego supe que esa noche no quería irse a dormir y que caí en ese error tan de los vivos de decir «mejor mañana». Y aquella mañana no llegó para ella. Por más que habló del día de su muerte, y dejó pistas, por más que repetía que un Domingo de Resurrección es «un día hermoso pa morirse», caí en la trampa más mortal de los mortales: la de la pregunta que dejamos para un día que puede llegar o no. Tuve que pintar unos labios que ya no iban a decirme nada más. Me quedé con un objeto que quizá era un tirachinas a medio hacer, pero que del mismo modo podría ser una ramita de zahorí. Y también con una duda. La horquilla de mi abuelo llegó a mí con el eslabón y pedernal de mi bisabuelo y desde entonces no se han separado. Tal vez todo este tiempo me haya acompañado un kit para invocar tormentas y detectar agua bajo tierra. O tal vez no. Ya nadie podrá confirmarlo ni negarlo.

9

Sed(ición) y sacrilegio

Ya llegó el feliz momento
de que la tortilla se vuelva:
que los pobres coman pan
y los ricos coman mierda.

> Coplilla de las mujeres de Valladolid que
> iniciaron los motines del pan de 1856

> Tres cosas ejercen una influencia constante sobre la mente
> de los hombres: el clima, el gobierno y la religión.

> VOLTAIRE

El 14 de julio de 1518, en el Estrasburgo del Sacro Imperio Romano Germánico, frau Troffea empezó a bailar en mitad de la calle. Nada raro, en principio, de no ser por que no había música. Varios hombres se fueron uniendo a su danza frenética. Tras horas sin descanso, la mujer cayó agotada, tembló durante un rato y se quedó dormida. Los últimos en incorporarse siguieron cabriolando, y ella misma se acabó uniendo a la danza de nuevo. Las horas se convirtieron en días, y los días en semanas. Un mes después, alrededor de cuatrocientas personas seguían bailando y no podían detenerse. Se movían pidiendo auxilio porque sus cuerpos no les permitían parar a comer, beber o dormir. Mientras que unos sangraban y se desplomaban de puro agotamiento, otros empezaron a sufrir derrames e infartos.

Los clérigos pensaban que un castigo divino alentado por san Vito espoleaba sus esqueletos, y los médicos, que sufrían un calentamiento de sangre tan avanzado que ya ni una sangría podría detenerlo. Los primeros llegaron a la conclusión de que lo mejor sería enviarlos en peregrinación para que se arrepintieran de sus pecados ante san Vito, pero pidieron consejo a los médicos y estos creyeron que lo único que podía pararlos era lo mismo que los empujaba. Que bailaran hasta hartarse, aconsejaron. Por si la cura estaba en el baile, las autoridades encargaron escenarios a los carpinteros de la ciudad y contrataron músicos para que los danzantes gambetearan hasta el hartazgo. Pero no funcionó. Tiempo después, pararon en seco aquella danza suicida. A los supervivientes los enviaron a encomendarse a san Vito para purgar sus pecados, pero ni siquiera entendían qué espíritus se habían apoderado de sus cuerpos y por qué no pudieron detenerse ni cuando fueron conscientes de que la muerte acechaba entre bambalinas con instrumentos invisibles.

Casi una década después, llegó a la ciudad el médico, alquimista y astrólogo Theophrastus Phillippus Aureolus Bombastus von Hohenheim, por suerte para sus nuevos vecinos más conocido como Paracelso. Le deslumbraron las historias que escuchó allí sobre pecadores que pagaron con un baile descontrolado como castigo divino. Quiso conocer las razones, y llegó a la conclusión de que frau Troffea era culpable de lo que le había ocurrido porque su danza, según él, no era otra cosa que un intento de hacer enfadar a su marido. Tiempo después, creyó que «prostitutas y sinvergüenzas» fueron víctimas de un fenómeno que denominó *chorea lasciva*, y que definió como una especie de histeria eminentemente femenina protagonizada por personas libres, lascivas e irrespetuosas a quienes llamó «coreomaniacas». Por si fuera poco, decía que merecían ser encerradas a oscuras, a pan y agua. También sugirió que se quemaran muñecos de cera o resín inspirados en ellas.

Pero aquello no fue una *rave* renacentista ni un fenómeno aislado. Tampoco sería la primera manifestación de manía danzante, más conocida como «baile de san Vito», que se apoderó de los habitantes de una ciudad europea. En la misma Alsacia ya había ocurrido apenas ocho décadas antes. También en 1017 la sufrieron los vecinos de Kölbigk, Sajonia. Después de que se sucedieran en el sur de Gales y en Erfurt, en 1278 algunos vecinos de Maastricht empezaron a bailar y no lograron parar ni cuando el puente sobre el que estaban se desplomó. Siguieron danzando mientras el río los arrastraba sin mostrar el menor atisbo de interés por salvar sus vidas. Al igual que en Estrasburgo, los que sobrevivieron no lograron explicar por qué lo habían hecho ni por qué no pudieron detenerse. Se dieron epidemias similares en otros pueblos centroeuropeos con mayor frecuencia, especialmente a partir del siglo xiv, hasta que comenzaron a esfumarse casi de golpe a finales del xviii. La última ocurrió a mediados del siglo xix.

Aunque durante siglos se estudiaron, con más o menos rigor, las causas de las epidemias de baile como una serie de manifestaciones de lo mismo, todavía se desconoce la razón que las motivó. Para algunos de los contemporáneos de Paracelso, se trataba de posesiones demoniacas. Pero, con el tiempo, algunos investigadores plantearon que pudo tratarse de casos de histeria colectiva desatada por el estrés constante que había sufrido la población a causa de fenómenos naturales como inundaciones y sequías. Hay teorías que apuntan a los efectos del hambre, que habían detonado precisamente las alteraciones climáticas. Otros muchos creen que tal vez fue debido a que comieron pan contagiado por cornezuelo, un hongo que se propaga en varios cereales como el trigo y la cebada y que tiene un efecto similar al del LSD. Y aun así regresaríamos al clima, porque el cornezuelo se prodiga, precisamente, con la ayuda de las inundaciones o en lugares muy húmedos. Pero se ha cuestionado que el cornezuelo les permitiera bailar, y menos de manera prolongada. Al parecer, habría provocado poco más que algunos espasmos momentáneos.

La investigación sobre el clima del pasado está dando la razón a una de estas teorías. Ahora sabemos cuáles fueron los peores momentos de la Pequeña Edad de Hielo: desde finales del siglo xvi hasta dos siglos después. A pesar de sus idas y venidas, la sed y el frío no habían hecho una aparición tan ostentosa desde hacía doce mil años. Y tal había sido su contención durante los siglos más recientes que la primera reacción de la gente consistió en convencerse de que eran unos pecadores que habían provocado la ira de Dios. ¿Y por qué? Por haber vivido demasiado bien, demasiado templados, demasiado tranquilos, demasiado centrados en ganarle terreno al bosque en tiempos de abundancia. Si retrocedemos a los años previos al baile que inició frau Troffea, encontraremos la influencia del clima en la desesperación de aquella época, porque su danza suicida no fue más que el prólogo de lo que estaba por venir.

Pero el clima, ya lo sabemos, nunca está solo. Para el historiador de la medicina John Waller, la manía danzante fue una respuesta patológica al miedo y la angustia que la gente vivía en ese momento, algo que no habría sido posible sin la presión religiosa propia de un lugar en el que imperaba un «temor piadoso» alimentado por la creencia en castigos divinos. También Geoffrey Parker consideró que otra epidemia, la de las rebeliones del siglo XVII, estuvo en parte condicionada por esa tendencia imperante en la época a buscar pecadores, ya fuera uno mismo, un noble o una bruja.

El siglo en el que vivió Troffea se inició con una bola de fuego surcando el cielo, algo que en aquel tiempo se interpretaba como el anuncio de calamidades. Era, en realidad, un cometa. Desde entonces, los vecinos de Estrasburgo vivieron de manera cíclica sequías, heladas y epidemias que los llevaron al límite de sus fuerzas. Aun así, en la primavera de 1517 recobraron cierta esperanza. Lloverá, se decían. Pero la lluvia se estuvo retrasando durante semanas y, a finales de abril, cuando ya parecía que no le quedaba más remedio que caer, cuando más convencidos estaban de que al fin llovería, lo que llegó a sus campos fue una helada que arrasó las uvas y el trigo. La población se debilitó y en muy poco tiempo vinieron la peste bubónica y el sudor inglés. Este último era especialmente angustiante, ya que se le metía a la gente en el cuerpo en forma de ansiedad, mareos, escalofríos, fatiga extrema, sudoración profusa y jadeos, y terminaba con una sed terrible que ni el agua podía calmar justo antes de una muerte espantosa. Entre el primer síntoma y la muerte, apenas transcurrían unas horas. También la lepra hizo de las suyas aquel verano.

La única certeza que tenían quienes sobrevivieron al frío intenso, a las cosechas perdidas, a las epidemias y hasta al año en el que creían que iba a acabar el mundo era que no podían tener certezas sobre el futuro más próximo. Las calles estaban llenas de agoreros que anunciaban un apocalipsis inminente. En ese tiempo, se creía que la vida duraba poco y terminaba de manera violenta. El miedo y la desesperanza se apoderaron de una población que se había multiplicado y ahora no tenía qué comer. Las bolas de fuego siguieron desplazándo-se por el cielo durante todo ese siglo y el siguiente, mientras que revueltas y rogativas se prodigaban por todas partes. El mundo entero parecía estar en guerra. Allí donde no asfixiaba la sequía, lo hacían inundaciones catastróficas y frío extremo. Poco después, el hambre también se hizo con las calles.

Y luego estaba ese dolor cansino y constante que se les había clavado en un lugar impreciso del cuerpo y que trataban de silenciar con ciertos vicios. Lo llamaban melancolía y, mientras unos buscaban las causas de aquella epidemia de depresión y suicidios que se había disparado, los afectados recurrieron a diversas estrategias de evitación para hacer soportable su existencia: sexo, vida monacal, jardinería y adicciones, entre las que destacó un aumento del consumo de alcohol y opio, y surgieron otras nuevas como el tabaco, el café, el té y el chocolate, que se pusieron de moda. A veces, incluso, se practicaban por prescripción médica: puesto que hubo quienes creyeron que una de las posibles causas de la melancolía en hombres era la acumulación de semen, algunos médicos recetaron sexo a sus pacientes para evitar que les explotara el cuerpo y la mente. Los clérigos, mientras tanto, pedían contención a la hora de comer, beber y mantener relaciones sexuales porque ellos eran los culpables de la ira divina. Además de a los cometas, culparon a las manchas solares (sin ir desencaminados, aunque las interpretaron al revés), así como al teatro y al baile. En varios países europeos se prohibieron las danzas, las representaciones teatrales y las faldas.

Era previsible una respuesta colectiva en lugares como Estrasburgo. Durante los años previos a la epidemia de baile, autoridades y clérigos temían que se diera un levantamiento popular cada vez que «el cielo se cerraba» y subía el precio del grano en Alsacia. Lo temían, de hecho, desde que el siglo comenzó con el avistamiento de un cometa, porque ese aviso de calamidades se interpretaba de manera muy concreta: anunciaba sediciones. Y en parte estaban en lo cierto, porque la rebelión se había empezado a orquestar, si bien el hombre que incitó a los más pobres a alzarse contra los poderosos acaparadores de pronto los dejó abandonados a su suerte. Un día desapareció y nadie supo nada más de él. Pero la semilla de su discurso ya había germinado entre una población acostumbrada a escuchar los gritos que alertaban de un apocalipsis inminente en las calles. Nadie imaginó que la respuesta llegaría con una música que sólo unos pocos podían oír. En otros lugares, sí se dio la reacción esperada.

* * *

Tras el baile de frau Troffea, España vivió tres años de sequía agravados por las sacas del trigo por orden del rey, que echaron leña al fuego del descontento. Una serie de malas cosechas derivó en las consecuencias habituales: escasez de grano, aumento del precio de los cereales y del pan. En 1521 estalló el motín del Pendón Verde en el barrio de Feria, en Sevilla. Incitados por un carpintero, Antón Sánchez, sefardíes, gitanos y moriscos de los gremios, además de hortelanos y esclavos, se dirigieron al Corral de los Olmos, decían, «a pedir explicaciones» porque, mientras algunos se enriquecían a través del Puerto de Indias, en Sevilla sufrían la peste y un hambre cada vez más atroz. Las autoridades trataron de contenerlos con vino, pero era pan lo que querían. El pendón verde que portaban y que dio nombre a la revuelta lo habían robado del Omnium Sanctorum y, al parecer, había pertenecido a los almohades, aunque no está claro su origen. Les hicieron promesas, pero los amotinados intuyeron que eran falsas y salieron en busca de armamento. Cuatro cabecillas fueron ajusticiados. Aquel levantamiento popular, que tuvo varias réplicas en Andalucía, tanto ese mismo año como durante el siglo posterior, inspiró, al parecer, su actual bandera.

Apenas medio siglo después, las temperaturas descendieron dos grados de media, lo que alteró las corrientes oceánicas, que a su vez dieron lugar a un clima que causó fenómenos meteorológicos extremos durante más de cien años. Este cambio climático tuvo un alcance global y derivó en una hambruna sin precedentes en China y en un frío insoportable tanto en América del Norte como en el Imperio osmanlí. Cuando empezó el momento más crudo de la Pequeña Edad de Hielo, la población no sólo se encomendó a la fe: estallaron rebeliones campesinas y nacieron Francis Bacon, René Descartes y Galileo Galilei, que pronto sentarían las bases de la Revolución Científica y cambiarían la mentalidad imperante. Tras ver que Galileo fue asesinado por sus ideas, Descartes escondió algunos de sus escritos. Fue víctima de la Pequeña Edad de Hielo, pues murió de frío extremo cuando esta alcanzó su pico, a mediados del siglo XVII.

Un siglo después del motín del Pendón Verde, tanto Sevilla como Nuevo México vivieron sus peores inundaciones hasta la fecha. Pero en ese tiempo la sequía de 1628-1631 empezaba a llevar el hambre y la peste a lugares como la Lombardía española, que perdió una cuarta parte de su población. La sequía redujo también la población de Castilla, aunque no fue la única causa. Allí, al igual que en Andalucía, se requisó más grano destinado a Madrid, donde se repartió el doble que en los años previos a costa de la población rural. La despoblación campó a sus anchas. En Barcelona, una masa hambrienta sacó los panes de los hornos y los devoró cuando aún estaban sin cocer. En Lisboa prácticamente no había grano, y en Vizcaya las mujeres se levantaron contra el abusivo impuesto de la sal ante la quietud de sus hombres. Cataluña, Países Bajos, Portugal y Aragón estaban a punto de rebelarse. En aquel imperio no se ponía el sol, y tampoco la calma.

Hubo avisos, pero el rey Felipe IV no los escuchó. Tampoco lo hizo el conde-duque de Olivares. No sólo desoyó las advertencias, sino que Olivares aprovechó la situación para emprender una campaña de reclutamiento masivo en Castilla, donde apenas había cebada con la que hacer pan. En consecuencia, algunos pueblos castellanos perdieron hasta la mitad de sus vecinos a causa de las catástrofes climáticas, el reclutamiento y la emigración.

Cuando la sed se marchó de la Meseta, no fue más que una pequeña tregua. Una década después volvió a azotar a la región, aunque en ese tiempo llovió como nunca antes en Andalucía. A partir de ese momento, Felipe IV se rodeó de brujos, profetas y médiums, si bien hizo caso omiso a algunas advertencias de quienes le hablaban del presente y del futuro inmediato. «Caerá todo de una vez», le dijeron. En los años venideros se sucedieron lluvias torrenciales en Madrid. En Andalucía, la población volvió a levantarse en 1647, concretamente en Ardales, Málaga. Los amotinados se dispersaron por otras ciudades poco antes de que las lluvias torrenciales volvieran a destrozar las cosechas. El precio del pan se triplicó.

El 6 de mayo de 1652, una mujer lloraba por las calles de Córdoba, una ciudad que acababa de perder un tercio de su población a causa de la peste. De ella no sabemos casi nada, salvo que era gallega, tenía hambre y acababa de perder un hijo. No empezó a bailar, sino que se limitó a caminar por el barrio de San Lorenzo. Como se desconoce su nombre, imaginemos que se llamaba Balloada, que es como los gallegos se refieren a la lluvia cuando es repentina, intensa y persiste durante varios días. Según recogieron las crónicas de la época, Balloada se paseaba por las calles con su hijo muerto en brazos. Aquella mañana estuvo increpando a los hombres por su inacción y cobardía. Pronto se le unieron otras mujeres, también anónimas, y algunos hombres que con el tiempo consiguieron que sus nombres se quedaran inmortalizados en alguna calle de la ciudad, como Juan Tocino.

Los cordobeses llevaban arrastrando años de sequías e inundaciones que se alternaban sin descanso. La grave sequía de 1651 tuvo el efecto dominó habitual: mala cosecha, escasez de trigo y subida del precio del pan. Pero descubrieron que en realidad el clima no era su mayor enemigo. Que ni el asunto era de tal gravedad ni el trigo parecía ser tan escaso como les habían dicho, sino que lo estaban acaparando algunos aristócratas y clérigos. Y eso fue lo que Balloada les reprochaba con el cadáver de su hijo en brazos; que su inacción y silencio ante lo que sabían había derivado en la muerte. Fue entonces cuando, alentados por el dolor de la madre, decidieron ir a buscar a los responsables. El corregidor huyó en busca de refugio en cuanto se enteró de aquella peculiar visita que no traía una botella de vino, sino palos, hoces y guadañas. Así lo hicieron también otros acaparadores que de pronto olieron el peligro. Durante varios días, los amotinados saquearon sus casas y recuperaron el grano. Diego Fernández de Córdoba les prometió que lograría bajar el precio del pan y que no habría represalias. Consiguió con ello que lo nombraran su nuevo corregidor.

El rey dictó un perdón general y envió más trigo desde Madrid, porque al menos entendió que castigar a los amotinados sólo podía empeorar las cosas. Pero, como no hubo consecuencias, al rey aquella estrategia le salió mal y sentó un precedente. El pueblo entendió que podía conseguir el grano mediante la rebelión sin sufrir castigo. Así que la revuelta que perseguía a los acaparadores se extendió a Sevilla.

Lo que ocurrió en ambos lugares se conoce como motines de subsistencia, del hambre o del pan. Pero si no había pan para comer era porque varios años de sequía agostaron las cosechas, mientras que los aristócratas hacían acopio del grano y la presión fiscal recaía sobre las clases populares, principalmente, en un lugar que dependía de la economía de subsistencia, de la agricultura de secano y de la lluvia. Fue, como el resto de los motines de ese tipo, una reacción espontánea y desorganizada, aunque no tardaron en ponerse de acuerdo. Los motines de subsistencia proliferaron en Europa entre los siglos XV y XIX, especialmente en las Castillas y la Francia cerealísticas. Muchos de ellos fueron también motines de la sed. En España alcanzaron su mayor intensidad en 1766, tras cuatro años de sequía.

* * *

Por si no tenían suficiente con las catástrofes climáticas, guerras y epidemias, la población rural europea veía cómo aumentaban los impuestos o surgían otros nuevos poco después de haber perdido sus terrenos comunales, que hasta entonces les habían servido como una barrera contra el hambre. El egoísmo y la indiferencia de algunos nobles estaban creando el caldo de cultivo para que una masa enfurecida y hambrienta, y a menudo también sedienta, se levantara.

Era un tiempo en el que los pobres estaban abocados a pagar más impuestos, y también a ver cómo reclutaban a sus hijos para guerras lejanas y a tener que acoger soldados en sus casas. La nobleza y el clero se hallaban exentos de esas obligaciones, y cualquiera que se enriqueciera lo suficiente como para acceder a un título nobiliario también podía librarse de ellas. Algunas regiones pagaban una cantidad fija de tributos independientemente de su número de habitantes, de manera que cada vez tenían que aportar más a medida que sus vecinos morían o migraban. Esa asfixia definitiva en lugares afectados por la despoblación hizo que se vaciaran casi por completo. Los escasos habitantes que quedaban se volvían más vulnerables y propensos a la sedición, especialmente cuando perdían a parte de sus conciudadanos a causa de las guerras que los reyes declaraban y alimentaban en gran parte del mundo a su costa, así como debido a las epidemias y al hambre. La rebelión estaba servida por las propias autoridades. También en otros lugares los vecinos sabían que aristócratas y clérigos acumulaban el grano que les habían hecho creer que no existía, mientras sus hijos morían de hambre.

Los levantamientos no se dieron sólo en Europa. El descontento de una población que se rebelaba contra la nobleza se había estado gestando desde finales de la Edad Media y principios de la Edad Moderna en casi todo el mundo, ya fuera en Francia, España, Reino Unido, Mesoamérica o China. La actitud de los gobernantes fue igual de egoísta y cruel en todas partes. Mientras algunos reyes y emperadores ahogaban a los ahogados, hubo al menos una excepción.

Gujarat, en la India, sufre en la actualidad una sequía extrema. No es la primera vez, porque ocurrió ya en 1630, cuando varios testigos dejaron constancia de que era imposible caminar por sus calles y caminos sin pisar cadáveres, y de que los padres habían empezado a devorar a sus hijos de pura desesperación. Estaban acostumbrados a que el monzón del que dependían se ausentase una vez por siglo, pero no cuatro, como ocurrió en el XVII. La situación de Gujarat parecía irreversible porque, cuando se fue la sed en 1632, llegaron lluvias torrenciales que destrozaron las tierras, dejaron a la población sin cereales y expandieron fiebres palúdicas y dengue. Se estima que murieron alrededor de un millón de personas. Contra todo pronóstico, el país se recuperó de manera acelerada. El emperador Shah Jahan tomó medidas muy distintas a las de otros gobernantes de su tiempo. Gran parte de su riqueza la repartió entre los pobres de su ciudad, a los que dio miles de rupias cada lunes durante veinte semanas. Abrió comedores y casas de beneficencia para que nadie se quedara sin comer. Cuando terminaron las lluvias, se trasladó hasta los pueblos y aldeas más afectados y repartió diez veces más ayuda entre los más desamparados de las zonas rurales para que pudieran recuperarse. También les llevó arados, poco antes de fundar varias ciudades con mercados y promover la exportación. Aunque no escatimó en nada, para él tuvo que ser una simple limosna porque aún le quedó dinero para renovar su trono de manera ostentosa, crear los jardines de Shalimar y encargar un mausoleo colosal para su difunta esposa, que es quizá la edificación construida por amor más conocida: el Taj Mahal.

A pesar de que en este lado del mundo proliferaron motines del pan o *guerres de farines*, como se llamaban en Francia, no siempre los amotinados responsabilizaban a los reyes. Sus validos y ministros se convirtieron en los chivos expiatorios, mientras los reyes seguían siendo ensalzados. «Viva el rey, abajo el mal gobierno», clamaban los madrileños que protagonizaron el motín de Esquilache en 1766. El marqués de Esquilache, secretario de Hacienda de origen siciliano, ordenó sustituir la capa larga y el sombrero de ala ancha por la capa corta y el sombrero de tres picos, lo que desató las protestas de un pueblo que consideraba que se estaba atentando contra su identidad. Durante mucho tiempo se dijo que aquel levantamiento tuvo su razón de ser en las capas y los sombreros. Por eso, suele separarse de los motines de subsistencia. Pero detrás de esto había algo más. Pronto los amotinados empezaron a exigir que bajaran el precio del pan, que había alcanzado ya el doble que el año previo a la sequía que agostó los campos entre 1761 y 1765. Por si fuera poco, se habían disparado los precios de los otros alimentos básicos, el aceite y el tocino. Además, el Gobierno había tomado medidas de liberalización económica, como la abolición de la tasa de granos, lo que amenazaba con hacer todavía más inaccesible el pan.

Los madrileños aún tenían muy presente el motín de los Gatos, llamado así por el sobrenombre con el que se les conoce. Había estallado poco más de medio siglo antes, cuando una mujer, que pudo ser la abuela de cualquiera de ellos, reprochó al corregidor la imposibilidad de alimentar a sus seis hijos. «Haced castrar a vuestro marido para que no os haga tantos hijos», dijo el corregidor. Quienes lo presenciaron, incluido un sacerdote, no pudieron contener su rabia al escucharlo, e iniciaron el motín. Carlos II estaba en cama, al parecer enfermo, se rumoreaba que agonizando. Después de que varias personas de su entorno se negaran a salir al balcón, el rey se levantó de la cama y salió afuera. De nuevo, las promesas de siempre lograron calmar los ánimos: bajar los precios y sustituir al corregidor. Entonces los amotinados empezaron a pedirle perdón. Y el rey les pidió perdón a ellos por haberles fallado.

De vuelta en 1766, Carlos III tuvo miedo, entendió el motín como una afrenta y buscó culpables. Cesó a Esquilache y apuntó a los jesuitas. Eran un chivo expiatorio fácil, puesto que acababan de ser expulsados de Portugal y de Francia. Finalmente, por razones algo dispersas y tras acusarlos de haber instigado los motines, se ordenó su expulsión de la península y de las colonias españolas en América.

Además de la indumentaria como detonante, también se creyó que el motín de Esquilache en Madrid tuvo réplicas en el resto de España. Asumir que esa proliferación de revueltas por todo el país se debió solamente al influjo de un motín madrileño o de cambios en la vestimenta dice mucho de un país en el que todo parece girar en torno a una élite instalada en la capital, al tiempo que se banalizan las luchas de la gente de a pie y de la periferia. En 1766 se produjeron motines de la sed por gran parte del país, a veces antes y a veces después, principalmente en la España seca, aunque la España húmeda no le fue del todo ajena. Habían arrastrado cuatro años de sequía, el precio del pan era inasumible y, ante la escasez, Esquilache decidió llevar el grano de los pueblos a Madrid. Muchos de estos levantamientos tuvieron lugar en Semana Santa. Algunos tamborileros se convirtieron en amotinados. Como si la vida fuera una escena surrealista de *Misión imposible 2* en la que se mezclaron Semana Santa, Fallas y Sanfermines, en España confluyeron en aquella primavera los tambores, el fuego y los cuchillos. Hubo oleadas en Cuenca, Zaragoza, Barcelona, Sevilla, Cádiz, Lorca, Cartagena, Elche, A Coruña, Oviedo, Santander, Vizcaya y Guipúzcoa. En los pueblos manchegos se repartieron pasquines y amenazas que tuvieron especial eco en Membrilla, El Toboso, Campo de Criptana y Granátula de Calatrava. Este último parece que lo lideraron poetas enfurecidos: «Si no enmiendas tus injusticias, Pedro Pablo, y el pan abaratas, has de morir atado a una estaca». «Cómo se levantaría Cuenca [...] porque lo había oído decir a unas mujeres que bajaban el cuartelón», decía María de Castro tras el motín del Tío Corujo en esta ciudad. Allí se daba un pan como limosna cuando tuvo lugar la revuelta.

Los motines no cesaron en ese momento. Tampoco el clima remitió. En 1780 volvieron las malas cosechas a una Europa cuya economía se había ido a pique durante la última década a raíz de la Crisis del Pánico de 1772. El 8 de junio de 1783, entró en erupción el volcán Laki, en Islandia. Ciento treinta cráteres estuvieron arrojando lava durante ocho meses, hasta el 7 de febrero de 1784. La nube de sustancias tóxicas que provocó se extendió por todo el mundo y alteró el clima. Los veranos se volvieron fríos, las nevadas llegaban tarde, las sequías se prolongaban. Las cosechas de varios años se perdieron. Alteraciones en los ríos y largas sequías desembocaron en una hambruna a la que tuvo que enfrentarse el mundo durante los años venideros. Seis millones de personas e incontables cabezas de ganado murieron a consecuencia de la erupción de Laki. La sed vivió un momento de gran esplendor en detrimento de la humanidad. Las sucesivas sequías que desencadenó la erupción del volcán fueron determinantes en el devenir de la historia de los seres humanos, como lo fueron también las mujeres sedientas.

De Troffea sus vecinos contaron varias historias que, si bien son más sensatas que las hipótesis misóginas y mojigatas de Paracelso, tal vez no fueran más que leyendas. Se decía que, justo antes de empezar a bailar, había lanzado al río a su hijo para que no muriera de hambre. Legendaria o no, aquella escena se repitió en motines de otros lugares de Europa. En Tracia se contaron historias parecidas siglos después, según recoge el historiador del clima Emmanuel Le Roy Ladurie. Geoffrey Parker, por su parte, destaca el infanticidio como una de las medidas más socorridas en ese tiempo para combatir el hambre, tanto en China como en varios países europeos, así como el desbordamiento de los hospicios en varios lugares, entre ellos España. Tanto si en el caso de frau Troffea fue real como si no, la madre que llora por un hijo que ha muerto o va a morir de hambre y que arrastra a sus vecinos ha sido una escena recurrente a lo largo de la historia.

Aunque los motines de la sed carecían de organización, tienen en común no sólo una época o la dificultad de las clases populares para acceder a alimentos básicos. En muchas ocasiones fueron las mujeres quienes iniciaron y protagonizaron esas revueltas. Alentaron los motines del pan en distintos puntos de Europa por otra razón: sabían que no iban a sufrir el castigo al que se enfrentarían sus maridos si los acusaban de sedición. A menudo quedaron olvidadas. Sus historias, salvo excepciones, rara vez se registraron en las crónicas, en los cuadros o en el callejero. No es este el lugar para profundizar en las vidas de todas ellas, pero sí para dejar constancia de su papel en la historia de la sed.

La madre que llora fue un recurso utilizado tanto en las rogativas como en los motines. En algunos pueblos de Valladolid, las mujeres de luto acompañaban las rogativas y lloraban por adelantado la muerte de sus hijos, con la esperanza de que el santo o la virgen se apiadaran de los suyos. Otras desataron motines lamentándose por la muerte de sus hijos y acusaron a los hombres de desidia. Esa madre que no había visto la lluvia en mucho tiempo era, en realidad, uno de los avisos más habituales del pueblo antes de recurrir a la violencia e incluso antes de colocar pasquines en las ciudades o tocar a alarma con la campana del pueblo. A veces, la advertencia no obtenía una respuesta inmediata y contundente, y entonces los reyes, príncipes y señores que no actuaban deprisa se encontraban de pronto con un grupo de amotinados al otro lado de la ventana, sin entender lo que estaba pasando. Lo habitual era que antes hubieran dejado pistas de que temían morir de hambre y estaban al límite. Pero nadie escuchó. Aunque los reyes no sólo recibieron avisos del pueblo, sino que también sus consejeros, validos y ministros emitieron advertencias a unos reyes que hicieron oídos sordos. Fue el caso de Felipe IV, a quien le recordaron varias veces que dejar a la población expuesta al hambre, subir o crear nuevos impuestos o vivir en un estado de guerra constante podía volverla en su contra, y que esta no dudaría en usar la violencia, porque nada duda menos que el hambre. Conocemos ya a algunas de esas madres: la gallega anónima de Córdoba, la madrileña que detonó el motín de los Gatos y las mujeres de Cuenca. Pero hubo más, y de algunas quedaron sus nombres.

Josepa Vilaret, la Negreta, lideró en Barcelona el movimiento *Fora la fam!* tras enfrentarse a las fuerzas del orden en 1789. El 1 de marzo, varias mujeres entraron en la catedral al toque de *via fora*, el repique de campanas que servía para alarmar a la población. A ellas se unieron algunos hombres, y pronto fueron más de ocho mil los que protagonizaron la revuelta de los *rebomboris del pa*. Josepa fue de las primeras detenidas. Se dictaron noventa penas de destierro y seis de muerte, y entre ellas estaba Josepa. La ahorcaron en una plaza con cinco hombres. Sus vecinos se negaron a asistir.

El mismo año, un chico tocó un tambor en un mercado de París y varias mujeres, hartas de pagar por un pan caro y escaso, partieron hacia los mercados del este de la ciudad, donde hicieron sonar las campanas. Se unieron otras vendedoras y, junto con los revolucionarios, se dirigieron al ayuntamiento. Eran ya miles de personas pidiendo pan y armas. Hubo más tambores y uno de los tamborileros gritaba: «¡A Versalles!». Aquellas mujeres protagonizaron una marcha decisiva. La sequía no fue la causa de la Revolución francesa, pero sí una de sus razones y su predecesora. Cuando estalló, la sed llevaba años campando a sus anchas, matando las cosechas, clavándose en los estómagos de los franceses. El día que tuvo lugar la Marcha de Versalles llovió.

Después, Europa era diferente. O no del todo. En 1816, el año sin verano, varias mujeres británicas volvieron a gritar «Bread or Blood», extendiendo nuevos motines del pan a Francia. En Palencia, Dorotea Santos se ganó una plaza en su ciudad por liderar con otras mujeres el motín del Pan en 1856. En Madrid, las verduleras de la calle Ruda y del mercado de la Cebada se levantaron en 1892 dando lugar al motín de las Verduleras. «Que se coman los codos de hambre todos los ricos», gritaban. Aunque tenían hambre, volaron hortalizas. Un lunes de 1904, doscientas vallisoletanas que se convirtieron en dos mil fueron hacia las dependencias del Gobierno Civil a solicitar «pan y trabajo». A principios del siglo xx, aquellas mujeres todavía pedían «que los pobres coman pan y los ricos coman mierda».

En parte debido a la sed, se había extendido la idea de que las mujeres eran unas agitadoras. Puesto que las verduleras europeas alentaron y lideraron algunas revueltas, porque estaban en las calles antes de que estallasen, el término se utilizó (seguramente desde antes) con tono despectivo en castellano. Aparte de 'persona que vende fruta', la RAE tiene una segunda acepción: 'Persona descarada y ordinaria'. Pero nadie dice «verdulero» en ese sentido. Seguramente, algunas llevaron con orgullo que las llamaran agitadoras, verduleras y también brujas.

* * *

La Tía Casca vivía en Trasmoz, un pueblo zaragozano excomulgado en 1255 por una constante lucha por el agua de riego, maldito en 1511 y convertido en un pueblo de brujas marcado por la sed en tiempos más recientes. Hoy los vecinos no quieren que el papa revoque la maldición y anualmente eligen a la bruja del año. Pero, en los tiempos de la Tía Casca, la situación era muy distinta. Ni siquiera se quería hablar de brujas los viernes.

Vestía el luto riguroso de quien lo ha perdido todo. Era una mujer solitaria que desaparecía por los caminos y conocía las plantas. Cuando cumplió cincuenta y tres años, el pueblo había sufrido ya varias plagas y sequías. Pronto los vecinos la señalaron como culpable de los males que asolaban la tierra. Aunque en 1781 se emitió el último auto de fe en el que se condenaba a una bruja a la hoguera en España y, al año siguiente, se ejecutó a la última mujer acusada por brujería en Europa, tras la muerte de la beata Dolores y de Anna Göldi, la idea seguía haciendo mella en la población, y los vecinos de la Tía Casca decidieron protagonizar su propio «juicio» en el siglo XIX. La persiguieron, la acorralaron y la arrojaron por un precipicio.

Tras su muerte, los pastores no querían pisar ese lugar; creían que a la Tía Casca no la quisieron ni en el infierno, y que su espíritu vagaba por ahí, con sus greñas como culebras escondidas bajo la piel de un lobo. Un día, llegó al pueblo un joven forastero y un pastor le aconsejó que no tomara la Senda de la Tía Casca. Intrigado por el temor que intuyó en el hombre, el joven quiso saber por qué. El pastor finalmente accedió a contarle una historia que aseguraba haber presenciado tres años atrás, quizá sin saber que estaba hablando con alguien que correría a inmortalizar la historia por escrito. Era Gustavo Adolfo Bécquer, quien dedicó a la Tía Casca la sexta de sus *Cartas desde mi celda*.

En ellas citaba al pastor de Trasmoz que le previno de tomar aquel camino: «Al llegar al borde del precipicio se detuvo un instante, sin saber qué partido tomar. Las voces de los que parecían perseguirla sonaban cada vez más cerca, y de vez en cuando la veía hacer una contorsión, encogerse o dar un brinco para evitar los cantazos que le arrojaban».

La mujer, recordaba el pastor, apeló a la compasión de quienes la acusaban de todos sus males. Según él, la bruja de Trasmoz dijo: «Yo soy una pobre vieja que no ha hecho daño a nadie; no tengo hijos ni parientes que me vengan a amparar. ¡Perdonadme, tened compasión de mí!».

Sin embargo, empezaron a lanzar acusaciones de todo tipo contra ella. Que si le había quitado el hambre a un mulo. Que si sacaba a un bebé de su cuna cada noche. Que si había malogrado la suerte de una hermana. La acusaron de embrujar al pueblo entero.

Se ha planteado que la Tía Casca pudo ser en realidad Joaquina Bona Sánchez, que nació el 10 de marzo de 1813, se casó con Tomás Pérez y tuvieron cuatro hijos. Tal vez fuera ella y tal vez no, porque sólo se sabe que esa mujer falleció en Trasmoz el 31 de julio de 1860 de muerte repentina y sin recibir los santos oficios. Aunque esto no coincide con dos testimonios recopilados en aquel tiempo por Bécquer, según los cuales la Tía Casca aseguraba que no tenía hijos, mientras que una joven de otro pueblo le atribuía una hija.

La Tía Casca no fue la única acusada por los sedientos. En los peores siglos de la Pequeña Edad de Hielo, las acusaciones de brujería relacionadas con cosechas malogradas, por sequía o inundación, se dispararon. Una de esas historias ocurrió muy cerca, en Épila. En el año 1631 se desató una auténtica caza de brujas en el pueblo aragonés. Nueve mujeres fueron perseguidas y apresadas, y varias de ellas ajusticiadas. Carlos Garcés, que investigó su historia, encontró en la sed de los años previos la principal causa de la caza de brujas de Épila. Para él, lo que explicaría semejante persecución sería una grave sequía seguida de riadas, pérdida de cosechas, hambre y epidemias. La película *No soy una bruja*, de Rungano Nyoni, refleja esta realidad todavía presente en algunos lugares. Una chica de nueve años llega a un pueblo sediento y los vecinos la acusan de brujería. La juzgan, la apartan de la sociedad y la envían a un campo de brujas en pleno desierto, bajo la amenaza de que se convertirá en una cabra blanca si se escapa. Bautizada por una bruja, se llamará desde entonces Shula. En esencia, podría decirse que esta historia es real y que sigue ocurriendo. A pesar de que el Ministerio de Género, Infancia y Protección Social de Ghana decretó el cierre de los campos de brujas en 2014, aún existen estos lugares, unas veces apartados y otras en mitad de los pueblos. Entre sus paredes de barro albergan a mujeres acusadas de provocar enfermedades, muertes, pérdida de ganado, sequías, inundaciones y malas cosechas, después de someterlas a un juicio en el que se lanza una gallina al aire para obtener respuestas. Hay también algunos hombres, pero raras veces superan el 5 por ciento del campamento. Las internas suelen ser ancianas, a menudo viudas, que llevan décadas encerradas, sin poder recibir visitas salvo que lo permita el jefe local. Entre otras razones, algunas están allí por la sed de sus vecinos e incluso de sus familias. Otras ingresaron en el campo de manera voluntaria tras recibir amenazas de muerte de sus vecinos, e incluso se llevaron consigo a sus hijos y nietos. En realidad, son libres de salir de allí si quieren, pero no lo hacen por miedo a un final similar al de unas brujas aragonesas a las que no conocieron.

* * *

Un ministro ruso anunció recientemente una idea disparatada y en apariencia novedosa: multar a los meteorólogos que yerren en su pronóstico del tiempo. Pero la idea no es nueva. La búsqueda de culpables ha acompañado a la humanidad desde que miró al cielo y se preguntó si iba a llover. Un gran poder conlleva una gran responsabilidad, y cualquier intercesor es susceptible de acusación. Desde Licurgo hasta Charles Hatfield, quien ostenta el poder de invocar la lluvia sufre el castigo cuando se da un error de cálculo, cuando el agua no llega y también cuando llega en exceso. Licurgo y Hatfield, por ejemplo, no corrieron la misma suerte, pues el primero fue asesinado (en un mito) y el segundo, varias veces demandado (en la vida real) en tiempos de sequía y de inundaciones, fue absuelto porque se decidió que el hacedor de lluvia no provocó las inundaciones de la ciudad de San Diego a principios del siglo XX, sino que fue una decisión divina.

El rey acadio Naram-Sin, nieto de Sargón el Grande, fundador del Imperio acadio, protagoniza una historia que quizá no fuera real. Con sus acciones, aunque nunca supo cuáles, retó a los dioses. Soñó que Enlil, el principal dios de los sumerios, lo abandonaba y hacía que los otros dioses de su ciudad procedieran igual. Al despertar, fue corriendo a vestirse de luto. Naram-Sin se deprimía sin entender el porqué de tanta desgracia. La tierra no dio cereales en siete años. No hubo tampoco vino. El agua no dio peces. Las nubes no dieron agua. Naram-Sin rezaba y rezaba, encomendándose a los dioses, pero sin éxito. Llegaba tarde: su destino maldito estaba escrito desde su nacimiento. Después de siete años con la cabeza entre las manos, el rey supo que no obtendría respuesta de los dioses. Enfurecido, armó un ejército y partió cargado con palos y hachas hacia el templo de Enlil, que estaba en Nippur. Cuando arrancó los tubos de desagüe de la construcción, «el agua regresó al cielo». Dejó el templo en ruinas. Enlil arrancó a los gutis de las montañas y los envió a destrozar Acad. Con ellos llegaron el hambre, la ruina, la desesperación y la muerte. La ciudad quedó destruida. Un imperio que apenas cumplía un siglo desapareció.

El relato que cuenta esta historia forma parte de la literatura naru, que enfrentaba a dioses y humanos para que estos conocieran sus límites. Tuvo una gran popularidad en Mesopotamia, aunque no podemos decir que fueran historias fidedignas. Si bien contienen detalles históricos, su valor es sobre todo literario. Parece que la historia se inventó tiempo después en la ciudad de Ur con fines aleccionadores, pero hoy sabemos que en aquel entonces el Imperio acadio sufrió una gran sequía. «La maldición de Acad» guarda un claro mensaje: creerse el dios de la lluvia tiene consecuencias; castigar a los dioses, también.

En un mito de la Antigua Roma, un pueblo asfixiado por la sed acudió al oráculo en busca de respuestas. El oráculo no titubeó: para acabar con la sequía, había que acabar con el responsable, que no era otro que Licurgo, rey tracio de los edonianos y padre de Dryas, que se había enfrentado a los seguidores de Dioniso. Este, como castigo, envió una sequía a Tracia. Para que regresara la lluvia, una masa enfurecida se levantó y fue a buscarlo siguiendo las órdenes del oráculo. Los súbditos lo entregaron a los caballos para que lo despedazaran. Entonces Dioniso levantó la maldición. Y volvió la lluvia.

A algunos gobernantes les habría ayudado conocer estas historias ficticias. Según un estudio reciente, la mayoría de los magnicidios cometidos en la Antigua Roma tuvieron un factor común: la sed. Esa misma sed que impulsó a Atila y los hunos a invadir Roma, según otro estudio. Ni los reyes ni los hacedores de lluvia ni los santos se libraron del castigo en plena sequía. También algunas brujas fueron señaladas con argumentos tan frágiles como los que llevaron al asesinato de Licurgo.

Otros sí entendieron que, a menos que se castigaran a sí mismos a tiempo, algún día lo harían sus súbditos. Más o menos desde la época en que los reyes romanos se creían la encarnación de Júpiter, en Mesoamérica los grandes señores mayas se consideraban descendientes de los dioses y desempeñaban el papel del dios de la lluvia en la tierra. Los mayas creían que venían del agua y que «volvían al agua». Esa era su forma de nombrar la muerte. La ciudad de Tikal estaba lejos de los ríos y dependía completamente de la lluvia que caía. Allí construyeron embalses, enormes «montañas de agua» que se elevaban para contener millones de litros procedentes de la lluvia. Tenían incluso su propio sistema de filtración a base de piedra y arena. El reservorio de Tikal, que derivaba el agua de lluvia hacia embalses, canales de riego y pequeños depósitos de uso doméstico, tenía tal capacidad de almacenamiento que los habitantes de Tikal, la mayor ciudad maya, podían prescindir de la lluvia durante años. Pero la ciudad estaba rodeada de aldeas en las que moraban los campesinos, que no tenían las mismas oportunidades. Sus estanques apenas garantizaban la supervivencia durante unos meses.

Para glorificar al rey, se tallaba una estela que resaltaba sus grandes hazañas. Esas estelas coincidieron con el auge de la civilización maya y empezaron a caer en desuso en el año 700 d.C. Apenas un siglo después, la mayoría de la población abandonó Tikal. Tiempo atrás la lluvia cesó y la población había dejado de creer que su rey era un dios garante de la lluvia. Por si fuera poco, se había enriquecido a su costa mientras subía los tributos a unos campesinos asfixiados. Siglos antes de que se dieran los motines del pan en Europa, allí se levantaron contra aquella nobleza que prometía una lluvia ausente. Como responsable de la lluvia, recaían sobre él tanto la gratitud como el castigo.

Al principio de su mandato, pero también con motivo de las fiestas anuales y los rituales para pedir la lluvia en plena sequía, los reyes protagonizaban un peculiar autosacrificio. Aparecían ante la multitud luciendo sus mejores plumas y en taparrabos. De un cuenco tomaban una espina de raya venenosa y se la clavaban en el pene varias veces. Recogían la sangre derramada con papeles que quemaban en un sahumerio mientras daban vueltas en una danza frenética. Del ritual han quedado pruebas en estelas, frisos y pinturas. También de las espinas utilizadas, tan importantes que se las llevaban a la tumba. Las estelas fueron habituales hasta que la sequía arreció y la supervivencia se antepuso a las glorias de la nobleza. El descontento contra ellos fue creciendo a pesar de sus intentos por contenerlo.

No buscaban el suicidio ni la mutilación cuando se autosacrificaban en tiempos de sequía, sino invocar la lluvia mientras aliviaban el enfado de la población enseñándoles su sangre antes de que fueran ellos a buscarla. A ese extremo sí llegaron, en cambio, los jefes dinka, a orillas del Nilo, que eran hacedores de lluvia. Como tenían prohibido morir de vejez o enfermedad, sabían que su momento llegaba cuando no lograban traer la lluvia a su pueblo. El jefe-hacedor de lluvia que no conseguía su objetivo solicitaba que cavaran un hoyo en el suelo y le llevaran sus cosas. Ahí se introducía un tiempo en solitario antes de pedir su último deseo: «Lanzadme tierra».

* * *

La población toma medidas desesperadas cuando tiene hambre, pero también lo hace cuando tiene sed. Aunque la sed siempre ha estado a la sombra del hambre como causa de muertes, motines y migraciones, el cuerpo puede llegar a aguantar entre cuarenta y sesenta días sin comer, once sin dormir y sólo tres sin beber. Eso, en circunstancias normales. En un ambiente extremo de aridez y calor, se estima que al cuerpo le bastan doce o quince horas para entrar en un shock circulatorio. Son varios los casos documentados de personas que bebieron su propia orina y lograron sobrevivir. Se dice que los soldados de Alejandro Magno lamían sus espadas. También, para no morir de sed, los armenios expulsados del Imperio otomano durante el genocidio de 1915 partían con una semilla de granada bajo la lengua. Algunos supervivientes afirmaban que un grano al día les había permitido sobrevivir en el desierto. De ahí que sus descendientes crean que una granada tiene 365 días y que convirtieran esta fruta en símbolo nacional.

Ya vimos que, al principio de la Pequeña Edad de Hielo, la mayoría creyó que detrás de tantas desgracias estaba Dios. Fue común hasta entonces autoculparse, asumir que lo habían enfadado, pero también se tendía a pensar que no estaba todo perdido porque quien tiene el poder de castigar puede también salvar. Entonces llegó la época de la Revolución Científica, y con ella se impuso la razón y también la sospecha de que había algo más de lo que se les estaba contando. Así que esa esperanza empezó a difuminarse. Quizá ni siquiera Dios pudiera salvarlos de morir de hambre. Algunos llegaron a dudar de lo que se contaba sobre el clima. Al fin y al cabo, puede que Dios no estuviera tan enfadado con ellos. Quizá eran las brujas quienes habían malogrado las cosechas. O tal vez las cosechas no habían sido tan malas como les habían dicho, y la culpa era de gente maligna y poderosa con una ambición acaparadora infinita que los estaba matando de hambre. Quizá finalmente la causa de sus penurias tenía nombre, carne y huesos, líderes que con su desidia o despotismo habían provocado una serie de desdichas catastróficas. Además de los enemigos que ya se conocían, como las estrellas, las bolas de fuego (cometas) y los eclipses y ellos mismos, pecadores, ahora la población volcaba su frustración en nuevos chivos expiatorios, que eran, en realidad, los de un pasado remoto con nuevos nombres: nobles, brujas y hacedores de lluvia.

La idea de que Dios los había abandonado empezó a calar y se extendió a los soberanos. Si se perdía la esperanza, se perdía también la fe, y con ella, el miedo a las consecuencias de la sedición. Si las rogativas no obraban el milagro, se buscarían culpables. En el lapso de pocos siglos, gran parte de la población dejó de confiar en sus gobernantes, ya fuera en Tikal, en Estrasburgo, en Córdoba o en París. Los santos aún convivieron con la razón y la ciencia, pero, al igual que los gobernantes, empezaron a ser castigados. No obstante, la ciencia, concretamente la meteorología, que daba sus primeros pasos en el siglo XVII, seguramente resultó de gran ayuda para los santos intercesores y para quienes todavía no habían perdido la fe. Quien tiene acceso a un parte del tiempo —y existen desde aquella época— sabe cuál es el mejor día para organizar una rogativa.

Cuando una rogativa no surtía efecto, los feligreses tomaban medidas acordes al material del que estaban hechos los santos. Como no había sangre que derramar, para que entendiesen la situación y para castigarlos por lo que no concedían, a algunos se les introducía la cabeza en un charco, se les ponía sal o bacalao en la boca, o se les lanzaba al agua directamente. En Sicilia se enterraba al santo en estos casos, mientras que en Japón los metían en arroz podrido. Pocos son los pueblos dispuestos a reconocer el sacrilegio colectivo, en el que predomina el ritual de inmersión, a pesar de que hay constancia de que lo han hecho.

Pero hay al menos un pueblo de Aragón que no lo esconde. En ese pueblo vivo. A los de Castelserás de toda la vida o a los que han superado algún rito iniciático que nadie confiesa los llaman judíos. Y la razón es uno de esos castigos que casi nadie reconoce salvo aquí. Aunque circulan varias versiones, la más común si se pregunta por el pueblo es la siguiente: a pesar de que estoy terminando un libro sobre la sed mientras llueve, partimos de la base de que aquí no llueve casi nunca, que a veces llegan las nubes y tal como vienen se van sin dejar ni gota. Hace mucho tiempo, echaban tanto de menos la lluvia que sacaron un cristo en procesión. Cuenta en sus memorias Luis Buñuel, natural del pueblo de al lado, que fue una virgen en lugar de un cristo. El cielo se nubló de repente y se llenaron de esperanza. Pero, de pronto, la nube les gastó la broma de siempre y giró el timón. Parece que lo entendieron como una burla del intercesor, así que lo lanzaron al río para darle un escarmiento. Si de verdad ocurrió, fue exactamente en el puente que tengo delante mientras escribo. El cristo siguió el curso del río Guadalope hasta que lo encontraron unos vecinos de Alcañiz. Cuando lo identificaron, decidieron que los autores de tal sacrilegio sólo podían ser judíos. Y desde entonces los llaman así. Según otra versión, no había ningún cristo en el agua porque lo que echaron al río fue un saco de paja para mofarse de los de Alcañiz. Aquello que nació como una ofensa antisemita, mis vecinos decidieron quedárselo, invertirlo y llevarlo con orgullo.

Tanto si es una leyenda como si ocurrió de verdad, tuvo que ser lo bastante traumático como para refugiarse en los mitos: apenas dos o tres siglos antes tuvieron que construirles un puente que el agua llegó a cubrir, en una tierra húmeda mucho tiempo atrás por la que paseaban los dinosaurios a sus anchas, donde quedaba poco más que el polvo. Incluso una vez fueron en rogativa hasta la ermita de Fórnoles y allí se encontraron siete rogativas, procedentes de distintos pueblos, que habían llegado a la vez sin premeditación alguna. Les pareció un milagro y decidieron repetir la reunión hasta convertirla en una fiesta anual en la que participaron durante siglos y hasta tiempos recientes.

10

Los pies en el suelo, la mirada en el cielo

Para entender la vida en su totalidad, hay que mirar arriba
y abajo, a las ramas gruesas y a las finas, a la copa y a la leña
caída y seca, a lo fragante y a lo caduco, al presente y al
pasado.

JUAN LUIS ARSUAGA

«Si eres tan sabio, ¿por qué no te enriqueces, por qué no prosperas en
lugar de ser un fracasado?». Uno de los Siete Sabios de Grecia, primer
filósofo y precursor de la ciencia en Occidente, tenía que soportar a
menudo esa pregunta. En un mundo poblado por los mitos, fue la
primera persona —de la que haya constancia— que quiso conocer
la realidad a través de la razón y no de la ficción. Buscó el principio de
todas las cosas y lo encontró en el agua, que con su esencia divina le
pareció el hábitat de los dioses. Pensaba que era un ser vivo porque se
movía y, porque se movía, tenía alma. Creía, también, que la Tierra era
una especie de isla que flotaba sobre el agua y que eso provocaba los
terremotos. Contaba Heródoto, sin dar mucho crédito a la historia,
que de aquel hombre se decía que había partido un río en dos.

Aprendió a mirar el cielo, predijo un eclipse, tomó medidas a la
Luna y también a las pirámides con su propia sombra. Sus vecinos
solían acudir a él en busca de consejos, pero se burlaron de él cuando
tuvo la ocurrencia de comprar todas las almazaras de su ciudad en
plena sequía, en un momento en que ellos daban ya la cosecha por
perdida. Una vez, una anciana que lo había recibido en su casa lo
llevó al patio para que le hablara de las estrellas. El filósofo tropezó por

ir mirando al cielo y cayó en un hoyo. La anciana, que no podía parar de reír ante aquel hombre que le pedía ayuda, finalmente logró decirle: «¡Ay, Tales! ¿Pretendes conocer lo que está en el cielo, cuando ni notas lo que tienes a tus pies?». Pero él sabía que el cielo contenía mensajes encriptados sobre la tierra. Por eso, sus conocimientos de astronomía le permitieron predecir la lluvia cuando ya nadie la esperaba. Y en realidad no había olvidado el suelo, porque estuvo estudiando los olivos e hizo cálculos sobre sus necesidades de agua y de sol; gracias a ello, se lanzó a comprar todas las almazaras de Mileto. Cuando sus vecinos cosecharon una ingente cantidad de aceituna, no tuvieron más remedio que acudir a Tales y pagar un alto precio. Tales se enriqueció, pero pronto se deshizo de las almazaras y volvió a su existencia de antes. En realidad, no le interesaba ser rico, y menos a costa de ellos; lo que pretendía era demostrar a sus vecinos que ser filósofo o estudiar no es de fracasados. Estaba harto de oírles decir que estaba desperdiciando su vida.

Aquel hombre que siempre miraba al cielo en busca de respuestas murió de insolación durante unas olimpiadas. Aunque hay quienes piensan que escribió sobre astrología y sobre el solsticio y el equinoccio, otros creen que nada de eso era realmente suyo. Si Tales de Mileto dejó algo escrito, nadie lo ha encontrado. Por suerte, Aristóteles y Séneca difundieron su legado.

Si bien «meteorología» significa 'ciencia de la atmósfera y los meteoros', los antiguos griegos llamaban «meteoros» a todo aquello que estaba en las alturas, en el aire, en el cielo. Probablemente fue Aristóteles quien acuñó el término, allá por el año 350 a. C., cuando después de *Acerca del cielo* escribió su *Meteorológica*, ambos incluidos en un compendio de cuatro volúmenes conocido como *Los meteorológicos*. Aristóteles sabía que la lluvia no era el semen divino de Anu ni la leche de Antu, su consorte, como pensaban sumerios y acadios. Seguramente fue el primero que habló del ciclo del agua. Aunque cometió algunos errores dejó escritas las primeras descripciones sobre la lluvia y su origen. Mientras tanto, sus vecinos atenienses imploraban a los dioses, y lo seguían haciendo doscientos años después. Según recogió Marco Aurelio, repetían: «Envíanos la lluvia, envíanos la lluvia, Zeus amado, sobre nuestros campos de cultivo y llanuras». «O no hay que rezar, o hay

que hacerlo así, con sencillez y espontáneamente», añadía el emperador estoico. Pero, más que rezar, Aristóteles decidió ponerse a mirar el
cielo. Quiso entender y llegó a conclusiones no siempre acertadas,
pero tampoco siempre erradas. Él creía que existía una corriente per-
petua que iba del centro de la Tierra hacia fuera y regresaba; que el
agua se evaporaba, subía al cielo y volvía a descender en forma de
lluvia. También intuyó que el halo del sol era un efecto óptico, y que
las nubes estaban compuestas por agua. Por eso, en su clasificación de
los fenómenos meteorológicos, lo incluía entre los «aparentes», mientras que colocaba la lluvia entre los «reales» y los «cercanos». Aristóteles
ya pensaba, al igual que los mixtecos, que las nubes en realidad no
se producían en el cielo, sino en la tierra. Sobre la lluvia escribió que
«se forma a partir de una gran [cantidad de] vapor que se enfría» a
causa del espacio y tiempo «a partir del cual y en el cual se acumula».

Aunque no fue el primero que buscó respuestas en las nubes,
puesto que antes que él Anaxágoras afirmó que la lluvia caía cuando
la humedad de las nubes, demasiado alta, se congelaba y su propio
peso la obligaba a descender, uno de los primeros textos que explican
el origen de la lluvia pertenece a Aristóteles: «Puesto que la humedad
se eleva siempre gracias a la fuerza del calor y desciende de nuevo a la
tierra a causa del enfriamiento, los nombres de esos fenómenos y de
algunas de sus variantes están puestos con propiedad: en efecto, cuando[la humedad] se desplaza en pequeñas partículas se llama llovizna,
mientras que cuando [lo hace] en partículas mayores se denomina
lluvia».

Al igual que había hecho Tales de Mileto, Tirtamos, un discípulo
de Aristóteles, quiso alejarse de los mitos y optó por la observación
para reunir las señales que enviaba el tiempo antes de manifestarse.
Fue Aristóteles quien decidió, «por lo divino de su elocución», cam-
biarle el nombre con el que hemos conocido a su discípulo predilec-
to: Teofrasto. En *Signos del tiempo* reunió hasta doscientos presagios,
ochenta de ellos de lluvia. Incluyó el que quizá más se ha extendido
en la tradición oral de distintas culturas preocupadas por la lluvia: el
halo del sol, al que volveremos más adelante.

Cuando los árabes trajeron el conocimiento precientífico sobre
el tiempo a Europa en la Edad Media, viajó con ellos *Los meteorológi-*

cos de Aristóteles. El traductor italiano Gerardo de Cremona se encargó de traducir la obra al latín en la Escuela de Traductores de Toledo, y desde allí se extendió por el resto del mundo. Fue un libro de texto obligatorio en la universidad y seguramente el tratado de física terrestre más leído hasta entrado el siglo XVII.

Casi nada más se supo de la meteorología hasta que, en el siglo XIII, Alberto Magno escribió sobre la redondez de las gotas de lluvia y, avanzado ya el XVII, Descartes incluyó un apéndice en su *Discurso del método* que tituló *Les Météores*, en el que explicaba que las nubes eran blancas porque la acumulación de gotas refleja los rayos. Según afirmaba, en las nubes, además de gotas de agua, había cristales de hielo que chocaban, se deshacían y caían en forma de lluvia. Hasta Galileo, las ideas de Aristóteles imperaron en Occidente acompañadas de otras como que un experimento científico era un acto de brujería. Aristóteles creía que la Tierra permanecía quieta y que el Sol atraía la humedad. Pero sin remontarse a él, a Tales de Mileto, a Teofrasto, a los mitos que los precedieron y a hechiceros, magos, sacerdotes y adivinos de las primeras civilizaciones que alumbraron la prehistoria de la meteorología, no se entendería el cambio que se estaba dando en los peores momentos de la Pequeña Edad del Hielo.

A partir del siglo XVII, el empirismo de quienes pusieron los cimientos de la meteorología precientífica ya no era suficiente. Algunas personas entendieron que tampoco bastaba con pedir el agua al cielo, a los dioses, a los santos o a los hechiceros. Vieron, también, que meteoritos, inundaciones y sequías no eran castigos divinos, errores de hechiceros o hacedores de lluvia ni encantamientos de brujas. Sin embargo, no cambió todo de repente. Durante un tiempo, las invocaciones convivieron con los avances científicos. Este año (2023), después de meses sin una lluvia reseñable en la España seca, «abril aguas mil» terminó con un embalse completamente vacío, con flamencos en plena mudanza de Doñana a la Albufera y con rogativas por doquier.

Pero retrocedamos al momento en el que varias personas se obsesionaron con el cielo, con el aire, con el agua y con el futuro inmediato. Algunos cráteres de la Luna hoy llevan sus nombres. Predecir una tormenta, entender el atardecer y el amanecer, distinguir copos de nieve, medir gotas de lluvia y la intensidad del azul del cielo y conocer las nubes fueron algunos de sus grandes hitos. Aquella gente entregada a una pasión permitió que el ser humano pudiera predecir una tormenta, diferenciar los tipos de nubes y medir la lluvia. En ese tiempo la meteorología era parte de la física, pero estaba a punto de independizarse de su madre y convertirse en una disciplina científica con entidad propia.

No sabemos cuándo el ser humano empezó a medir la lluvia, pero hay constancia de que ya lo hacía en Jericó hace unos ocho mil años. De todos modos, no bastaba con predecir la lluvia, también había que medirla y, a poder ser, retenerla. Aunque se siguió midiendo en distintos lugares como la Antigua Grecia con instrumentos arcaicos, no hay indicios de registros pluviométricos hasta el siglo XV en Corea, en los tiempos de Sejong el Grande. Precisamente a él y a su hijo Munjong se atribuye la invención del *cheugugi*, el primer pluviómetro de la historia conocido, que data del siglo XV y que extendieron a otras partes del mundo.

Entre las personas que se obsesionaron con el cielo a partir de mediados del siglo XVII y hasta el siglo XIX estaba Descartes, que se hizo preguntas sobre la lluvia y explicó el blancor de las nubes. En 1643, Evangelista Torricelli inventó el barómetro. Sólo una década después, Fernando II de Toscana se obsesionó con la meteorología y mandó construir la primera red de observatorios meteorológicos de Europa; también fundó en Mannheim la Sociedad Meteorológica Palatina. Aunque el físico italiano Benedetto Castelli, discípulo de Galileo, fue el artífice de uno de los primeros pluviómetros, el arquitecto y científico sir Christopher Wren creó una versión mejorada, a finales de siglo, apenas unas décadas después de que Robert Hook inventara el pluviógrafo para medir la intensidad de la lluvia.

Por su parte, John Tyndall creía que vivimos dentro del cielo y no debajo. Dos siglos después de que Descartes se cuestionara por qué las nubes son blancas, Tyndall se preguntó el motivo por el que el cielo es azul. Entre la vida de uno y otro, fue uno de los padres del alpinismo, Hórace-Bénédict de Saussure, quien inventó el cianómetro, que medía la intensidad del azul del cielo. Con la ayuda de un pelo, Saussure concibió el higrómetro; si se ondulaba con la humedad, nada como un pelo tensado para medir la humedad presente en el aire. Primero con pelo humano y después con crin de caballo, durante siglos se siguió utilizando su invento.

Aunque otros idearon en ese tiempo distintas herramientas para medir la lluvia, el meteorólogo Gustav J. G. Hellmann logró inventar en el siglo XIX el pluviómetro que finalmente patentó la Organización Meteorológica Mundial. A diferencia de sus predecesores, el invento de Hellmann no perdía agua ni por evaporación ni por el impacto de las gotas al caer.

En resumen, en los peores momentos de la Pequeña Edad de Hielo nacieron el barómetro, el pluviómetro, el pluviógrafo y el higrómetro. Pero de la lluvia era preciso conocer otros detalles. Para empezar, las nubes, cuyos nombres actuales debemos a un hombre inglés que pasó el verano del año sin verano mirando al cielo. Hoy sabemos que las lluvias se originan sobre todo a partir de dos tipos de nubes: nimboestratos y cumulonimbos. *Nimbus* significa 'nube de lluvia' en latín, mientras que *cumulus* significa 'montón' o 'por acumulación'. Las primeras son grises, oscuras. Las segundas tienen forma de nata montada y se elevan hasta crear una especie de yunque en lo más alto. Si las llamamos así es porque alguien les dedicó el tiempo suficiente para entender que podía clasificarlas y, por tanto, nombrarlas.

En 1783, cuando Luke Howard era un niño, vivió un verano convulso que hizo saltar las alarmas de la población mundial a causa de los bruscos cambios meteorológicos que se dieron. El cielo cambiaba de forma y de color constantemente debido a unas grandes nubes de ceniza. Los animales morían y los cultivos se echaban a perder sin motivo aparente. En Inglaterra lo llamaron «el verano de arena». Mientras en Islandia se sucedían devastadoras erupciones volcánicas, otro volcán despertaba en Japón y en Italia la tierra temblaba. Puede que fuera entonces cuando empezó a prestar atención al cielo, porque era lo que los mayores hacían.

Como tantos otros de sus coetáneos, Howard estudiaba el cielo para barruntar si ese día iba a llover. La reiteración le permitió descubrir los diferentes conjuntos de gotitas de agua, que se le revelaron a base de formas que insinuaban algodón, lana, flecos. En su época surgió un interés desmedido por la naturaleza y su relación con el ser humano, que culminó en expediciones en busca de nuevas especies y también en el desarrollo de las taxonomías y el orden. Las nubes, tan cambiantes, se habían librado. Pero Howard advirtió que las nubes, que variaban día tras día, hora tras hora, minuto tras minuto, a menudo eran iguales o, al menos, lo bastante parecidas entre ellas como para conformar un patrón, independientemente de que dibujaran unicornios o corazones. La esencia y la textura se repetían constantemente. A raíz de sus observaciones, estableció tres tipos de nubes (*cirrus, cumulus, stratus*) y varias categorías intermedias a partir de estas que hoy todavía se usan.

Para seguir el movimiento de las nubes y asegurarse de todas sus posibles variaciones, Howard solía viajar desde Londres hacia el Distrito de los Lagos, donde dibujaba sus modificaciones en distintos entornos.

Casi a la vez que Howard, Lamarck acababa de realizar su propia tipificación de las nubes, pero lo hizo con escaso éxito, porque él las nombraba en francés. Howard, en cambio, decidió establecer su propia nomenclatura en latín. También en latín redactó su ensayo sobre las modificaciones de las nubes, que presentó en 1802 a un grupo de investigadores y pensadores de Londres. Para Howard, las nubes estaban sujetas a modificaciones con base en las variaciones atmosféricas. Según él, eran unos incuestionables «indicadores visibles» de esos cambios atmosféricos que comparaba con el semblante de una persona. «A fin de permitir al meteorólogo aplicar la clave del análisis a la experiencia de otro, así como registrar los suyos con brevedad y precisión, tal vez sea posible introducir una nomenclatura metódica, aplicable a las diversas formas de suspensión de agua o, en otras palabras, la modificación de la nube», escribió. Un año después de su exposición, logró ver el ensayo publicado en tres partes.

Su clasificación trascendió la ciencia y tuvo especial relevancia en el arte. Las nubes de los cuadros de Constable y Turner viraron sustancialmente desde que el inglés habló de *cirrus*, de *cumulus* y de *stratus*, y las representó en sus propios bocetos y acuarelas. Su influencia también fue evidente en la poesía de Goethe y Shelley. Con el primero solía intercambiar correspondencia y confidencias. En una de sus cartas, el boticario confesó al poeta y naturalista alemán que su verdadera vocación era la meteorología. Goethe se encargó de que su ensayo circulase de mano en mano y además escribió varios poemas inspirado por Howard, al que definía como «el hombre que distinguió la nube de la nube». Casi de la noche a la mañana, el meteorólogo aficionado se convirtió en una eminencia a quien todos conocían como «el padrino de las nubes». El historiador Richard Hambling, autor del libro *The Invention of the Clouds*, relata que la admiración estaba relacionada con cierto endeudamiento que condujo a «uno de los más extraordinarios homenajes personales que un científico haya hecho a otro». Aquel homenaje consistió en la adaptación del famoso ensayo de Howard a una serie de poemas, uno para cada tipo de nube. El título del conjunto era elocuente: *En honor a Howard*. Y no se quedó ahí, pues logró convencer al inglés de que escribiera su autobiografía y contara cómo había llegado a dar nombre a las nubes. Goethe recibió la autobiografía y al día siguiente ya tenía claro que aquello era lo más placentero que le había pasado en mucho tiempo. Entre 1820 y 1825, encandilado aún, escribió y dibujó en un diario los detalles de sus observaciones cuando miraba al cielo. Fue el germen de su libro *El juego de las nubes*.

Pero ganar admiradores siempre atrae detractores, y Howard empezó a tenerlos. Si hasta entonces no se había mostrado excesivo interés por dar nombre a las nubes fue porque se las había considerado inclasificables, salvajes, etéreas y variables. Partiendo de esta idea, Caspar David Friedrich no lograba entender cómo a alguien se le había ocurrido encerrar las nubes en la jaula del orden. Nombrarlas atendiendo a patrones era destrozar su «potencial expresivo». Algo completamente improbable y antinatural. Otros criticaron que bautizara a las nubes en latín y no en inglés. Fue precisamente Goethe quien salió en su defensa y pidió que no se tradujeran, porque «de esa manera la primera intención de su inventor y fundador quedaría destruida».

Cuando Howard empezó a alcanzar fama mundial, nació Robert FitzRoy en Suffolk, Inglaterra. Fue comandante del Beagle, y buscaba un compañero de aventuras por miedo a que la soledad resultara demasiado destructiva, pues había oído hablar de varios casos de suicidio de capitanes solitarios. Anhelaba un compañero de cenas, alguien con quien hablar de la naturaleza, un amigo. Descartó a varios interesados y finalmente eligió a un joven que se presentó a la selección cuando ya no tenía esperanzas: Charles Darwin. Juntos fueron a conocer los mares del mundo, y un día de verano llegó el pampero mientras navegaban. No era la primera vez que FitzRoy se encontraba con aquel viento fuerte, caliente y cargado de arena, mariposas y libélulas. Esta vez tenía ya algunas nociones sobre él y la tormenta arrebatadora a la que precedía. Y un mal recuerdo. Apenas tres años antes, había visto cómo el mar se tragaba a dos hombres de su tripulación. En todo ese tiempo, no había dejado de pensar en su parte de responsabilidad; se culpaba por no haber sabido interpretar el barómetro, que le había estado enviando avisos en forma de bruscos descensos. A partir de entonces, se propuso que nadie más tuviera que presenciar semejante tragedia y se empecinó con la posibilidad de predecir una tormenta. En sus viajes, apuntaba datos meteorológicos para facilitar la navegación a otros. Su actividad quedó interrumpida cuando lo nombraron gobernador de Nueva Zelanda. Sin embargo, en apenas dos años lo destituyeron por no haber tomado represalias contra los maoríes tras un conflicto entre colonos y nativos, e incluso por defender ciertos derechos de los maoríes sobre sus tierras.

Fue a partir de entonces cuando pudo volcarse en la meteorología. Ideó un sistema de alerta de tormentas, elaboró cartas de vientos predominantes, creó una red de observadores precursora del Met Office, el servicio meteorológico nacional de Reino Unido, y, cuando se fundó el departamento de meteorología del Bard of Trade, lo nombraron presidente. FitzRoy no sólo fue pionero de las observaciones meteorológicas. Publicó un libro titulado *The Weather Book* y también la primera predicción meteorológica en un periódico. Dicen que a él le debemos el término «pronóstico». Con sus pronósticos en el *Times* a partir de 1861, la meteorología se popularizó, coincidiendo con el final de la Pequeña Edad de Hielo. Si se democratizaron los partes del tiempo a través de los diarios, hasta entonces limitados a una élite intelectual y religiosa, fue precisamente gracias a él.

Después de la publicación de *El origen de las especies* y el revuelo que generó, FitzRoy se sintió culpable: él, tan religioso, de algún modo había formado parte de todo aquello. Cayó en una profunda depresión y finalmente en 1865 acabó haciendo precisamente lo que había querido evitar con la compañía de Darwin. Se suicidó.

Aunque había llegado a su fin la Pequeña Edad de Hielo, la necesidad humana de predecir el comportamiento de la lluvia para controlarla era ya imperiosa. Ahora importaba también la medida y la intensidad en que caía. Pero para controlarla de verdad había que conocerla mirando al pasado, al presente y al futuro, al cielo y a la tierra, servirse de instrumentos que, si bien se usaban desde hacía siglos, se fueron perfeccionando. Desde aquel depósito de agua con el que se medía la precipitación en Jericó hasta la construcción de la red de radares meteorológicos, satélites y modelos matemáticos pasaron miles de años. Fue en el siglo XIX cuando entraron en acción los números. Desde entonces, y especialmente desde el siglo XX, han sido modelos matemáticos los que se han encargado de predecir el tiempo, con la ayuda de radares y satélites.

Pero, aun con todos estos avances, la meteorología no fue una ciencia con entidad propia hasta entrado el siglo XX. El Cuerpo de Meteorólogos de España, por ejemplo, no existió hasta 1913, y, antes los «hombres del tiempo» no eran científicos, sino adivinos, empiristas y jesuitas, en ese orden. Estos últimos, de hecho, tiempo atrás habían construido los primeros observatorios meteorológicos de España en Manila y en La Habana. Tampoco hubo apenas nombres de mujeres que destacaran en la meteorología hasta mediados del siglo pasado, lo que coincidió también con el uso de los satélites meteorológicos. Felisa Martín fue la primera mujer que entró en la Agencia Estatal de Meteorología y, además, la primera doctora en Física de España.

Pero también hubo una mujer desconocida de cuya creación todos hemos hablado indirectamente. Cuando la meteorología empezó a utilizar modelos matemáticos, el meteorólogo Edward Norton Lorenz intentó obtener predicciones por ordenador en 1963. Llegó a la conclusión de que una variación inicial puede provocar grandes diferencias en el resultado. Lorenz, padre de la teoría del Caos, popularizó su propia investigación con una hermosa metáfora: una mariposa podría batir sus alas y provocar un huracán en el otro lado del mundo. Al final de su trabajo, hizo algo que sus coetáneos no solían hacer. Escribió: «Agradecimiento especial a la Srta. Ellen Fetter por encargarse de los numerosos cálculos numéricos». Pero ¿quién era esa misteriosa chica? Ellen Fetter fue matemática y una de las primeras programadoras. Apenas tenía veintitrés años cuando se puso a trabajar como ayudante de Lorenz en el Instituto de Tecnología de Massachusetts. Recién graduada en Matemáticas, fue contratada para sustituir a Margaret Hamilton, quien después participaría en la misión Apolo que llevó al ser humano a la Luna. De hecho, fue la propia Hamilton quien la recomendó. Así pues, Fetter se encargó del trabajo computacional, que consistía en trazar el movimiento de una partícula que experimenta una convección rápida en un vaso de precipitados idealizado. La idea del efecto mariposa procedía, precisamente, de ese trabajo como ayudante del meteorólogo, puesto que el diagrama del atractor extraño que elaboraron juntos tenía un aspecto que les resultó tan familiar como evocador.

* * *

El ser humano siempre ha mirado al cielo, a menudo con anhelo, para saber cuándo iba a llover. Controlar la lluvia fue su gran ambición, especialmente desde los albores de la agricultura. «Si [la penumbra] se hace visible tres veces seguidas mes por mes, habrá nubes y caerá la lluvia», decía un presagio babilónico. Este pueblo practicaba la extispicina (adivinación a través de las vísceras de animales sacrificados), los augurios con base en el vuelo de las aves y la lecanomancia (a partir de las gotas de aceite). Para ello contaban con el *barû*, un sacerdote que era experto en pronosticar el futuro mediante lo que leía en los animales, las plantas y los astros. Aunque en la actualidad son los modelos matemáticos, radares y satélites los que permiten a los meteorólogos predecir el tiempo con mayor o menor exactitud, casi nunca con absoluta certeza, siguen existiendo observadores de la escuela de Teofrasto que elaboran cabañuelas, témporas, pintada de los días y almanaques cada año para tratar de predecir la lluvia a largo plazo (lo cual es todavía más improbable), y también a corto plazo, con la ayuda de nubes, halos, animales y plantas. Los agricultores, al igual que los pastores, han seguido conectados a la naturaleza y desde hace siglos elaboran una predicción del tiempo para el año siguiente que se basa en la observación de todo lo que ocurre en el cielo, el aire y el suelo. Apuntan detalles sobre la salida del sol, la velocidad del viento, la forma de las nubes y la humedad del aire durante los primeros veinticuatro días de agosto, los doce primeros días de enero o la medianoche del 31 de diciembre, según el lugar desde el que observen. A las cabañuelas se les ha encontrado origen judío y están relacionadas, al parecer, con los años que pasaron sus ancestros en el desierto. Durante la fiesta de Sucot (de cabañas, cabañuelas o tabernáculos) los judíos construyen una cabaña sin techo en la que viven (durante siete días en Israel y ocho en la diáspora) para conectar con las sensaciones de sus antepasados entre las dunas. La última jornada, conocida como «día del juicio de la lluvia», suele estar pasada por agua y se reza por un año lluvioso, ya que la fiesta inaugura la temporada de lluvias. En realidad, los judíos no necesitan llegar a ese día para rezar por el agua, pues ya saben que su origen está ligado a la necesidad de la lluvia. Su plegaria más importante, el Shemá Israel, la convierte en un regalo de Dios para quienes cumplen los preceptos e incluye la sequía como amenaza para quienes no lo hacen. Antes, durante el último día de Sucot, se derramaba agua para invocarla con la ayuda de unos hacedores de lluvia como lo hizo Honi, 'el dibujante de círculos', según el Talmud.

Pero volvamos a las cabañuelas. Aunque es un método improbable, acientífico y con el que cada vez resulta más difícil acertar, todavía hay agricultores que apuntan y cruzan esos datos durante el verano para elaborar las cabañuelas del año próximo. Tanto mi padre como Pascual, el último agricultor del campo de Elche que elabora las cabañuelas cada año, me enseñaron el proceso, pero nunca he tenido la paciencia suficiente para ponerme a ello. Pertenezco a una generación que lleva en el móvil el pronóstico actualizado cada dos horas no sólo con los datos de los meteorólogos, sino también con la ayuda del algoritmo y de la información que envían los usuarios en tiempo real.

Pero, además de las cabañuelas, hay métodos muy similares con distintos nombres tanto en la península ibérica como en otras partes del mundo. Al igual que en el norte de España se elaboran las témporas o cuartas, que se corresponden con las estaciones y se basan en el calendario litúrgico católico (a pesar de que es un método ancestral), entre los mixtecos aún existe «la pintada de los días», y los mayas tenían el *Xook k'íin*, que literalmente significa 'leer el tiempo'. En ambos lugares se comparte, además de este tipo de predicción, la que se establece mediante almanaques (el *Calendario Galván* y el *Zaragozano*), a pesar de que ni siquiera con las técnicas actuales de la meteorología es posible predecir el tiempo con tanta antelación.

A Mariano Castillo y Ocsiero lo llamaban en su tiempo, a mediados del siglo XIX, el «Copérnico español». Nació en Villamayor de Gállego (Zaragoza), pero se fue a Cádiz para formarse en astrología y meteorología. Allí trabajó en el observatorio de San Fernando. Después se trasladó a Madrid y regresó a Zaragoza. En todos esos lugares se dedicó a observar el cielo. Diariamente tomaba notas referentes a lo que ocurría a su alrededor: la presión, la temperatura y detalles sobre la Luna o el Sol. Basándose en sus observaciones y en las anotaciones que hacía leyendo las noticias acerca del tiempo en los periódicos, detectó patrones predictivos y empezó a publicar *El firmamento*, que él mismo definía y subtitulaba como «el único y legítimo calendario zaragozano».

Su calendario no sólo tuvo éxito entre los campesinos de su tiempo, sino que sigue siendo popular en la actualidad. Aunque es su rostro el que aparece en la portada de los calendarios que aún se venden en librerías y papelerías, no eligió ese nombre por su propio origen, sino porque de su tierra proceden los calendarios de ese tipo. Durante mucho tiempo, se creyó que se trataba de un homenaje a otro maño nacido en La Puebla de Albortón, Victoriano Zaragozano, que fue un astrónomo español que ya elaboraba este tipo de almanaques en el siglo XVI. También Joaquín Yagüe, antecesor de Mariano con su calendario *El cielo*, era zaragozano. Cuando nació el *Calendario Zaragozano*, ni siquiera existía la Agencia Estatal de Meteorología (AEMET). El mismo año que se fundó, en 1887, el *Calendario Zaragozano*, todavía tuvo una tirada de más de un millón de ejemplares. Ni siquiera ha cambiado su diseño durante estos años, por lo que comprarlo es como mantener una tradición de nuestros abuelos. Como adquirir una cápsula del tiempo que, además de regresar al pasado, permite asomarse al futuro.

El nivel de precisión de Mariano era tan asombroso que un día sus vecinos quisieron gastarle una broma que todavía se cuenta como anécdota. Colocaron papel de fumar bajo la tarima en la que cada día se sentaba a contemplar las estrellas, y Mariano dijo al sentarse: «O la tierra ha crecido o el cielo se ha bajado». Cuentan que en una ocasión predijo una fuerte granizada y también su muerte. Ese día, pidió a su mujer que lo llevara a casa para morir en paz. Tras su último suspiro, llegó el granizo.

En la actualidad, unos hermanos bastante discretos se encargan de elaborar este calendario con datos facilitados, al parecer, por el Observatorio Astronómico de Madrid. A pesar de que Mariano falleció hace un siglo y medio, cada año se imprimen cientos de miles de ejemplares de su calendario que distribuyen por toda España su retrato decimonónico.

A corto plazo, los herederos de Teofrasto, que aún operan en zonas rurales, cuentan con la observación directa del cielo, de animales y plantas y también con el refranero. Nuestros abuelos todavía repiten esas rimas que hablan de una fecha concreta o un santo, así como de fenómenos de la naturaleza que permiten saber qué va a ocurrir casi inmediatamente. Muchas de las observaciones que nos legaron nuestros antepasados por transmisión oral conforman un punto de partida que los científicos no deberían ignorar ni denostar, porque la sabiduría popular no es enemiga de la ciencia. A veces, puede incluso ser su aliada, porque una conclusión empírica puede ser también el punto de partida de un científico.

El halo de sol es quizá el presagio de lluvia más extendido en la sabiduría popular de todo el mundo. La idea de que su presencia significa lluvia ha estado presente a lo largo del tiempo. Una de las tablillas de la biblioteca del rey asirio Ashurbanipal, hoy en el Museo Británico, reza: «CUANDO UN PEQUEÑO HALO RODEA EL SOL, LLOVERÁ». No hay una gran diferencia con proverbios jordanos o con refranes que han repetido mis abuelos como «Cerco de sol moja al pastor». La paremiología, que estudia los refranes, ha encontrado hasta veintitrés formas de explicar este presagio sólo en la península ibérica. Cuando el halo rodea el sol, suele ser rojo y con borde morado, mientras que el de la luna suele ser blanco. El halo, como ya intuía Aristóteles, es un fenómeno óptico. Ocurre cuando las nubes tipo cirroestratos contienen partículas de hielo en suspensión. Y este tipo de nubes traen lluvia. No es el único caso en el que la sabiduría popular heredada en el campo o el refranero deja a la ciencia parte del trabajo adelantado.

«Cielo de lanas, si no llueve hoy, lloverá mañana» es uno de esos refranes que han resultado tener una explicación científica. Esas nubes que a nuestros antepasados les parecieron «lanas» o «aborregadas», y que aparecen en más de treinta refranes anunciando la lluvia, son altocúmulos. Se trata de nubes precursoras de la tormenta; normalmente no descargan agua, pero sí anuncian lluvia próxima, que suele darse a lo largo del día cuando las «lanas» aparecen por la mañana o al día siguiente si es por la tarde. Los altocúmulos suelen ser predecesores de los cumulonimbos, que como su propio nombre indica, y como los romanos ya sabían, traen lluvia casi segura. Aunque estas predicciones populares suelen tacharse de supersticiosas, acientíficas e incapaces de acertar con antelación y certeza, la tradición oral ya había preparado a nuestros abuelos para defenderse de esas críticas: «Al que quiera mentir le bastará predecir». En realidad, no es que haya cientos de miles de personas que crean a pies juntillas el *Calendario Zaragozano*, sus propias cabañuelas o las rimas de sus abuelos. Podría decirse que es casi un juego. Y que nadie les enseña nada cuando les dicen que no pueden predecir el tiempo a largo plazo con técnicas supersticiosas.

Antaño el tiempo se podía leer no sólo mirando al cielo. Para saber si las lluvias se aproximaban, los mixtecos observaban otros elementos, como la humedad de la tierra, el sonido de algunos pájaros y el comportamiento de los animales. El croar de las ranas, la presencia de «chapulines de agua», el vuelo en descenso de las luciérnagas y la proliferación de hormigas arrieras eran sus guías. Tampoco esto último es una superstición, puesto que se ha demostrado que las hormigas arrieras alteran su comportamiento cuando la lluvia está cerca, ya que pueden percibir la humedad en el ambiente antes que el ser humano. Es quizá a estos insectos a quienes daban más importancia, pues los consideraban intermediarios entre el cielo y el subsuelo por su capacidad de hacer nidos bajo tierra y de abrir sus alas y echar a volar. Estas hormigas no sólo les anunciaban las lluvias: cuando su color se volvía marrón claro, de un tono parecido al del café, al mixteco le avisaban de la próxima sequía.

Al igual que las hormigas, las abejas tienen una sensibilidad a la humedad del ambiente muy superior a la nuestra, por lo que, más que predecir la lluvia, podríamos decir que la sienten como si estuviera ya muy cerca. En Terrinches todavía recuerdan a un anciano que solía predecir la lluvia basándose en el comportamiento de las abejas. Sabía que llovería cuando las veía muy alborotadas. Las abejas se vuelven hiperactivas días antes de que haya precipitaciones. Esto se debe a que, gracias a sus hidrorreceptores, pueden percibir cantidades mínimas de humedad en el aire, de manera que empiezan a trabajar de manera frenética con la finalidad de hacer acopio de nutrientes y agua en la colmena. Poco antes de que llegue la lluvia, se introducen en la colmena y no saldrán de ella hasta que escampe.

El biólogo austriaco Karl von Frisch logró interpretar la danza comunicativa de las abejas. Por sus descubrimientos sobre ellas, le dieron el Premio Nobel de Medicina en 1973. Un punto para la sabiduría popular. Y para las abejas de la sed, que después del verano parten hacia lugares húmedos y son las que con su baile informan a las aguateras de la ubicación del agua. Según han sugerido algunos estudios, esto podría deberse al alto nivel de azúcares en su estómago. El propio Von Frisch estuvo experimentando con agua y azúcar antes de una tormenta, si bien otro estudio de la Universidad Agrícola de Jiangxi (China) demostró que estos insectos cambian de hábitos antes de que llueva: dedican más tiempo a trabajar y vuelven tarde a la colmena.

En verano, las abejas necesitan más agua para bajar la temperatura del panal. Las pecoreadoras parten en busca de agua, en un viaje que puede costarles la vida, ya que sus alas tienden a pegarse en los charcos. Para evitarlo, hacen algo parecido a surfear. Cuando emprenden su búsqueda, aspiran con su trompa gotas de rocío. Al volver, regurgitan el agua en las nodrizas (las recién nacidas, encargadas de cuidar a la reina hasta su vigésimo día de vida, cuando se convertirán en pecoreadoras) y colocan una gota en la parte alta de las celdillas. La gota se evapora e impide que la cría se deshidrate y muera de sed en verano. Las abejas siempre tienen sed. Una aguadora puede hacer hasta cien viajes al día en busca de agua y es capaz de transportar hasta el 8 por ciento de su peso en agua, más o menos ocho gotas en cada viaje. Cuando necesitan hacer acopio de agua, las pecoreadoras están especialmente agitadas. Su hiperactividad durará unos días. Una vez que se encierran en la colmena, lo más probable es que la lluvia llegue al día siguiente.

* * *

En algún momento los hititas pensaron que una abeja podría salvarlos de la sed. Según uno de sus mitos, Telepinu no era ni de lejos la persona más agradable de Hattusa, la capital del Imperio hitita. Al parecer era insoportable, y no soportaba a nadie. Este rey-dios, hijo de Teshub, dios de la tormenta, un día desapareció sin dejar rastro. Es tentador pensar que hizo una bomba de humo porque estaba harto de la gente, pero lo cierto es que todavía no se ha encontrado el principio ni el final de su historia, que quedó plasmada en varias tablillas. Lo que sabemos del mito de Telepinu es que desapareció con muy malas formas, abandonando todo cuanto de él dependía. Se secaron manantiales, árboles y pastos. Los cereales dejaron de crecer, las personas dejaron de procrear. El hambre alcanzó por igual a humanos y dioses. «El gran dios Sol dispuso un festín e invitó a los mil dioses —decía una tablilla—. Comieron, pero no saciaron su hambre; bebieron, pero no aplacaron su sed». Telepinu se bajó del mundo y permitió que se secara mientras el hambre mataba a sus súbditos.

Es probable que le quitara a su padre el toro con el que se desplazaba por el cielo lanzando rayos; ese toro que ya conocemos, responsable de la sed y de la saciedad. En la misma tablilla, se acusaba a Telepinu de que se perdiera la cosecha con su partida, de que arruinara la forma del buey al llevárselo. Ni siquiera los dioses, que eran allí mil, lograron traer de vuelta a Telepinu. Ni enviando un águila en su búsqueda tuvieron éxito. La diosa madre Hannahanna decidió enviar a su abeja a buscarlo, a pesar de las burlas de Teshub. Le pidió a la abeja que lo encontrara, que le picara manos y pies, que lo purificara con su cera y que luego lo trajera de vuelta a casa. Así pues, se le encomendó a una abeja el fin de una sequía devastadora. Nadie más que la diosa madre creía que lograría encontrar a Telepinu. Pero lo hizo. Le picó en manos y pies tal como le había indicado su ama, pero Telepinu despertó igual que vivía: enfadado. Su ira fue a más y tuvo que acudir Kamrushepa, diosa de la curación y de la magia, para calmarlo con sus artes.

Al fin lograron que Telepinu volviera a casa. Con él regresó cierta normalidad. Los hititas vieron entonces cómo una pértiga se quedó plantada ante el recién llegado Telepinu, y cómo de la pértiga había colgando un vellón de lana. Lo interpretaron como un presagio: «Significa grosura de la oveja, significa grano del trigo (y) vino, significa ganado mayor (y) ganado menor, significa largos años y progenie. Significa el favorable mensaje del cordero. Significa... Significa brisa fructífera. Significa... saciedad...».

Aunque no sabemos cómo terminó esta historia mitológica podemos suponerlo: seguro que llovió, porque al final siempre llueve. En la historia real hitita puede que llegara tarde, pese a que en el mito una abeja salva al mundo de la sequía. La madera de una tumba atribuida al padre del rey Midas levantó sospechas entre investigadores de la Universidad de Cornell (Estados Unidos). La pista los llevó a una conclusión que ya había insinuado otro estudio años antes: una sequía extrema fue decisiva cuando el Imperio hitita ya estaba en sus estertores. Para entender qué pista proporcionó la madera, hay que mirar el tocón de un árbol y también ir muy lejos, a Estados Unidos, para hablar de Andrew Ellicott Douglass.

En 1894, el mundo acababa de conocer el Imperio hitita, del que no se había sabido nada desde su repentina desaparición. En Arizona, Douglass, astrónomo y nieto de quien registró por primera vez una lluvia de estrellas en Estados Unidos, intentaba cumplir con el encargo que le había hecho su jefe, Percival Lowell. Su tarea consistía en encontrar el lugar más idóneo para instalar un telescopio con el que observar Marte. Douglass hizo su trabajo, buscó un buen sitio para ver Marte, y se empezó a construir allí el observatorio Lowell. A partir de entonces, las cosas no fueron fáciles con su jefe. Lowell se había obstinado en buscar canales en Marte que le permitieran demostrar la existencia de una civilización marciana, y de hecho escribió varios libros para demostrar su existencia. No era el único que lo creía. Un fallo de traducción en la obra de un astrónomo italiano convirtió los *canalli* (naturales) en canales artificiales, lo cual extendió en Estados

Unidos la idea de que en Marte había una civilización, y que no solo era inteligente, sino que estaba sedienta, porque se había visto obligada a canalizar la escasa agua que le quedaba. El mal de muchos llevado a otros planetas. Este extraño consuelo cósmico hizo que la gente temiera una invasión de extraterrestres, aunque, de existir, quizá sólo quisieran un vaso de agua y volver a su casa.

Douglass se opuso a las ideas de su jefe y por ese motivo se quedó sin trabajo después de siete años en el puesto. Pero quizá acababa de tener la epifanía de su vida. Como fuera, había perdido su trabajo, pero no la curiosidad, que se había vuelto más pedestre. Así que miró al suelo y tuvo una revelación al observar un tocón. Estaban allí: los anillos irregulares, unos más gruesos y otros casi imperceptibles, le «hablaron». ¿Qué le quería decir el árbol? Douglass todavía no lograba descifrar su lenguaje secreto, pero el árbol le contaba que hubo tiempos en los que se expandió tranquilo porque no le faltaba de nada y momentos en los que tuvo que hacer enormes esfuerzos para poder crecer y sobrevivir. El astrónomo se propuso entender la biografía que el árbol le mostraba. Se obsesionó con ello porque lo que quería, en realidad, era demostrar a través de los anillos de los árboles cómo influyen los ciclos solares en el clima de la Tierra. Sabía que Da Vinci estaba convencido de que el grosor de estos anillos dependía de la humedad. Douglass logró datar los árboles basándose en los anillos de crecimiento de sus troncos. Así nació la dendrocronología, que más tarde dio lugar a la dendroclimatología. Douglass creó el Laboratorio de Investigación en Anillos de Árboles de la Universidad de Arizona en 1937, pero murió sin cumplir su objetivo. Hoy, gracias a su epifanía o su despiste, podemos conocer las sequías históricas y, en cierto modo, predecir las futuras. El estudio de esta disciplina es, junto con el estudio de los bloques de hielo del Ártico, del polen, de sedimentos marinos, de rogativas que guardan los archivos parroquiales y libros de vendimia, la base de casi todo lo que sabemos sobre las sequías de los últimos siglos y una de nuestras principales herramientas para responder a la sequía actual y a las futuras.

Pero regresemos a 2023. Aquellos herederos de Douglass investigaron la madera de la tumba hitita asociada al rey Midas. Fue su crecimiento desigual, al verla contraída, lo que les dio algunas pistas.

La historia de un enebro que tuvo que esforzarse demasiado por expandirse y sobrevivir hace más de tres mil años les contó que, para los hititas, ni la abeja ni la lluvia llegaron a tiempo. Que no hubo magia que trajese de vuelta la lluvia en el momento preciso. El abandono de Hattusa fue repentino y definitivo. Los que no murieron tuvieron que marcharse a otra parte.

Epílogo

El éxodo de los sedientos

Estas personas no sienten ningún apego al lugar en el que
se hallan. Pronto se irán de aquí sin dejar rastro. En sus
canciones, que entonan en las noches, siempre se repite el
mismo estribillo: «¿Mi patria? Mi patria está ahí donde
llueve».

RYSZARD KAPUŚCIŃSKI, *Ébano*

Chap-chap. Las sandalias golpeaban en el suelo resquebra-
jado.

GRACILIANO RAMOS, *Vidas secas*

Hay una cuerda que nos une a los agricultores del Neolítico que miraban al cielo para ver si iba a llover y a los cazadores-recolectores del Me-
solítico que se instalaban en cuevas con vistas al agua. Esa cuerda está
hecha de esparto. Hace miles de años, los sedientos descubrieron que
una hierba propia de tierras áridas les proporcionaba una fibra lo bastante flexible como para elaborar sogas y cestos. Sus descendientes hicieron con ella espardeñas y las introdujeron en la Cueva de los Mur-
ciélagos (Granada) hace 6.200 años, seguramente como parte de un
ritual funerario. Gracias a la sequedad de la cueva y al clima árido que
la rodea, se han mantenido intactas a pesar de estar hechas con materia
orgánica. Es, hasta la fecha, el calzado más antiguo de Europa.

Con el tiempo, y a pesar de que la técnica apenas ha variado, los
usos del esparto se volvieron más complejos y algunos de nuestros
antepasados, los campesinos cuya vida no varió demasiado desde el

Neolítico hasta hace poco más de un siglo, aprendieron a fabricar útiles para su día a día: alforjas, sillas, espuertas, serones, esteras, capazos, aguaderas y pleitas para escurrir el queso. Si mi bisabuelo Pedro convertía las calabazas en cantimploras, su hermana Bernardina transformaba el esparto en espuertas para mecer a sus hijos entre dos olivos mientras arrancaba cebollas en la Huerta Soriano, para después transportarlas a otros pueblos, venderlas y además llevar cartas a la cárcel de Villanueva de los Infantes. Allí estaba Nicolás, que también era mi tío bisabuelo porque se habían casado tres hijos de mis tatarabuelos Norberto y Juana (Virginia, Nicolás y Gumersinda) con tres hijos de mis tatarabuelos José y Ángela (Pedro, Bernardina y Cruz).

Bernardina cosió un doble fondo de esparto que abría y cerraba para esconder las cartas. Cada remesa de hortalizas era también una excusa para decirle lo que no quería que nadie supiera. Así, cuando ella se iba, él mordía el esparto hasta dar con la misiva. Un día Bernardina entró en la cárcel sin saber que su hija Juana le había escondido una navaja en el doble fondo. Nicolás dio con ella y supo que en adelante ya no tendría que dejarse los dientes mordiendo esparto.

Un día de mayo de 1940, cuando ya no le permitían visitar a Nicolás, Bernardina recibió una carta desde la cárcel de Ciudad Real de su puño y letra. Su marido había azuzado a los jornaleros a reclamar sus derechos y a enfrentarse al caciquismo, había fundado UGT en el pueblo, así como el radio comunista, que era como se conocía la estructura territorial del comunismo en España en los años treinta, y también había ido voluntariamente a la guerra con el bando republicano. Por todo eso, y también por enterrar con música a su madre —mi tatarabuela Juana—, el día que Bernardina recibió la carta su marido estaba ya condenado a muerte. También lo estaba su hermano Cruz.

En aquella última carta, Nicolás dio a Bernardina dos consejos: que enseñara a escribir a los muchachos y que fuera allá donde su sed la llevara. «Bernardina, por lo que me dices que no trabaja Amancio [su hijo] como tanta seca hay, pues te digo que tú si ves imposible la vida en esa [tierra] vete donde veas que puedes vivir mejor», escribió. El primer consejo, aunque se refería a sus hijos, Bernardina se lo tomó tan en serio que montó una especie de escuela en su casa junto al fuego, donde aprendieron las letras niños, niñas, ancianos, arrieros y jornaleros del pueblo. Pero el segundo consejo lo desoyó, por más que su hijo también insistió en que se marcharan.

Esa misma primavera, con apenas dos semanas de diferencia, fusilaron a Nicolás y a Cruz. Aquel dolor tuvo que multiplicarse a la fuerza en la huerta por cómo se habían enlazado sus familias. Si aquella generación no había tenido suficiente con seguir agujereando una cueva para poder regar en tiempos secos desde que el abuelo Rogelio abriera el Minao, con haber sobrevivido a la Guerra Civil sin conocer todavía el paradero de un hermano —que marchó a la guerra de Marruecos—, con una represión que en su tierra se ensañó especialmente con los jornaleros y con su familia, y con afrontar varios duelos a la vez, entonces llegó la sequía.

* * *

Tiene el castellano una palabra que, sin ser su significado exclusivo del clima y sin que Franco la acuñara, apenas se usa salvo para aludir a la sequía y al hombre que la hizo suya a base de repetirla con su voz meliflua. La «pertinaz sequía» es, posiblemente, su epíteto más famoso y su segundo gran enemigo después del «contubernio judeomasónico-comunista». Pero en realidad no era suyo. Basta hacer un rastreo rápido en la hemeroteca digital de la Biblioteca Nacional de España para ver que ambas palabras eran ya inseparables y frecuentes en la prensa decimonónica, antes de que Franco naciese e incluso antes de que empezara a usar términos rimbombantes. Entre los resultados que arroja la búsqueda, la mención más antigua a la sequía pertinaz en la prensa data de 1844 y apareció en *La guía de comercio*. Apenas un lustro más tarde, era ya habitual hablar de «pertinaz sequía».

Cinco años después del fin de la guerra, y cuando llegaron los años más secos de aquel tiempo, murió mi bisabuela Virginia por razones que nadie conoce con exactitud, pero que suelen resumirse en «necesidad». Apuntan al hambre, a las enfermedades que de ella se derivan, a no poder pagar las medicinas y a un misterio que desencadenó problemas respiratorios. Según su certificado de defunción, la causa final de la muerte fue una insuficiencia renal. Tenía cuarenta y dos años y cuatro hijos menores de edad cuando uno de sus cuñados la encontró muerta en casa. Cientos de miles de personas fallecieron en circunstancias parecidas durante los años inmediatamente posteriores a la guerra, especialmente jornaleros del sur de la España seca sospechosos de no ser afectos al régimen.

Según el investigador Miguel Ángel del Arco, de la Universidad de Granada, Franco ocultó la verdadera causa —la autarquía— del hambre, que fue una hambruna, tras una pátina de sequía, guerra y aislamiento. Pero, una vez más, la sequía se alió con el despotismo y con políticas fallidas y cargó con una responsabilidad que no era completamente suya, al tiempo que ocultaba una auténtica hambruna y la epidemia de tifus provocada por la desnutrición, que se ensañó especialmente con los campesinos del sur con ayuda de otras afecciones como la viruela, la difteria, la disentería y la fiebre tifoidea.

Algunas de esas enfermedades no se diagnosticaban en las zonas rurales más empobrecidas y aisladas, que era donde frecuentemente se propagaban lejos de la asistencia médica, pero entre sus principales secuelas, presentes sobre todo en esos lugares, estaban los problemas renales y respiratorios, como ocurre con otras afecciones infectocontagiosas. La sequía no mató a la mujer a la que debo mi nombre. Nació en una familia de jornaleros pobres entre los que hubo dos represaliados en una tierra especialmente castigada en la posguerra. Por todo eso, pasó hambre, enfermó de ni se sabe qué y no tuvo cómo tratar su dolencia. Independientemente de cuáles fueran sus últimos síntomas o de que muriera el año que se secaron hasta el Ebro y el Manzanares, parece claro que la verdadera razón no figuraría en un certificado de defunción en 1945. Murió porque era pobre y porque los suyos estaban sufriendo un castigo, no debido a que no lloviera.

En su mensaje de fin de año de 1950, Franco dijo: «Hemos contemplado sedientos nuestras tierras y casi vacíos nuestros pantanos con la pertinaz sequía, que ha mermado la capacidad de producción hasta extremos sin precedentes». Pero la pertinaz sequía no llevaba azotando España exactamente desde que se hizo con el poder ni era más grave que otras que el país afrontó durante ese siglo sin que derivaran en una hambruna.

Aunque los registros del Banco Nacional de Datos Climatológicos de AEMET muestran que tras 1940 la sequía dio una tregua y que no fue tan prolongada como la de los años noventa, que los años más secos se dieron entre 1944 y 1946 y que, tras más de medio siglo mostrando una tendencia decreciente, en 2022 llovió como media un 12 por ciento menos que en 1950, Franco se aferró a una pertinaz sequía que quizá no fue tan grave y le permitió justificar sus propias decisiones.

No podemos obviar, de todos modos, que estos datos reflejan la precipitación anual acumulada a escala nacional y que a menudo se han dado sequías en una zona de la península mientras en otra se sucedían inundaciones. En 1940 Nicolás pedía a Bernardina que buscara una tierra menos áspera, en 1945 prácticamente se secó el Ebro y en 1947, cuando algunos lugares empezaban a recuperarse, otros sufrían una grave sequía. Los datos del observatorio de Ciudad Real indican, además, que 1954 fue el año que menos llovió en una provincia que normalmente no alcanza los cuatrocientos litros cúbicos anuales, que es la media de La Mancha. En la isla de El Hierro, la población vivió momentos de gran desesperación en 1948. Les había fallado Garoé, el árbol-fuente sagrado del que, decían, caía el agua de lluvia que había abastecido a sus antepasados bimbaches siglos atrás. Ese año, miles de canarios se vieron obligados a partir hacia Venezuela por la sed.

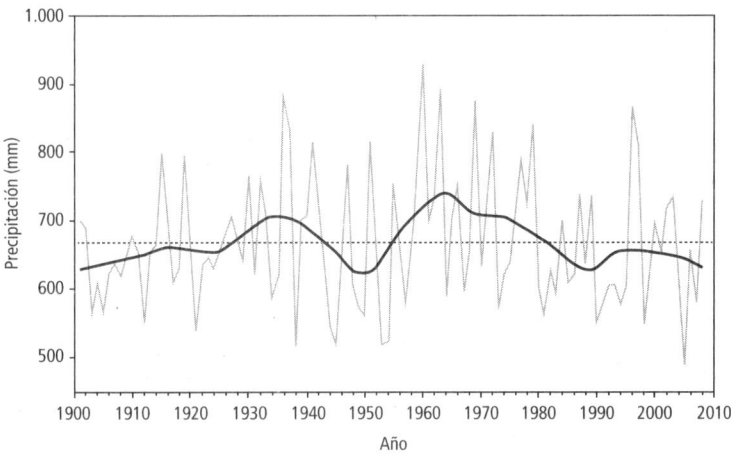

FIGURA 5. Evolución de la precipitación anual acumulada durante el siglo XX. Fuente: AEMET.

En algún momento Franco entendió que la pertinaz sequía podía ser eso que Vázquez Montalbán llamó su «coartada meteorológica» para justificar la hambruna y la lenta recuperación del país tras la Guerra Civil. Con ella podía presentarse, además, como elegido de Dios destinado a salvar una España que se moría de sed y perdía el agua de sus ríos en los mares. Fue útil, también, para hacer de los pantanos (presas hidráulicas, en realidad, que el NO-DO llamaba «catedrales») la mayor campaña publicitaria del régimen. Tanto caló que todavía una parte de la población repite que España bebe agua y riega gracias al hombre que a mitad del siglo xx se ganó el apodo de Paco el Rana y unos cuantos chistes a base de repetir hasta la saciedad: «Queda inaugurado este pantano». Pero es una falacia fácil de desmontar. En España hay presas que se construyeron hace más de dos mil años y desde la sequía de finales del siglo xix hubo intentos de sacar adelante políticas hidráulicas a escala nacional. Al régimen los embalses le vinieron bien para afianzarse, para relanzar a toda prisa una industria incipiente que había paralizado la guerra y también para esconder con rapidez fosas comunes que ya nadie podría encontrar, a menos que la sequía, que está sacando a la luz pueblos sumergidos cada verano, llegue a ser tan intensa que, con la ayuda de esos testimonios, se acabe aliando con la memoria histórica. No eran nuevos aquellos planes que extendieron una falsa creencia en un país que a menudo olvida que los embalses se levantaron con las manos y el sacrificio de personas que no salían en la foto de la inauguración y que engrosaron una masa de desplazados y peones. Entre ellos, había inmigrantes procedentes de las zonas más acosadas por el hambre y la sed, personas que pudieron alimentar a sus familias a costa de trabajar en la construcción de presas —que acabarían inundando sus propias casas— y también presos políticos.

* * *

El desajuste hídrico y los conflictos entre sedientos son tan antiguos en España que la primera querella documentada de la que hay constancia en la península habla de una disputa entre dos poblaciones por una canalización de aguas, como ya hemos visto. De la antigua necesidad de detener los ríos y el agua de lluvia y llevarla donde es escasa dan fe las presas romanas de Proserpina y Cornalvo, así como la red de *qanats* del desierto de Tabernas, la red de acequias de Sierra Nevada o el Tribunal de las Aguas de Valencia que nos dejaron los árabes. El embalse de Tibi sigue en funcionamiento desde hace trescientos años. Pero fue sobre todo a finales del siglo XIX cuando se reflejó en la prensa una clara preocupación por una política hidráulica nacional hasta entonces inexistente. Sin abandonar a san Isidro, en ese tiempo germinó la idea de que era necesario un héroe que luchara contra la sed en el país.

Como ya hemos visto, el 6 de mayo de 1896 llovió en casi toda España tras una larga sequía. A pesar de los avances científicos, algunos periódicos españoles siguieron atribuyendo la lluvia a su hacedor de lluvias por excelencia, san Isidro. Había terminado la Pequeña Edad de Hielo y comenzaba un calentamiento paulatino, pero la sequía nunca se fue del todo. Al santo, además, se le pedía que intercediera para acabar con la guerra de Cuba. A favor de España, claro.

Llovió y terminó la guerra de Cuba. Pero el santo debió de recibir la señal con interferencias, porque no intervino a favor de quienes le rezaron. Desde entonces, y para poder atravesar ese duelo colectivo que supuso la pérdida de las últimas colonias de ultramar, se hizo necesario encontrar el origen de todos los males que azotaban al país. No tardaron en hallar a un culpable: la sed. El agua de los ríos se desperdiciaba, decían, dejándola llegar al mar en un país en el que en tres cuartas partes llovía poco, tarde y mal, y en el que el desastre colonial coexistió con la crisis agraria. Se convirtió en causa nacional aquella idea utilitarista, que ya preconizaran don Quijote y Mendizábal, de que «hacer bien a villanos es echar agua al mar» y de que «España no será rica mientras los ríos desemboquen en el mar». Había que detener y reconducir los ríos. Políticos regeneracionistas como Joaquín Costa tomaron esa idea por bandera. Costa soñaba con un ministerio de aguas, pedía la nacionalización del agua y planteó la colonización del interior como parte del plan de aprovechamiento de los ríos. Creía, además, que había que bajar a la gente de la montaña a los valles.

En la literatura regeneracionista surgió en paralelo un personaje que el sociólogo Alfonso Ortí ha llamado «apóstol hidráulico», un hombre capaz de arreglar todos los males hídricos de una península que, por si fuera poco, basculaba. La encarnación del apóstol hidráulico venía a ser una especie de hacedor de lluvias que ahora se valdría de la política y de la ingeniería para llevar a cabo lo que James Scott denominó «paisajismo estatal». En este caso, consistía en arreglar todo aquello que, bajo su prisma, la naturaleza (o su Dios) hubiera hecho mal. Si no se había tomado la molestia de usar nivel para colocar la península, el apóstol hidráulico arreglaría el despropósito. Su trabajo iba a ser el de plantar árboles para atraer la lluvia, construir presas para embalsarla, llevar regadío y, de paso, bajar a los montañeses e instalarlos en valles vacíos y secos para que trabajasen la tierra y la hicieran rendir como en lugares lluviosos. Todo esto que ya planteaba el regeneracionismo lo materializó el franquismo medio siglo después.

El siglo XIX terminó en España con rogativas, con varias propuestas de leyes en relación con el aprovechamiento del agua y con la creación del servicio hidrológico. El apóstol hidráulico que España ansiaba lo encarnó primero Costa y culminó en Franco, pero, entre la política hidráulica que proponía el regeneracionismo a finales del siglo XIX y el Plan Nacional de Obras Públicas de 1940, hubo intentos como el Plan Nacional de Canales de Riego y Pantanos de 1902 (más conocido como Plan Gasset), la Ley de Regadíos de 1911 y el Plan Nacional de Obras Hidráulicas de 1933.

Una nueva sequía, entre 1912 y 1914, convirtió el río frente al que escribo en un triste reguero y empujó a parte de la población rural aragonesa a otro lugar. También iban de Zaragoza y Barcelona a países como Argentina o Panamá. Por si fuera poco, la filoxera llevaba ya cuarenta años destrozando las vides en España y parte de Francia y expulsando a los campesinos de sus tierras. Seguramente la filoxera no se habría extendido en España a los niveles en que lo hizo de no haber estado la sed presente; muchos agricultores, que se habían volcado en las vides precisamente cuando las secó la filoxera en Francia, pensaron que lo que les pasaba a sus viñas era que no llovía. Lo estuvieron creyendo el tiempo que necesita el parásito para destrozar un viñedo y volverse imparable, que es el mismo que dura una sequía. Cuando descubrieron al insecto, era ya demasiado tarde. Pero a algunos les pareció poco más que un bicho cuyo poder infravaloraron.

Cuentan en un pueblo valenciano, Aielo de Malferit, que uno de sus vecinos, Bautista Aparici, tomó una medida desesperada y, en sus viajes por Estados Unidos, empezó a intercambiar cepas sanas por un jarabe que había inventado junto con otros dos jóvenes del pueblo. Un gesto como este habla de la desesperación que se vivió cuando prácticamente se perdieron los viñedos, puesto que el pulgón había llegado, precisamente, desde Estados Unidos, y se extendió de Francia a España y el resto de Europa. Pero esa fue la solución a la que recurrieron también en otros lugares especialmente afectados, como Valdepeñas, donde hay evidencias del cultivo de la vid desde hace miles de años. Aquella bebida pronto empezó a extenderse gracias a sus viajes para abrir mercado, mientras Ricardo Sanz y Enrique Ortiz se quedaban trabajando en la botellería. Se llamaba Nuez de Kola-coca, servía para calmar el dolor estomacal y la sed, y estaba hecha a base de nuez de kola, coca peruana y agua. De la Nuez de Kola-coca hay etiquetas al menos desde 1882. Incluso llegó a presentar la bebida en un concurso de Filadelfia en 1885, donde obtuvo una medalla, al igual que había hecho en otras ferias y concursos del mundo. Un año después, un farmacéutico de Georgia (Estados Unidos) llamado Pemberton patentó la Coca-Cola, replicando la historia de otro invento descendiente de lo que ya consumían los mayas para aliviar la sed: el chicle. ¿Cómo pudo ocurrir tal casualidad? Desde tiempos inmemoriales la hoja de coca se usó para combatir los dolores de estómago. Pemberton buscaba una forma de luchar contra la adicción a la morfina que le había provocado el tratamiento de una herida de sable en el vientre durante la guerra de Secesión. Terminada la contienda, invirtió casi todo su dinero en la búsqueda del jarabe perfecto y experimentó con varios ingredientes. Su bebida a base de vino, coca y damiana alcanzó gran popularidad, pero no lograba calmar su dolor. Por si fuera poco, en Atlanta, donde vivía, se prohibió el alcohol en 1886. Con la ayuda de un amigo, optó por el jarabe de azúcar en lugar del vino, sustituyó la damiana por nuez de kola y, además, le añadió por error agua carbonatada. El resultado se convirtió en un popular sustituto sin alcohol de su jarabe al que recurrían los trabajadores para soportar jornadas de trabajo agotadoras y al que un socio de Pemberton propuso llamar Coca-Cola. Pero él no pudo disfrutar del éxito de su invento: dos años después de dar con la fórmula tuvo que venderla a la fuerza por culpa de su adicción a la morfina y, poco después, murió de cáncer de estómago, arruinado y sin llegar a conocer la popularidad de la bebida, que tuvo más que ver con la sed que con el dolor de barriga.

Durante aquellos años en los que se secaban las vides de Europa, los campesinos españoles que no migraban a América por la sed lo hacían por la filoxera, que se alió en algunas zonas con el caciquismo. En ese tiempo, tres cuartas partes de los españoles vivían en el campo, y se creó la Liga para el Socorro de Indigentes, precursora de los actuales bancos de alimentos para sustentar a los vagabundos de la cosecha. Aquellos que no fueron a buscar una nueva vida a las fábricas de una industria incipiente en Cataluña y País Vasco subieron a un barco. Entre 1910 y 1929, la población española que llegaba a Argentina se triplicó. Sólo de la Marina Alta (Alicante) partieron diez mil campesinos hacia Estados Unidos y Canadá.

También entonces se planificaron y construyeron embalses. Cuando naufragó el Lusitania en 1915, arrastrando al fondo del mar a Fred Pearson, el fundador de La Canadiense, que encendió la luz de Barcelona, tenía ya varias presas proyectadas para detener el Ebro en Aragón. El rey Alfonso XIII visitó las obras de embalses como el del Ebro (Cantabria) y el del Chorro (Málaga) en los años veinte. Poco después, se fumó un habano tras inaugurar el del Guadalmellato (Córdoba) en un morabito que ahora ha sacado a la luz la sequía. El Caminito del Rey, hoy conocido por ser uno de los pasos más vertiginosos, se llama así, precisamente, porque por allí paseó para inaugurar los embalses de Guadalhorce-Guadalteba (Málaga). Aunque en realidad aquella pasarela colgante se construyó a principios del siglo XX para unir dos presas.

En los años treinta, la sequía volvió a España y afectó especialmente a Andalucía y La Mancha. Tal fue la mella que hizo en Terrinches que no la han olvidado ni los descendientes de quienes la sufrieron: allí las mujeres, encargadas del agua, formaban interminables colas para estrujar una fuente de la que apenas salía un hilo. Según los mayores, los ancianos de entonces ya contaban que nadie vivo en 1930 había conocido peor seca en el pueblo. Seguramente también hubo desplazados por aquella sed que llevó a los campesinos manchegos y andaluces, cansados de esperar la lluvia en vano, a sembrar en seco y a sacrificar a los corderos al nacer porque era imposible criarlos en esas condiciones. «Por ocho días de lluvia daría yo cien millones de pesetas que me ofreciera el ministro de Hacienda, pero aquí sólo hay chaparrones políticos», dijo el ministro de Economía, Luis Rodríguez de Viguri, tras lamentar la «pertinaz sequía» que asolaba sobre todo La Mancha y Andalucía, según recogió *El Mundo* el 24 de noviembre de 1930. *La Industria Pecuaria* estuvo hablando de la ausencia de lluvia durante meses, desde el verano hasta diciembre. El año terminó y allí seguía sin llover.

Indalecio Prieto, entonces ministro de Obras Públicas de la Segunda República, creó el Centro de Estudios Hidrográficos, adscrito a la Dirección General de Obras Hidráulicas. A su ingeniero jefe, Lorenzo Pardo, le encargó un plan nacional de obras hidráulicas. Pardo, que había tenido un papel fundamental desde que impulsó la Confederación Sindical Hidrográfica del Ebro (después Confederación Hidrográfica del Ebro), creía que las políticas del agua hasta entonces habían adolecido de desigualdad y de escaso alcance. Las ideas imperantes hasta el momento se resumían en lo siguiente: el regadío es bueno siempre, porque sí, en todas partes, para todos y a toda costa. No se ajustaron a las peculiaridades de cada cuenca hasta que nacieron las confederaciones hidrográficas que al principio eran independientes del Estado y contaban con la participación de los regantes. Según su teoría de la «descompensación hidráulica», tres cuartas partes del país estaban en terreno árido o semiárido. A él le parecía que, aunque los ríos de la vertiente atlántica llevaban más agua, sus tierras producían menos de lo que lo harían las de la vertiente mediterránea con ayuda del regadío, a pesar de que el aporte de los ríos era mucho más limitado. Tras estudiar las características, consideró que la zona mediterránea era mejor para los cultivos de exportación y la atlántica para los de consumo interior.

Con su plan nacional creyó encontrar un punto intermedio entre esas políticas desiguales y las previas, que habían homogeneizado el territorio al extremo. Pero implicaba trasvasar ríos como el Tajo y el Guadiana para fomentar el regadío de Castellón a Almería. A pesar de que Pardo se había ganado la admiración de los regantes al principio, puesto que fomentó su participación y cooperación, la idea de los trasvases atrajo la protesta de los regantes del Júcar. Además, se le acusaba de no contemplar la repercusión social, de beneficiar al Mediterráneo y de olvidarse de Castilla. Este último era, en realidad, un sentimiento muy arraigado en la Meseta desde los intentos regeneracionistas de salvar España reteniendo los ríos. Muchos creyeron que lo suyo no era «ni plan ni nacional» y que estaba destinado a favorecer a los ricos en detrimento de quienes tenían menos recursos.

Si bien es cierto que la mayor parte de los embalses del país que hoy cuenta con más grandes presas de Europa se hicieron durante el franquismo, muchos de ellos ya estaban construidos, proyectados y en construcción en ese tiempo. Por eso, en 1933, el mismo año en que Pardo redactó su plan, que incluía la construcción de presas a largo plazo, la prensa nacional presumía de tener el mayor embalse de Europa, el de Jándula, Jaén.

Precisamente, a raíz de la construcción del embalse de la Fuensanta (Albacete) y de un reparto injusto de la tierra que quedó emergida en 1933 y que abocó a los campesinos a la miseria por esa combinación de sed y caciquismo que siempre ha estado tan presente en esta tierra, hubo un enfrentamiento entre campesinos y agentes de la Guardia Civil en Yeste que se saldó con la muerte de dieciocho campesinos y un guardia civil. Ocurrió en los días previos al golpe de Estado que derivó en la Guerra Civil. Para algunos historiadores, este hecho fue su detonante. La guerra paralizó definitivamente, tras varios intentos y obstáculos, el Plan Nacional de Obras Hidráulicas. En 1940, cuando no hacía ni un año del final de la contienda, se aprobó el Plan de Obras Públicas, que en cuestiones hídricas tenía similitudes con el plan frustrado de Lorenzo Pardo. Cuando Franco inauguró, en el verano de 1952, el embalse del Ebro en Cantabria, hacía treinta y un años que se había puesto la primera piedra. El proyecto lo había presentado el propio Lorenzo Pardo en 1916. Las obras concluyeron décadas después con la mano de obra esclava de cientos de presos políticos.

* * *

Candido se quedó mirando los pies de los labradores de la finca cafetera en la que nació. Le parecieron mapas deformes, y creyó también que podían contar una historia. En el Sertón, la zona semidesértica del norte de Brasil en la que creció aquel niño que pintaba cuadros desde los nueve años, se acostumbró a ver cómo sus vecinos arrastraban los pies cada vez que arreciaba una sequía que los desplazaba a otra parte. Ocurría periódicamente. Mucho tiempo después, empezó a pintar a aquellos exiliados de la sed que en Brasil llaman *retirantes* (aunque su significado es 'migrante', suele ir asociado a ellos) y que marcaron su infancia durante la sequía de 1915. Los trabajadores que protagonizaron algunos de sus cuadros, como *Os retirantes* y *Criança morta*, eran de un tamaño intencionadamente colosal. Y tenían unos pies deformes que contaban historias.

Candido Portinari tardó en exponer sus cuadros porque cuando empezó a pintarlos el Gobierno brasileño quería ofrecer una imagen de vergel al mundo y censuraba la sequía. Hasta que de pronto hubo toda una explosión artística imparable, como un río que revienta una presa, que se tradujo en cuadros, canciones y novelas —algunas se adaptaron al cine— y convirtió a los desplazados por la sed en los verdaderos protagonistas a lo largo del siglo XX. Los *retirantes*, decía Portinari, de tanto caminar «se confundían con las piedras y las espinas». Pero había más personas por el mundo que podían confundirse con piedras y espinas.

A las grandes llanuras del sur de Estados Unidos tampoco llegaba la lluvia en 1930. En plena Gran Depresión, allí vivieron su peor sequía en mil años, que vino acompañada de tormentas de polvo, tornados, nieve y acreedores. A lo largo de una década, el «viento negro» acabó con millones de personas y de hectáreas de cultivo de maíz y trigo, que se convirtieron en un desierto. Hubo días en los que era imposible ver más allá de un metro y en los que se comparó el ruido del viento con «un camión subiendo una montaña en segunda marcha».

Después de que el polvo se tragara sus casas y sus cultivos y de que los bancos se quedasen con sus terrenos y los convencieran de que había una tierra prometida allá en California, cientos de miles de personas abandonaron Oklahoma expulsadas por la sed, al igual que ocurrió miles de años antes en el Caral y en Acad. Aquel episodio, igual que la región geográfica que abarcó (Oklahoma, Kansas, Texas, Nebraska, Dakota del Sur y Colorado), se conoce como *Dusty Bowl* (cuenco de polvo) y a los desplazados por la sed que llegaron a California engañados los llamaron *okies*, puesto que procedían en su mayoría de Oklahoma. Aunque desde entonces usaron el término en tono despectivo.

En 1936, Franklin D. Roosevelt creó el Comité de Área de Sequía de las Grandes Llanuras y le encargó un informe que determinara las causas. El comité llegó a la conclusión de que las razones de la Gran Ola de Polvo eran eminentemente antrópicas. Entre ellas, destacaban políticas medioambientales que empujaron a manos inexpertas a sobreexplotar la tierra y destruirla a golpe de arado durante más de medio siglo. La Ley de Asentamientos Rurales, que en 1862 proporcionó tierra cultivable a colonos que se desplazaron en masa, fue una de las principales medidas fallidas con consecuencias catastróficas después de décadas castigando la tierra.

Durante el verano de ese año, mientras se producía el levantamiento militar que daba lugar a la guerra civil española, John Steinbeck estuvo con algunos *okies* en los márgenes de las carreteras en las que instalaron sus chabolas y publicó reportajes en *The San Francisco News*. Aquellos entrevistados inspiraron a los Joad, la familia ficticia que protagonizó su novela más famosa.

En una de las frases más célebres de *Las uvas de la ira*, Steinbeck describe al hombre, entendido como ser humano, a partir de su hambre. Pero fue la sed la que se unió primero a la Gran Depresión y a los acreedores para expulsar a los vagabundos de la cosecha. Se publicó con apenas un año de diferencia de *Vidas secas*, una novela del escritor brasileño Graciliano Ramos, que contaba prácticamente lo mismo y que escribió casi a la vez que Steinbeck. Ambos eran periodistas y escritores, y sus historias llegaron al cine poco después.

* * *

Según un informe de la UNESCO, sólo en la última década más de doscientas sesenta millones de personas han tenido que migrar, han sido desplazadas o han perdido sus hogares por desastres climáticos, la mayoría por el calentamiento global. Se estima que la cifra de refugiados climáticos seguirá en alza y que la sequía será una de las principales causas de su desplazamiento. «De los más de 1.000 millones de migrantes que se estima que existen en el mundo, al menos un 10 por ciento está motivado a buscar una vida mejor en otro lugar por culpa del déficit hídrico», según un informe del Banco Mundial presentado en la Semana Mundial del Agua de Estocolmo.

La «climigración» es una palabra nueva, aunque no lo es el concepto que nombra: millones de personas han sido desplazadas por el clima. Sin climigrantes, puede que nuestros antepasados no hubieran salido de África, que no sobrevivieran a un cambio climático que los dejó al borde de la extinción, que el Antiguo Egipto y Súmer nunca existieran, que el castellano no tuviera tantas palabras de origen árabe o que mi pasaporte fuera romano. Según una investigación reciente, el 60 por ciento de los veinteañeros españoles asume ya que se irá a otro país para huir del calentamiento global, que, si se cumplen los pronósticos, secará y abrasará nuestra tierra hasta hacerla prácticamente inhabitable. Lo paradójico es que, como hemos visto a lo largo de estas páginas, en situaciones climáticas extremas, la península ibérica solía ser el último refugio en el continente. Pero esto ocurrió antes de que alterásemos la tendencia natural que debería llevar la Tierra si sólo operasen causas naturales.

Necesitamos nuevas palabras, porque no existe lo que no se nombra. ¿Cómo llamaremos a los expulsados por la sed? Cada vez serán (o seremos) más, y hay que empezar a nombrarlos, como se hizo con los *okies* y los *retirantes*. Pero tiene que haber un modo de distinguir a quienes no tengan más remedio que partir por la ausencia de lluvia, entre otras razones porque literalmente *okie* es una persona de Oklahoma y *retirante* es quien migra. Me gustaría llamarlos «sitimigrantes», porque eso englobaría también a las decenas de miles de personas que ha desplazado la sed mediante la construcción de grandes obras hidráulicas por todo el mundo, ya sea expulsando a los vecinos o atrayendo mano de obra de las zonas deprimidas, que suelen ser las más secas.

Los une, además, un sentimiento. «Son americanos hábiles e ingeniosos que han vivido el infierno de la sequía y que han visto cómo sus tierras se marchitaban y morían, cómo el viento se las llevaba, y este, para un hombre que ha sido el dueño de sus tierras, es un dolor extraño y terrible», dijo Steinbeck sobre los *okies*. No había nombre todavía para ese dolor, pero en la actualidad ya existe: «solastalgia». Este término lo acuñó el filósofo Glenn Albrecht y se refería a esa herida que sufre quien ha perdido no sólo su casa, sino su tierra, el paisaje de su infancia, por causas naturales o artificiales. Es decir, quien huye de la sed en el Cuerno de África o en el Gran Sertón comparte dolor con el leonés o la aragonesa que vio cómo se tragaban su casa las aguas de un embalse. La solastalgia tiene un equivalente a futuro que se convierte en un tipo específico de miedo: «ecoansiedad».

Recorrer las ruinas de la España sumergida es escuchar historias de ancianos que murieron de pena, de depresión y de ansiedad cuando no se les daba nombre, y de suicidio cuando tampoco se lo nombraba. Visité los restos del cementerio emergido por la sequía de Argusino (Zamora) mientras un antiguo vecino me hablaba de la depresión de su padre y señalaba las ruinas de su casa, de los vecinos que se suicidaron. Apenas un par de días después, conocí a una persona que quemó su casa en Riaño antes de que la cubriera el agua. Todavía no quería, o no podía, recordar. Allí se suicidó Simón Pardo antes de que lo sacaran a la fuerza. Fue el caso más conocido porque tuvo repercusión mediática, pero otras personas cuya historia cayó en el olvido se suicidaron esos días en Riaño. Hubo también, en estos pueblos, muertes por infarto tras conocer la noticia de la expropiación. Semanas después de aquel viaje, conté estas historias en la presentación de *Detendrán mi río* en Mequinenza (Zaragoza). Una anciana, que intervino varias veces sin quitarse las gafas de sol, finalmente dijo: «Todo eso fue así. Aquí lo viví igual que ellos de principio a fin. Y mi padre fue uno de los que intentaron suicidarse. Un día, lo encontraron en el puente diciendo que se tiraba al río». A ese sacrificio que nos permitió hidratarnos, ducharnos, encender la luz, cargar el móvil y regar huertas sedientas asistimos, durante mucho tiempo, mirando hacia otro lado y en silencio. Tenemos una deuda pendiente con quienes de verdad saciaron nuestra sed.

Por la sed, también, se subió a un tejado de Riaño, ya en plena democracia, aquel niño del que hablé en el prólogo. No supe de este pueblo, dije al principio de este libro, porque apenas acababa de nacer y también porque se olvidó rápidamente el sufrimiento de tantos sacrificados por una sed que nos interpelaba a todos. Pero no quise quedarme sin conocerlo. En los últimos años he viajado varias veces a esa y otras zonas en las que un embalse inundó pueblos y expulsó a los vecinos, y he entrevistado a algunas personas que se vieron obligadas a dejar sus casas para que se construyera un embalse o se plantaran eucaliptos que evitaran su colmatación, personas que se vieron expulsadas de una tierra muerta y acabaron convirtiéndose en la mano de obra de las grandes presas. Una de ellas fue José Francisco, el niño que se puede ver en las fotos (véase el cuadernillo de imágenes), con el que en cierto modo estaba en deuda por mi desconocimiento, porque los sedientos y los ahogados somos, en el fondo, los mismos.

José Francisco me estaba esperando en una ermita abarrotada de antiguos habitantes de Riaño, que ellos mismos volvieron a construir en un punto elevado después de trasladarla piedra a piedra para salvarla del agua. Me costó reconocerlo: habían pasado treinta y cinco años desde que Mauricio Peña tomara la fotografía. Aunque después de la inundación se les construyó un pueblo nuevo con el mismo nombre cuyo entorno hoy se anuncia como los «fiordos leoneses», la mayoría de las personas que vivieron allí acabaron dispersas por la península y más allá. Francisco vive en Valladolid, pero cada año acude, el mismo día, a esta ermita, igual que lo hacen sus antiguos vecinos. En la foto no sólo aparece el niño con sombrero de *cowboy* agarrando una forca. Hay también un hombre tumbado. Es su tío.

Cuando entendieron que no podían hacer nada más, después de días resistiendo en el tejado al igual que sus vecinos y los activistas que llegaron hasta el pueblo para darles apoyo, bajaron por fin. Justo antes de ese momento, Mauricio Peña les hizo la foto en el tejado. El tío fue a su casa y le prendió fuego, como lo hizo aquel personaje de *El adiós a Matiora* de Valentin Rasputin. El sobrino fue a una buhardilla a buscar un último objeto que llevarse antes de que inundaran su hogar. Eligió un fuerte de juguete, agarró la caja sin pensárselo demasiado y salió de allí por última vez. En la ermita me contó que, cuando ya estuvo instalado en la nueva casa, volvió a dejarlo en una buhardilla con la mala suerte de que había una gotera. Cada vez que llovía, una gota, que nunca era la misma pero lo parecía, incidía en el juguete hasta que finalmente lo destrozó. Las vidas de los ahogados y de los sedientos están repletas de paradojas como esta. Es como un sino: o te persigue el agua o su ausencia allá donde vayas. Decía la escritora india Arundhati Roy que algunos entran en un bucle del que cuesta salir. «Algunos se han visto desplazados tres o cuatro veces sucesivas: una presa, un campo de tiro, otra presa, una mina de uranio, un proyecto energético. Cuando empiezan a viajar, ya no paran. La gran mayoría de ellos acaba absorbida en las chabolas de la periferia de nuestras grandes ciudades y se funde en una enorme masa de mano de obra barata (que construya más proyectos que desplazan a más personas)», escribió.

La Comisión Internacional de Grandes Presas estimó que entre cuarenta y ochenta millones de personas han sido desplazadas por este tipo de construcciones en el mundo. Pero las cuentas no salen: cuarenta millones es la cifra aproximada de desplazados sólo en India, mientras que en China únicamente la presa de las Tres Gargantas desplazó a un millón y medio de personas, y la de Asuán expulsó a entre sesenta mil y noventa mil personas. Y hay ya cuarenta y cinco mil grandes presas en todo el mundo, sin contar los diques y barreras más pequeños. Por no hablar de la incalculable cantidad de personas que se ven obligadas a marchar cuando el agua cubre sus cultivos o los pueblos de los que dependían económicamente, o para plantar árboles con la finalidad de evitar la colmatación de los embalses, atraer la lluvia o ayudar a la tierra a absorber el agua. En España los exiliados de la sed no fueron sólo los expulsados de sus casas, alrededor de unos cincuenta mil. Fueron también los desplazados por la repoblación forestal, los colonos del regadío (que a menudo eran ellos mismos), los constructores de presas que se jugaban la vida y los vecinos de pueblos cercanos que no se quedaron sin casa pero perdieron su medio de vida. Por eso, nunca se podrán cuantificar. ¿Cómo contabilizar a aquellos a los que se les vendió la panacea del pueblo nuevo, casa y tierra, una tierra que rendía poco y mal y tarde y que tantos años les llevó pagar? ¿A aquellos a quienes se les «dio la oportunidad» de volver a comprar sus casas una vez expropiadas y pagaron por sus ruinas en lugares sin servicios? ¿A los que fueron desplazados por presas que no se construyeron o a los que perdieron su medio de vida bajo el agua pero no su pueblo?

Ese desarraigo ha sido el precio a pagar por la sed. Promovidos para permitir el regadío donde no llovía, para repoblar tierras vacías, para alimentar la industria y para llevar el agua corriente y la electricidad a las casas después, los embalses se convirtieron pronto, junto con los árboles, en modernos talismanes para atraer la lluvia. Eran sagrados y sus promotores encarnaron a los nuevos apóstoles hidráulicos. Tal es el miedo a morir de sed.

Recientemente afloraron en Centroeuropa varias piedras del hambre. Durante la Pequeña Edad de Hielo, allí se puso de moda gravar en las rocas de río las fechas de grandes sequías y algunas advertencias: «Si me ves, llora», dice la más famosa. El agua a veces cubre estos hitos hidrológicos, conocidos como *Hungerstein*, y otras veces los saca a la luz y permite que los muertos envíen mensajes a los vivos. Pero en ocasiones son las personas vivas las que se comunican con las fallecidas a través de estas cápsulas del tiempo en las que escribieron hace siglos. En tiempos más recientes alguien se atrevió incluso a responder: «No te preocupes, chica, y no llores. Sólo tienes que regar tu campo cuando se seca». Quien lo escribió sabía que su aparición no es tan catastrófica, porque desde principios del siglo XX la piedra aflora unos 126 días al año a raíz de la construcción de una presa. En torno a esa piedra existe incluso una leyenda que habla de la sacralidad de los embalses. Cuenta la leyenda local que, si finalmente se construye otra presa en Decin que lleva proyectada desde 1653, la piedra ya no se verá nunca más y tampoco habrá sequía. En ese sentido, uno de los mensajes de otra *Hungerstein* dice: «La vida volverá a florecer una vez que esta piedra desaparezca».

* * *

Llueve. Desde que empecé a escribir este libro, me he dicho que ojalá llueva el día que me vuelque en la última página. A decir verdad, no tenía demasiadas expectativas: es el segundo año de sequía en un país que sufre sequías de tres años prácticamente cada década. Apenas vimos llover en primavera. Pero la lluvia me despertó esta mañana y, horas después, el agua todavía cae a mi lado mientras escribo las últimas líneas con la puerta abierta para que entre el petricor. Esta sensación al oler la tierra mojada me une a Lucy, a Eva y también a Catalina, una mujer que nació en 1726 en Terrinches y que es la ancestra más antigua que he encontrado en los registros parroquiales. Allí la lluvia no sólo significa que es un buen día para hacer gachas, sino que pronto podremos ver cómo responde la fuente de la Cabezona, más conocida como el Cañico. Ese es el verdadero medidor del bienestar del pueblo y posiblemente el elemento que más añoramos quienes estamos lejos.

Bibliografía

Altez, R., e I. Campos (eds.), *Antropología, historia y vulnerabilidad. Miradas diversas desde América Latina*, Colofón, 2014.

Amado, Ana, y Andrés Patiño, *Habitar el agua. La colonización en la España del siglo xx*, Turner, 2022.

Amado, Jorge, *Mies roja*, Caralt, 1984.

Anthony, David W., *The horse, the wheel and language. How Bronce-Age riders from the eurasian steppes shaped the modern world*, Princeton, 2007.

Aranda, G., et al., *Water control and cereal management on the Bronze Age Iberian Peninsula: La Motilla del Azuer, Oxford Journal of Archaeology*, 27 (3), pp. 241-259.

Arsuaga, Juan Luis, *Vida, la gran historia*, Destino, 2019.

—, e Ignacio Martínez, *La especie elegida*, Booket, 2019.

—, y Juan José Millás, *La vida contada por un sapiens a un neandertal*, Alfaguara, 2020.

Arsuaga, Juan Luis, y Juan José Millás, *La muerte contada por un sapiens a un neandertal*, Alfaguara, 2022.

Austin, Mary, *La tierra de la lluvia escasa*, Volcano, 2019.

Azorín, *La ruta de don Quijote*, Cátedra, 2015.

Bae, C., et al., «On the origin of modern humans: Asian perspectives», *Science*, 358, 6368, 2017.

Ball, Philip, *H2O. Una biografía del agua*, Turner, 1999.

Ballesteros, Tomás, «Represión de posguerra en el Campo de Montiel (1939/1947)», *Revista de Estudios del Campo de Montiel*, 6, pp. 255-284.

Baudez, Claude F., *El dolor redentor. El autosacrificio prehispánico*, Universidad Nacional Autónoma de México, 2013.

Bécquer, Gustavo Adolfo, *Desde mi celda*, Cátedra, 2019.

Bellido, Antonio, «Sobre el ritual de las rogativas», *Revista de Folklore*, 428, 2017.

Bendala, Manuel, *Tartesios, íberos y celtas. Pueblos, culturas y colonizadores de la Hispania antigua*, Temas de Hoy, 2000.

Benítez de Lugo, Luis, *El patrimonio de Terrinches (Ciudad Real). Historia, arte y naturaleza*, Anthropos, 2015.

Benítez de Lugo, Luis, *Las motillas y el bronce de La Mancha*, Anthropos, 2009.

—, *et al.*, *Investigación y gestión de un complejo tumular prehistórico en el borde meridional de la Meseta: Castillejo del Bonete (Terrinches, Ciudad Real). Quince años de intervenciones arqueológicas (2000-2015).*

—, *et al.*, «Las motillas del Bronce de La Mancha: treinta años de investigaciones arqueológicas», *ARSE*, 48-49, pp. 173-218, 2015.

—, *et al.*, «Aportaciones hidrogeológicas al estudio arqueológico de los orígenes del Bronce de La Mancha: la cueva monumentalizada de Castillejo del Bonete (Terrinches, Ciudad Real-España)», *Trabajos de Prehistoria*, 71 (1), pp. 76-94.

—, y M. Mejías Moreno, «La prehistórica Cultura de las Motillas: nuevas propuestas para un antiguo problema», *Veleia*, 32, pp. 111-124.

Blázquez, Antonio, *La Mancha en tiempo de Cervantes*, Imprenta de Artillería, 1905.

Blom, Philipp, *El motín de la naturaleza*, Anagrama, 2019.

Brasero, Roberto, *La influencia silenciosa. Cómo el clima ha condicionado la historia*, Espasa, 2017.

Broda, Johanna, «La fiesta de Atlcahualo y el paisaje ritual de la cuenca de México», *Trace*, 75, 2019.

Boccalett, Giulio, *Agua. Una biografía*, Ático de los Libros, 2022.

Buñuel, Luis, *Mi último suspiro*, Debolsillo, 1982.

Callejo, Jesús, *He visto cosas que no creerías. El legado de una España mágica*, La Esfera de los Libros, 2022.

Campillo Álvarez, José Enrique, *Homo Climaticus. El clima nos hizo humanos*, Crítica, 2018.

Camuera, J., *et al.*, «Drought as a possible contributor to the Visigothic Kingdom crisis and Islamic expansion in the Iberian Peninsula», *Nat Commun*, 14, p. 5733, 2023.

Caro Baroja, Julio, *Las brujas y su mundo*, Alianza, 2012.

Cervantes, Miguel de, *El Quijote I y II*, Salvat, 1995.

Cervera, María José, «Nota sobre las rogativas en el islam mudéjar», *Aragón en la Edad Media*, 14-15 (1), pp. 291-302, 1999.

Chan, E.K.F., A. Timmermann, B. F. Bardi, *et al.*, «Human origins in a Southern African Palaeowelland and first migrations», *Nature*, 575, pp. 185-189, 2019.

Chávet, María, y Rubén Sánchez, «Los cementerios musulmanes: la huella en la arqueología del hadiz de los pájaros verdes. El destino de las almas antes del Juicio Final», *HUM*, 165, 2013.

Childe, V. Gordon, *Los orígenes de la civilización*, Fondo de Cultura Económica, 1954.

Cobo, Jesús, *Originalidad culinaria de La Mancha (Bases para una teoría)*, p. 269.

Coppens, Yves, *La rodilla de Lucy. Los primeros pasos hacia la humanidad*, Tusquets, 2005.

—, y H. Reeves, J. Rosnay y D. Simonette, *La historia más bella del mundo. Los secretos de nuestros orígenes*, Anagrama, 2006.

Costa, Joaquín, *Política hidráulica*, Biblioteca Joaquín Costa, 2011.

Cruz, Nicolás J. de la, *Vida de San Isidro Labrador*, Imprenta Real, 1790.

Cumont, Franz, *Zodíaco. Una historia milenaria*, Siruela, 2023.

Curtis, Gregory, *Los pintores de las cavernas. El misterio de los primeros artistas*, Turner, 2006.

Cuthbert, M. O., *et al.*, «Modeling Role of Groundwater Hydro-Refugia in East African Hominin Evolution and Dispersal», *Nat Commun*, 8, p. 15696, 2017.

Dartnell, Lewis, *Orígenes. Cómo la historia de la Tierra determina la historia de la humanidad*, Debate, 2019.

Delibes, Miguel, *Las ratas*, Austral, 2010.

Diamond, Jared, *El mundo hasta ayer*, Debate, 2013.

—, *Colapso*, Debate, 2017.

—, *Armas, gérmenes y acero*, Debate, 2017.

Eliade, Mircea, *Historia de las creencias y las ideas religiosas I*, Paidós, 1999.

Escacena, José Luis, «*Ad petendam pluviam*. El petroglifo de los Aulagares como respuesta religiosa al evento climático 4.2 ka cal. BP», *Revista de Ciencias de las Religiones*, 23, pp. 81-110, 2018.

Espinosa, Gustavo, «Lari y Jamp'atu. Ritual de lluvia y simbolismo andino en una escena de arte rupestre de Ariquilda 1. Norte de Chile», *Chungara*, 28 (1-2), pp. 133-157, 1996.

Fagan, Brian, *El largo verano*, Gedisa, 2007.

—, *El gran calentamiento*, Gedisa, 2009.

—, *La pequeña Edad de Hielo*, Gedisa, 2009.

Fernández-Armesto, Felipe, *Civilizaciones. La lucha del hombre por controlar la naturaleza*, Taurus, 2002.

Fernández, Matilde, «San Isidro, de labrador medieval a patrón renacentista y barroco de la Villa y Corte», *RDTP*, LVI (1), 2001.

Fossey, Dian, *Gorilas en la niebla*, Pepitas de Calabaza, 2019.

Frazer, James George, *La rama dorada. Magia y religión*, Fondo de Cultura Económica, 1994.

Galor, Oded, *El viaje de la humanidad*, Destino, 2022.

Garcés, Carlos, *Las brujas y la condesa. Cazas de mujeres en Épila y Almonacid, y las brujas de Trasmoz*, Prames, 2022.

Goloubinoff, M., A. Lammel y E. Katz (eds.), *Antropología del clima en el mundo hispanoamericano*, vol. I, Biblioteca Abya-Yala, 1997.

Gracia, Jordi, *Miguel de Cervantes. La conquista de la ironía*, Taurus, 2016.

Graever, David, y David Wengrow, *El amanecer de todo. Una nueva historia de la humanidad*, Ariel, 2022.

Griaule, Marcel, *Dios de agua*, Altafulla, 1987.

Gurney, O. R., *Los hititas*, Laertes, 1990.

Guzmán Álvarez, J. R., P. Hernández Rodríguez, J. A. Gómez Calero y Á. Lora González, *Olivares de España. Recorrido por la biografía del olivar, su memoria y sus paisajes*, Almuzara, 2020.

Halliday, Thomas, *Otros mundos. Viaje por los ecosistemas extintos de la Tierra*, Debate, 2022.

Harari, Yuval Noah, *Sapiens. De animales a dioses*, Debate, 2014.

Harris, Marvin, *Vacas, cerdos, guerras y brujas*, Alianza, 2011.

—, *Caníbales y reyes*, Alianza, 2011.

Heródoto, *Historia I -II*, Gredos, 2020.

Hershkovitz, I., *et al.*, «The earliest humans outside Africa», *Science*, 359, pp. 456-459, 2022.

Johanson, Donald, y Maitland Edey, *Lucy. El primer antepasado del hombre*, Planeta, 1982.

Kamkwamba, William, y Bryan Mealer, *El niño que domó el viento*, B de Blok, 2009.

Kaniewski, D., *et al.*, «Environment Roots of the Late Bronce Age Crisis», *PLOS ONE*, 8 (8), 2013, e71004 DOI: 10.1371/journal.pone.007-100.

Kapuńciński, Ryszard, *El Imperio*, Anagrama, 1994.

—, *Ébano*, Anagrama, 2000.

La epopeya de Gilgamesh, Andreu George (ed.), Debolsillo, 2004.

Lalueza-Fox, Carles, *Desigualdad. Una historia genética*, Crítica, 2023.

Lameira, Adriano R., «Arboreal origin of consonants and thus, ultimately, speech», *Trends in Cognitive Sciences*, 2022.

Lammel, A., M. Goloubinoff y E. Katz (eds.), *Aires y lluvias. Antropología del clima en México*, Publicaciones de la Casa Chata, 2008.

Langgut, D., *et al.*, «Climate and the Late Bronce Collapse: New Evidence from the Southern Levant», *Tel Aviv*, 40 (2), pp. 149-175, 2013.

Le Roy Ladurie, Emmanuel, *Historia humana y comparada del clima*, Fondo de Cultura Económica, 2017.

—, *Montaillou, aldea occitana*, Taurus, 2019.

Lizoain, David, *Crimen Climático. Cómo el calentamiento global está produciendo un genocidio*, Debate, 2023.

Llull, V., *et al.*, «La gestión del agua durante El Argar: el caso de La Bastida (Totana, Murcia)», *Revistas Uvigo*, 23, 2015.

Maier, Jorge, «Imagen del toro en Tartessos», *Revista de Estudios Taurinos*, 18, pp. 51-80, 2004.

Marshack, Alexander, *The roots of civilization*, Library of Congress, 1971.

Martínez, Ignacio, *El primate que quería volar. Memorias de la especie. Una historia de yacimientos, fósiles, personas, ideas e ideales*, Espasa, 2012.

Martínez Ron, Antonio, *Algo nuevo en los cielos*, Crítica, 2022.

Meijer, Eva, *Animales habladores. Conversaciones privadas entre seres vivos*, Taurus, 2022.

Mejías, M., *et al.*, *Arqueología, hidrogeología y medio ambiente en la Edad del Bronce de La Mancha: la Cultura de las Motillas*, Instituto Geológico y Minero de España, 2015.

Mellars, Paul, «Why did modern human populations disperse from Africa ca. 60,000 years ago? A new model», *PNAS*, 103, 25, pp. 9381-9386, 2006.

Nubiola, Jaime, «La investigación filosófica sobre el origen del lenguaje», *Pensamiento y Cultura*, 3, pp. 87-96, 2000.

Ocaña Carretón, A., «Las lagunas de Ruidera durante la Edad del Bronce: un territorio jerarquizado», *Trabajos de Prehistoria*, 59 (1), pp. 167-177, 2002.

Olalde, I., *et al.*, «The genomic history of the Iberian Peninsula over the past 8000 years», *Science*, 363, 6432, pp. 1230-1234, 2019.

Parker, Geoffrey, *El siglo maldito. Clima, guerras y catástrofes en el siglo XVII*, Booket, 2020.

Pastorino, Giulia, *et al.*, «Liquorice (*Glycyrrhiza glabra*): A phytochemical and pharmacological review», *Phytother Res.*, 32 (12), pp. 2323-2339, 2018.

Plinio, *Historia natural*, Cátedra, 2002.

Post, Laurens van der, *El mundo perdido del Kalahari. En busca de los bosquimanos*, Península, 2019.

Poznik, G. D., *et al.*, «Sequencing Y chromosomes Resolves Discrepancy in

Time to Common Ancestor of Males versus Females», *Science*, 341, 6145, pp. 562-565, 2013.

Prada-Samper, José Manuel de, *La niña que creó las estrellas. Relatos orales de los bosquimanos |xam*, Lengua de Trapo, 2011.

Prieto, G., N. Goepfert, K. Valladares y J. Vilela, «Sacrificios de niños, adolescentes y camélidos jóvenes durante el Intermedio Tardío en la periferia de Chan Chan, valle de Moche, costa norte del Perú», *Arqueología y Sociedad*, 27, pp. 255-296, 2014.

Quintana-Murci, Lluís, *Humanos. La extraordinaria historia del ser humano: migraciones, adaptaciones y mestizajes que han conformado quiénes somos y cómo somos*, Deusto, 2022.

Ramos, Graciliano, *Vidas secas*, Espasa-Calpe, 1974.

Rappenglück, M. A., «The cosmic deep blue: the significance of the celestial water world sphere across cultures», *Mediterranean Archaeology and Archaeometry*, 14 (3), pp. 293-305, 2014.

—, «A Palaeolithic planetarium underground. The cave of Lascaux (Part 1)», *Migration & Diffusion*, 5 (18), 2004.

—, «A Palaeolithic planetarium underground. The cave of Lascaux (Part 2)», *Migration & Diffusion*, 5 (19), 2004.

Reich, David, *Quiénes somos y cómo hemos llegado hasta aquí. ADN antiguo y la nueva ciencia del pasado humano*, Antoni Bosch, 2019.

Reichholf, Josef H., *La invención de la agricultura*, Crítica, 2009.

Richter-Boix, Alex, *El primate que cambió el mundo*, Geoplaneta, 2022.

Rodríguez, Esther, *et al.*, «Lost Landscape: A Combination of LiDAR and APSFR Data to Locate and Contextualize Archaeological Sites in River Environments», *Remote Sensing*, 13, 2021.

Roffet-Salque, M., *et al.*, «Evidence for the impact of the 8.2-kyBP climate event on Near Eastern early farmers», *PNAS*, 2018, DOI: 10.1073/pnas.1803607115.

Sánchez Meseguer, J. L., y C. Galán Saulnier, «Los cuernos de la consagración en el Cerro de la Encantada. Cronología de un símbolo», *Espacio, tiempo y forma. Serie I. Prehistoria y arqueología*, 4, pp. 141-152, 2011, DOI: 10.5944/etfi.4.2011.10749.

Sanchez-Bragado, Rut, *et al.*, «Awned versus awnless wheat spikes: does it matter?», *Trends in Plant Science*, 28 (3), pp. 330-343, 2023.

Sanmartín, Joaquín, y José Miguel Serrano, *Historia antigua del Próximo Oriente. Mesopotamia y Egipto*, Akal, 2004.

Sanz de Suntuola, Marcelino, *Breves apuntes sobre algunos objetos prehistóricos de la provincia de Santander*, Grupo Santander-Turner.

Schmid, Boris V., *et al.*, «Climate-driven introduction of the Black Death and successive plague reintroductions into Europe», *PNAS*, 2015.

Schneider, Adam W., *et al.*, «"No harvest was reaped": demographic and climatic factors in the decline of the Neo-Assyrian Empire», *Climatic Change*, 127, pp. 435-446, 2014.

Schwartz, F., *et al.*, «Living in extreme environments: Hydrologic serendipity and the garamantian empire of the Sahara desert», *Geological Society of America. Abstracts with Programs*, 55 (6), 2023.

Sinha A., *et al.*, «Role of climate in the rise and fall of the Neo-Assyrian Empire», *Science*, 5 (11), 2019.

Sykes, Rebecca Wragg, *Neandertales. La vida, el amor, la muerte y el arte de nuestros primos lejanos*, Geoplaneta, 2021.

Scott, James C., *Contra el Estado*, Trotta, 2023.

Solnit, Rebecca, *Wanderlust*, Capitán Swing, 2015.

Steinbeck, John, *Los vagabundos de la cosecha*, Libros del Asteroide, 2007.

—, *Las uvas de la ira*, Alianza, 2010.

Timmermann, A., *et al.*, «Climate effects on archaic human habitats and species successions», *Nature*, 604, pp. 495-501, 2022.

Tirney, Jessica, *et al.*, «A climatic context fo the out-of-Africa migration», *Geology*, 45 (11), pp. 1023-1026, 2017.

Travacio, Mariana, *Quebrada*, Las Afueras, 2022.

Vallejo, Irene, *El infinito en un junco*, Debolsillo, 2022.

Vázquez-Figueroa, Alberto, *El agua prometida*, Orbis Fabri, 1995.

VV. AA., *Para hacerte saber mil cosas nuevas. Ciudad Real, 1939*, UNED, 2019.

VV. AA., *Todas las fosas de la posguerra en Ciudad Real*, IV Centenario, 2020.

VV. AA., *Los «años del hambre». Historia y memoria de la posguerra franquista*, Marcial Pons, 2020.

Waller, John, *A time to dance a time to die. The extraordinary story of the dancing plague of 1518*, Icon Books, 2009.

Weiss, Barry, «The decline of Late Bronze Age civilization as a possible response to climatic change», *Climatic Change*, 4, pp. 173-198, 1982.

Wittfoggel, Karl, *Despotismo oriental*, Guadarrama, 1966.

Wrangham, Richard, *En llamas. Cómo la cocina nos hizo humanos*, Capitán Swing, 2019.

Agradecimientos

Algunas personas han sido especialmente relevantes para mí durante la sequía que fue el germen de este libro, así como durante su escritura. Mis padres, mi hermano, mis abuelos, Paula, David y los dos Antonios, padre e hijo. No sé si habría vuelto a escribir de no ser por la persona que me acompaña, me apoya y me empuja a lugares a los que yo ni siquiera creo que podría llegar. Gracias a Dani por su apoyo constante y por aguantar a diario los hallazgos sedientos que le cuento como si fuera una niña que empieza a conocer el mundo.

Gracias infinitas a Ella Sher, mi agente, que confió ciegamente en *La sed*. Sin su entusiasmo contagioso no habría conseguido que un libro, cuando era apenas un proyecto, lo quisieran publicar varias editoriales españolas e italianas. A esos editores y editoras les agradezco el impulso que me dieron. Mi especial agradecimiento a Elena Martínez y Nacho Ruiz, mis editores en España, y a Andrea Tramontana, mi editor en Italia. Gracias también a Irene y a toda la gente de Penguin que ha participado en este libro, desde los correctores hasta el departamento de marketing. Gracias también a Pilar Álvarez por empujarme a contar esta historia. Y a Julio Llamazares, a pesar de que no cumplí exactamente su petición porque la sed me despistó.

Gracias a los familiares, los vecinos de Terrinches y de Villanueva de la Fuente que han respondido a mis preguntas y me han facilitado información y recuerdos. Además de mis padres, mi abuela y mi hermano, también me dieron pistas mi tía Paula, mi tía Paqui, mi tía abuela Ángela, Francisco Javier, Nicasio, María Cruz, Cruz, Juan de Dios, Pili, Juanjo, Nicolás, María Dolores, Juanvi, Paula, David, Ángel,

Inma y Joaquín. Gracias a quienes me ayudaron con los detalles sobre la guerra del agua en Villanueva de la Fuente, como Juan Ángel y Daniel. A quienes ya no están pero me contaron, hace años, algunas de las historias que he recogido aquí, como Juan el Molinero y mi tío Amancio. Gracias a quienes me han ayudado, desde sus respectivas profesiones, a aclarar algunos detalles, como Natalia (apicultora), María Ángeles (médica) y María (quesera).

Mi especial agradecimiento a Luis Benítez de Lugo, que ha dedicado gran parte de su vida a demostrar que los manchegos sí tuvimos prehistoria y que además estuvo marcada por la sed. Él me acompañó a Castillejo del Bonete y a la motilla del Acequión, lleva años respondiendo a todas mis dudas sobre motillas y yamnayas y fue uno de los primeros lectores de *La sed*. Gracias también a Miguel Torres, que me acompañó a la motilla del Azuer, y a otros arqueólogos, historiadores y antropólogos que han respondido a mis preguntas o me han dado alguna pista que seguir, como Paul Preston, Honorio Javier Álvarez, Esther Rodríguez, Fernando Domínguez, María G. Alonso, Ramón J. Soria y a mi antiguo profesor de Antropología, Jordi Ferrús. Gracias a los investigadores que, aun sin caer en el puro determinismo ambiental, no quisieron negar la influencia del clima en las personas. Leerlos no sólo me aportó una gran riqueza, sino que me ayudó a ver que cuando planteé la tesis principal de este libro no había perdido la cabeza del todo. Sus nombres aparecen en la bibliografía.

Sin la ayuda del físico José Javier Ruiz y del astrónomo Jorge Gómez no sé si habría sido capaz de entender y explicar de una manera sencilla cómo se formó la Tierra, cómo varía su posición y por qué el cambio climático a largo plazo es el precio que pagamos por vivir en ella.

Gracias también a mis actuales vecinos de Castelserás, tanto si lanzaron de verdad el Cristo al río como si fue un saco de paja. Especialmente a Pilar, María José y Esther les agradezco que no me hayan tirado a mí y que me hayan contado la historia, real o ficticia, de su rogativa más conocida.

Gracias a doña Vicenta por enseñarme las letras. Gracias a Fay por cuidar mis ojos. Gracias a Elena y Merche, bibliotecarias de Alcañiz, por facilitarme libros y por la compañía cuando no escribo. Gracias a

Eugenio, Gala y Paula, las libreras que amablemente encargaron todos los libros que les pedí y que ahora son mis compañeras de trabajo. Y gracias a Antonio, paisano, pariente y trabajador de la Biblioteca Nacional de España, que siempre me acaba echando una mano con la hemeroteca. Gracias, cómo no, a quienes leyeron fragmentos de *La sed* antes de que existiera el libro: Dani, Laura, Esteban, Jorge, Luis y Richard. Gracias a Gema, de Nuberia, que me hizo un precioso colgante con forma de horquilla de zahorí para que pudiera llevar sobre la piel las preguntas que mis abuelos ya no pueden responder.

Listado de las ilustraciones

Página 8, arriba: Imagen incluida en el *Atlas celestial* de Alexander Jamieson. Dominio público.

Página 8, abajo: Estela de Baal con el Rayo hallada en las ruinas de Ugarit. Museo del Louvre, departamento de Antigüedades Orientales, París.

Página 9, arriba: Fuente no identificada.

Página 9, abajo: Francisco Sans Cabot, *El evangelista san Marcos*. Museo del Prado.

Página 10, arriba: Ritual con vacas en India. EFE.

Página 10, abajo: STR / Fotógrafo autónomo.

Página 11, arriba: Dios Dzahui representado en el *Códice Vindobonensis*. Dominio público.

Página 11, abajo: Imagen del *Códice Telleriano-Remensis*. Dominio público.

Página 12, arriba: Antonio Pérez Rubio, *La aventura de don Quijote, cuando ataca a la procesión de los disciplinantes*. Museo del Prado.

Página 12, abajo: *Coreomanía en una peregrinación a la Iglesia de Sint-Jans-Molenbeek*. Grabado de Hendrik Hondius II, basado en un dibujo original de Pieter Brueghel el Viejo. Wellcome Collection

Página 13: Pieter Brueghel el Viejo, *Cazadores en la nieve* (1565). Museo de Historia del Arte de Viena.

Página 14, arriba: Retrato de Andrew Ellicott Douglass, archivo de Andrew Ellicott Douglass, biblioteca de la Universidad de Arizona, colecciones especiales.

Página 14, centro: Imagen con la que el meteorólogo Edward Norton Lorenz explicó su teoría del caos. C. C.

Página 14, abajo: Recuadro extraído del número del 19 de agosto de 1849 de *El Clamor Público*. Hemeroteca digital de la BNE.

Página 15, arriba: Album / Archivo ABC.

Página 15, abajo: Candido Portinari, *Los retirantes*. AGB Photo Library / Alamy.

Página 16, arriba: Arthur Rothstein, *Dust Bowl*. Biblioteca del Congreso de Estados Unidos.

Página 16, centro: Dorothea Lange, *Family Walking on Highway, Five Children*. Biblioteca del Congreso de Estados Unidos.

Página 16, abajo: Niño en un tejado de Riaño. © Mauricio Peña.

Para escuchar la *playlist* de *La sed*,
pincha en el siguiente código QR: